21 世纪全国应用型本科计算机案例型规划教材

C#程序设计

主　编　胡艳菊
副主编　申　野　杜云奇　孙建伟

内 容 简 介

本书共分 12 章，包括.NET 基本知识、C#基础知识、C#实现面向对象、C#中的继承、C#高级面向对象、数组和集合对象、C#中的文件处理、WinForms 基础知识、ADO.NET、ASP.NET、Windows 应用程序项目开发案例和宠物网站的功能设计。本书由浅入深、结构完整、内容精要，结合连续、深入的案例，讲解了.NET 框架、C#语言语法、WinForms 程序设计和 ASP.NET 程序设计。通过突出实用知识点的学习和有效的学习过程设计，以快速培养 C#程序员。

本书既可作为高等学校相关课程和社会培训机构的教学用书，也可作为有基本程序设计基础的程序爱好者的自学教材。

图书在版编目(CIP)数据

C#程序设计/胡艳菊主编. —北京：北京大学出版社，2012.9

(21 世纪全国应用型本科计算机案例型规划教材)

ISBN 978-7-301-16528-7

Ⅰ. ①C… Ⅱ. ①胡… Ⅲ. ①C 语言—程序设计—高等学校—教材 Ⅳ. ①TP312

中国版本图书馆 CIP 数据核字(2012)第 197077 号

书　　名：C#程序设计

著作责任者：胡艳菊　主编

策 划 编 辑：郑　双

责 任 编 辑：郑　双

标 准 书 号：ISBN 978-7-301-16528-7/TP・1239

出　版　者：北京大学出版社

地　　　址：北京市海淀区成府路 205 号　100871

网　　　址：http://www.pup.cn　http://www.pup6.cn

电　　　话：邮购部 62752015　发行部 62750672　编辑部 62750667　出版部 62754962

电 子 信 箱：pup_6@163.com

印　刷　者：三河市博文印刷厂

发　行　者：北京大学出版社

经　销　者：新华书店

经　销　者：787 毫米×1092 毫米　16 开本　21.5 印张　491 千字

经　销　者：2012 年 9 月第 1 版　　2012 年 9 月第 1 次印刷

定　　　价：40.00 元

21世纪全国应用型本科计算机案例型规划教材

专家编审委员会

信息技术的案例型教材建设

(代丛书序)

刘瑞挺

北京大学出版社第六事业部在 2005 年组织编写了《21 世纪全国应用型本科计算机系列实用规划教材》，至今已出版了 50 多种。这些教材出版后，在全国高校引起热烈反响，可谓初战告捷。这使北京大学出版社的计算机教材市场规模迅速扩大，编辑队伍茁壮成长，经济效益明显增强，与各类高校师生的关系更加密切。

2008 年 1 月北京大学出版社第六事业部在北京召开了“21 世纪全国应用型本科计算机案例型教材建设和教学研讨会”。这次会议为编写案例型教材做了深入的探讨和具体的部署，制定了详细的编写目的、丛书特色、内容要求和风格规范。在内容上强调面向应用、能力驱动、精选案例、严把质量；在风格上力求文字精练、脉络清晰、图表明快、版式新颖。这次会议吹响了提高教材质量第二战役的进军号。

案例型教材真能提高教学的质量吗？

是的。著名法国哲学家、数学家勒内·笛卡儿(Rene Descartes，1596—1650)说得好：“由一个例子的考察，我们可以抽出一条规律。(From the consideration of an example we can form a rule.)”事实上，他发明的直角坐标系，正是通过生活实例而得到的灵感。据说是在 1619 年夏天，笛卡儿因病住进医院。中午他躺在病床上，苦苦思索一个数学问题时，忽然看到天花板上有一只苍蝇飞来飞去。当时天花板是用木条做成正方形的格子。笛卡儿发现，要说出这只苍蝇在天花板上的位置，只需说出苍蝇在天花板上的第几行和第几列。当苍蝇落在第四行、第五列的那个正方形时，可以用(4，5)来表示这个位置……由此他联想到可用类似的办法来描述一个点在平面上的位置。他高兴地跳下床，喊着“我找到了，找到了”，然而不小心把国际象棋撒了一地。当他的目光落到棋盘上时，又兴奋地一拍大腿：“对，对，就是这个图”。笛卡儿锲而不舍的毅力，苦思冥想的钻研，使他开创了解析几何的新纪元。千百年来，代数与几何，井水不犯河水。17 世纪后，数学突飞猛进的发展，在很大程度上归功于笛卡儿坐标系和解析几何学的创立。

这个故事，听起来与阿基米德在浴池洗澡而发现浮力原理，牛顿在苹果树下遇到苹果落到头上而发现万有引力定律，确有异曲同工之妙。这就证明，一个好的例子往往能激发灵感，由特殊到一般，联想出普遍的规律，即所谓的“一叶知秋”、“见微知著”的意思。

回顾计算机发明的历史，每一台机器、每一颗芯片、每一种操作系统、每一类编程语言、每一个算法、每一套软件、每一款外部设备，无不像闪光的珍珠串在一起。每个案例都闪烁着智慧的火花，是创新思想不竭的源泉。在计算机科学技术领域，这样的案例就像大海岸边的贝壳，俯拾皆是。

事实上，案例研究(Case Study)是现代科学广泛使用的一种方法。Case 包含的意义很广：包括 Example 例子，Instance 事例、示例，Actual State 实际状况，Circumstance 情况、事件、境遇，甚至 Project 项目、工程等。

我们知道在计算机的科学术语中，很多是直接来自日常生活的。例如 Computer 一词早在 1646 年就出现于古代英文字典中，但当时它的意义不是“计算机”而是“计算工人”，即专门从事简单计算的工人。同理，Printer 当时也是“印刷工人”而不是“打印机”。正是由于这些“计算工人”和“印刷工人”常出现计算错误和印刷错误，才激发查尔斯·巴贝奇(Charles Babbage，1791—1871)设计了差分机和分析机，这是最早的专用计算机和通用计算机。这位英国剑桥大学数学教授、机械设计专家、经济学家和哲学家是国际公认的“计算机之父”。

20 世纪 40 年代，人们还用 Calculator 表示计算机器。到电子计算机出现后，才用 Computer 表示计算机。此外，硬件(Hardware)和软件(Software)来自销售人员。总线(Bus)就是公共汽车或大巴，故障和排除故障源自格瑞斯·霍普(Grace Hopper，1906—1992)发现的“飞蛾子”(Bug)和“抓蛾子”或“抓虫子”(Debug)。其他如鼠标、菜单……不胜枚举。至于哲学家进餐问题，理发师睡觉问题更是操作系统文化中脍炙人口的经典。

以计算机为核心的信息技术，从一开始就与应用紧密结合。例如，ENIAC 用于弹道曲线的计算，ARPANET 用于资源共享以及核战争时的可靠通信。即使是非常抽象的图灵机模型，也受到二战时图灵博士破译纳粹密码工作的影响。

在信息技术中，既有许多成功的案例，也有不少失败的案例；既有先成功而后失败的案例，也有先失败而后成功的案例。好好研究它们的成功经验和失败教训，对于编写案例型教材有重要的意义。

我国正在实现中华民族的伟大复兴，教育是民族振兴的基石。改革开放以来，我国高等教育在数量上、规模上已有相当的发展。当前的重要任务是提高培养人才的质量，必须从学科知识的灌输转变为素质与能力的培养。应当指出，大学课堂在高新技术的武装下，利用 PPT 进行的“高速灌输”、“翻页宣科”有愈演愈烈的趋势，我们不能容忍用“技术”绑架教学，而是让教学工作乘信息技术的东风自由地飞翔。

本系列教材的编写，以学生就业所需的专业知识和操作技能为着眼点，在适度的基础知识与理论体系覆盖下，突出应用型、技能型教学的实用性和可操作性，强化案例教学。本套教材将会有机融入大量最新的示例、实例以及操作性较强的案例，力求提高教材的趣味性和实用性，打破传统教材自身知识框架的封闭性，强化实际操作的训练，使本系列教材做到“教师易教，学生乐学，技能实用”。有了广阔的应用背景，再造计算机案例型教材就有了基础。

我相信北京大学出版社在全国各地高校教师的积极支持下，精心设计，严格把关，一定能够建设出一批符合计算机应用型人才培养模式的、以案例型为创新点和兴奋点的精品教材，并且通过一体化设计、实现多种媒体有机结合的立体化教材，为各门计算机课程配齐电子教案、学习指导、习题解答、课程设计等辅导资料。让我们用锲而不舍的毅力，勤奋好学的钻研，向着共同的目标努力吧！

刘瑞挺教授　本系列教材编写指导委员会主任、全国高等院校计算机基础教育研究会副会长、中国计算机学会普及工作委员会顾问、教育部考试中心全国计算机应用技术证书考试委员会副主任、全国计算机等级考试顾问。曾任教育部理科计算机科学教学指导委员会委员、中国计算机学会教育培训委员会副主任。PC Magazine《个人电脑》总编辑、CHIP《新电脑》总顾问、清华大学《计算机教育》总策划。

前　言

本书是响应教育部教学改革的号召，以培养应用型人才为目的，注重理论联系实践，面向高校计算机本科专业的C#程序设计教材。通过学习本书，学生在掌握基本理论知识的同时与实践相结合，能够尽快将所学知识应用于程序设计中，从事C#程序设计有关的实际工作。

本书由浅入深，从最基本的语法开始讲起，逐步深入到面向对象、Windows程序设计、数据库、网络等高级编程方法，结构完整、内容精要。本书的读者可以是程序设计的入门者，即使没有编程经验，通过学习本书的实例并借助C#语言的强大功能，也可以很快学习到如何进行数据库、网络等复杂程序设计，快速成为C#程序员。

C#是由C和C++发展而来的一种“简单、高效、面向对象、类型安全”的程序设计语言，综合了Visual Basic的高效率和C++的强大功能。C#是.NET的关键语言，是整个.NET平台的基础。.NET是一种以服务方式递交软件的策略，是Microsoft公司的新战略，所有Microsoft的产品都围绕此战略开发。.NET能使用户通过Web与众多的智能设备交互，同时确保用户而不是应用程序控制此交互。.NET使得用户对应用程序、服务、个性化设备的体验简单、一致且安全。

本书由吉林化工学院胡艳菊老师担任主编，共分为12章，带*章节为选修内容，其中，第6、7章由北京科技大学孙建伟老师编写，第12章由首钢胜利机械厂技工学校杜云奇老师编写，其余各章由胡艳菊老师编写，北华大学申野老师负责对全书的图、表进行加工处理以及全书的格式修改和内容校正。在本书的写作过程中，得到了家人以及吉林化工学院艾学忠、胡忆沩和季玉茹教授的大力支持和帮助，在此表示衷心的感谢！

在参考文献中罗列的参考书非常有限。有些知识点的获得很偶然，有些是来自某次的网络资料阅读，有些是来自某次朋友的聊天。当然之所以会有这本书的知识架构和知识点是来自于编者多年的经验积累。经验证明，这样的架构安排可在有限的学时内，给学生进行最快、最有效、最实惠的教学。

所有的知识都是人类文明成果的体现，是不断传承、发扬和进步的。在这里感谢所有在本书编写过程中给予帮助和建议的朋友及那些曾经交流过的良师益友。参考文献所列有限，未能一一列出，但是这里仍然要深深感谢他们，如有未尽事宜，尚且谅解。

由于编者水平有限，书中难免存在不当之处，恳请读者批评指正。

编　者

2012年6月

目　　录

.NET 基本知识

知识结构图

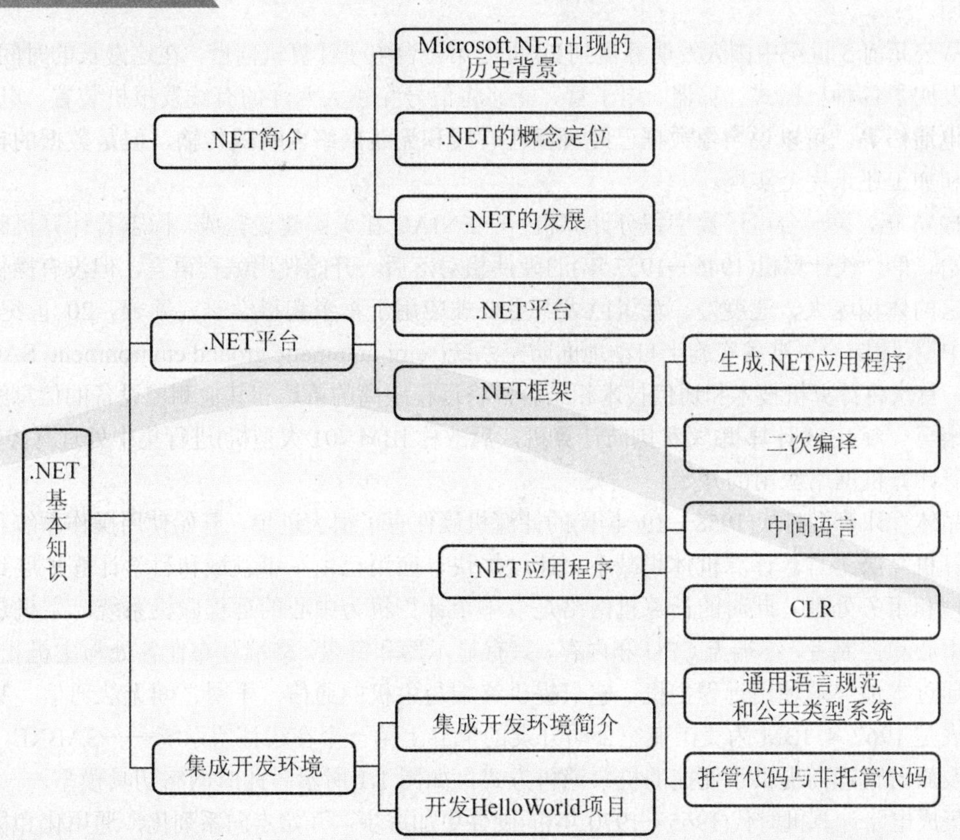

学习目标

(1) 了解 Microsoft.NET 的历史背景。
(2) 了解.NET 的发展。
(3) 了解.NET 框架。
(4) 认识.NET 应用程序。
(5) 认识.NET 集成开发环境及开发过程。

1.1 .NET 简介

Microsoft.NET(简称.NET)是一个新的开发平台，这个平台融合了从操作系统到程序设计语言等方面的内容，概念繁多。本章的学习目的是了解.NET 的出现和发展，明确其组织架构，并且知道一个.NET 应用程序的开发、编译和执行过程的原理和实际应用。

1.1.1 .NET 出现的历史背景

.NET 的出现不是计算机历史上的空穴来风，而是由其时的计算机硬件水平、软件发展决定的，尤其是网络硬件、软件和应用市场的繁荣发展对 Microsoft 公司提出此新理念起到了关键作用。

从公元前 5 世纪中国人发明算盘到 20 世纪第一台电子计算机问世，在这漫长的时间里，人们发明了各种机械式计算器、电子管、能够将信号穿越大西洋的有线发报机装置、电话、无线电通信等。可以说声像数据已经可以在有线和无线网络内有效传输，但是数据的自动计算和加工还未完全实现。

1946 年，第一台电子数字积分计算机——ENIAC 在美国建造完成，标志着计算机时代的开始。第一代计算机(1946—1957 年)的硬件相对落后，开始使用编程语言，但没有操作系统。它的体积庞大、速度慢、耗资巨大，主要被应用于军事和科学研究领域。20 世纪 50 年代中期，美国空军准备实施半自动地面防空系统(semi-automatic ground environment，SAGE)计划，首次将计算机技术和通信技术相结合，将远程距离的雷达和其他测控设备的信息经线路汇集至一台 IBM 计算机(又称国防计算机，后改称 IBM 701 大型机)进行集中处理与控制，标志着计算机网络应用的开始。

晶体管计算机时代(1958—1964 年)的计算机硬件有了很大进步，开始使用操作系统和各种计算机高级语言。计算机体积减小、速度加快，应用已由军事领域和科学计算扩展到数据处理和事务处理。此时的计算机网络是以单个计算机为中心的远程联机系统。主机是网络的中心和控制者，终端无 CPU 和内存，只有显示器和键盘。终端分布在各处与主机相连，用户通过本地终端使用远程主机。它只提供终端与主机的通信，子网之间无法通信。其典型代表是 1962 年 IBM 为美国航空公司开发的世界上第一个在线订票系统——SABRE，为乘客及旅游代理商提供了便捷的机票销售方式，如图 1.1 所示。此时网络初具模型。

集成电路计算机时代(1965—1970 年)的硬件更加进步，开始走向系列化、通用化和标准化，操作系统进一步完善，高级语言数量更多。计算机体积、质量减小，速度和可靠性进一步提高，主要被应用于科学计算、数据处理和过程控制。此时的计算机网络是利用多个主机通过通信线路互连，为用户提供服务。主机之间不直接用线路连接，而由接口报文处理机(IMP)转接后互连。IMP 和它们之间互连的通信线路一起负责主机间的通信任务，构成通信子网。通信子网互连的主机负责运行程序，实现资源共享，组成资源子网。计算机网络概念初步形成，典型代表是美国国防部高级研究计划局协助开发的 ARPANET——Internet 的前身。1969 年 12 月，ARPANET 投入运行，标志着计算机网络的兴起。集成电路的发明者杰克·基尔比(Jack Kilby)和他 1959 年申请专利的集成电路线路图如图 1.2 所示。

图 1.1 1962 年的 SABRE 预定系统

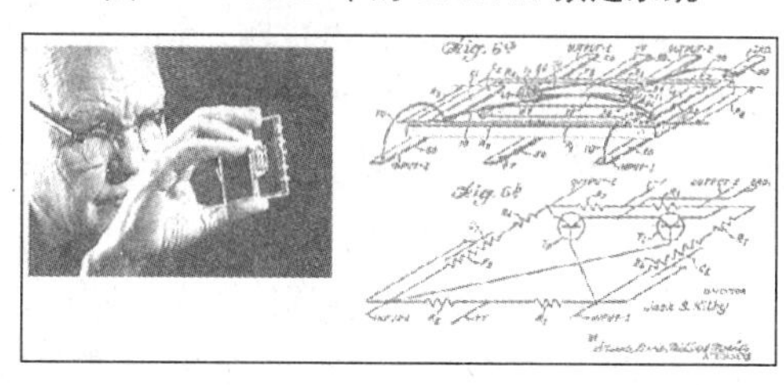

图 1.2 集成电路的发明者杰克•基尔比和他 1959 年申请专利的集成电路线路图

20 世纪 70 年代初，半导体存储器问世，迅速取代了磁心存储器，并不断向大容量、高速度发展，标志着大规模集成电路计算机时代(1971 年至今)的到来。曾生产半导体的美国著名品牌计算机公司——Apple 公司是 PC 最早的倡导者和著名生产商。1976 年，在乔布斯(Jobs)的车库里诞生了第一台苹果机，从此计算机开始走入寻常百姓家。

1981 年，IBM 宣布以 Intel 8088 为 CPU，与 Microsoft 秘密协定开发的 DOS 操作系统为配套操作系统的 PC 诞生了，PC 以前所未有的广度和速度，普及到办公室、学校、商店和家庭，其设计部门还宣布把技术文件全部公开，热诚欢迎同行加入 PC 的发展行列。IBM 公开宣布放弃独自制造所有硬件和软件的策略，不但使广大用户认可了 PC，而且促使全世界各地的电子计算机厂商争相转产 PC，于是产生了 IBM PC 兼容机。

随着 PC 应用的推广，PC 连网的需求也随之增大，各大计算机公司相继推出自己的网络体系结构和配套的软硬件产品。由于没有统一的标准，不同厂商生产的产品之间互连很困难。1984 年，美国国防部将日益成熟的 TCP/IP(transmission control protocol/Internet protocol，又称传输控制/网际协议或者网络通信协议，是 Internet 国际互联网络的基础)作为所有计算机网络的标准。同年，国际标准化组织(International Organization for Standardization，ISO)正式颁布了“开放系统互连基本参考模型”，即 OSI 参考模型。OSI 国际标准使计算机网络体系结构实现了标准化。计算机开始能够互通互连。

这个时期(1980—1990 年)，各种基于 PC 互连的微机局域网纷纷出台，局域网系统的典型结构是在共享介质通信网平台上共享文件服务器，即为所有连网 PC 设置一台专用的、可共享的网络文件服务器。PC 面向用户，微机服务器专用于提供共享文件资源。它是客户机/服务器(C/S)模式。

美国国家科学基金会(National Science Foundation，NSF)鼓励并资助美国各科研机构、大学共享其 4 个计算机主机，后又在美国 5 所著名大学建立 5 个超级计算中心，并避开 DARPANET (ARPANET 的分支之一)受控于政府的军用主干网，遵循 TCP/IP 协议，出资自建 NSFNET 广

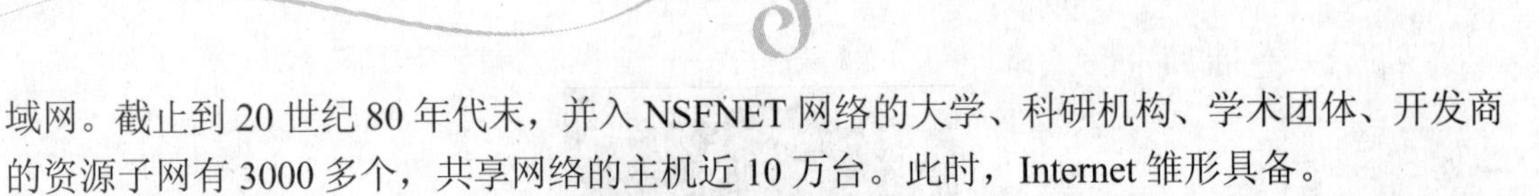

域网。截止到20世纪80年代末，并入NSFNET网络的大学、科研机构、学术团体、开发商的资源子网有3000多个，共享网络的主机近10万台。此时，Internet雏形具备。

进入20世纪90年代，光纤使数据远距离高速有线传播成为现实。NSFNET连接全美上千万台计算机，拥有几千万个用户，是Internet最主要的成员网，美洲以外的网络也逐渐接入NSFNET主干或其子网。Internet开始进入商业化运作模式。

20世纪90年代初，虽然人们希望利用网络进行学习和交流，但是连入Internet还是非常专业和复杂的。1991年8月6日，英国科学家蒂姆·伯纳斯-李(Tim Berners-Lee)提出万维网(world wide web，WWW)设想，他和同事为方便共享研究成果，在欧洲粒子物理研究所(CERN)一部NeXT(Apple公司打造)主机上架设了人类历史上的第一个互联网网站。

万维网被公认为促使Internet迅速发展的重要发明。Internet的诞生比万维网早15年，但起初因使用技术复杂难以普及。万维网借助超文本链接，把不同计算机上的文本、图像、声音等文档链接在一起，使人们不必受计算机操作系统类别和地域等限制，即可自由浏览和分享信息，Internet的操作因而大大简化。万维网问世后广为采用，普及速度惊人。正如蒂姆·伯纳斯-李所说："起飞原因在于全球的人可随意融入参与。"

1993年美国宣布建立国家信息基础设施(NII)后，全世界许多国家纷纷制定和建立本国的NII，使计算机网络进入了一个崭新的高速发展阶段。1995年Sun推出的Java语言第一次可以开发出能运行在所有操作系统之上的程序代码。Java技术使开发人员能为所有计算机只编写一次程序。1996年，Sun开发XML语言，使关系数据库数据可以在网络内按照XML标准快速传输。同年Sun向所有主流硬件和软件厂商许可Java。

美国政府于1996年开始研究发展更加快速可靠的互联网2(Internet 2)。它具有更大的地址空间和网络规模，接入网络的终端种类和数量更多，网络应用更广泛；并且具有更快、更安全、更及时、更方便、更可管理、更有效的特点。之后，高速网络在世界各国迅速普及，人们越来越希望网络带给自己更加便捷的学习、工作和生活方式。能够跨平台的Java语言成为较热门的语言之一。2000—2001年，在Internet创业公司和大公司的助力下，Sun价格高昂的服务器计算机需求强劲，在2000年9月将Sun的股价推到历史最高点，即258.75美元。至此，网络的商业利益达到一个顶点。这给其时的Microsoft公司造成了巨大的压力。

Microsoft公司于1981年成立，同年，IBM推出带有Microsoft 16位操作系统MS-DOS 1.0的PC。随着IBMPC的大获全胜，Microsoft迅速占领了PC主要的操作系统市场。之后，Microsoft又陆续推出了与同期PC配套的Windows操作系统系列，Windows以其图形化界面、方便快捷的操作等优点，被广大非计算机专业用户接受，Microsoft成了PC操作系统的霸主。在1990—1995年期间，Microsoft除了不断完善自己的操作系统外，还与众多合作伙伴合作，开发Office办公软件、各种程序设计语言及其快速可视化集成开发环境、SQL Server数据库等，并且使用其Visual C++(以下简称VC++)等程序设计语言，已经能够开发出功能强大的C/S结构的程序，巩固了其在计算机软件市场的地位。1995年之前的计算机网络对全世界普通PC用户来说还很遥远。因此，Microsoft没有把精力过多地投入到网络技术开发，而是放在了竞争非常激烈的操作系统开发上。

在1995—2000年期间，随着PC硬件性能的不断提高、软件技术的高速发展，高速互联网及其技术的迅速普及，Microsoft公司开始不断完善自己的网络操作系统和软件产品。2000年6月22日，Microsoft推出.NET战略，希望借助.Net战略的有效实施，使Microsoft

公司成为一个繁荣两个世纪的传世企业。.NET 出现的历史背景概括如表 1-1 所示。

表 1-1 .NET 出现的历史背景

时　代	硬　件	软　件	网　络	计算机应用
机械式、继电式计算器(公元前 5 世纪—1945 年)			发明有线信号、无线信号通信	计算、电话、电报
电子管(1946—1957 年)	体积庞大、速度慢、耗资巨大、可靠性差	开始使用编程语言，但没有操作系统	SAGE 计划的实施是计算机网络应用的开始	军事应用和科学研究
晶体管(1958—1964 年)	体积减小、速度加快、可靠性提高	开始使用操作系统和各种计算机高级语言	集中式计算，网络初具模型(诞生阶段)	已由军事领域和科学计算扩展到数据处理和事务处理
大规模集成电路(1965—1970 年)	计算机体积、质量减小、速度和可靠性进一步提高	操作系统进一步完善，高级语言数量更多	有资源子网(网络形成阶段)	科学计算、数据处理和过程控制
超大规模集成电路(1971 年至今)	大容量、高速度 PC 出现	功能更强大、种类更丰富、2000 年.NET 出现	互通互连、局域网形成、广域网形成、网际网形成、发明万维网高速网形成	

1.1.2 .NET 的概念定位

.NET 战略是 Microsoft 的又一大胆构想。它包括 3 个主要方面：一是利用 PC 的强大性能使其在 Internet 中参与分布式计算，转变传统的集中式计算和 C/S 计算，在网络中发挥 PC 在软硬件资源上的优势；二是转变 Internet 的传统用途，使得 Internet 可以为用户提供更好的服务，包括为用户打造所有联网的智能设备都能访问的数据空间、为程序开发人员提供更方便的跨平台的站点开发和部署服务；三是将软件作为服务，使得应用程序开发中所需的组件在被 Internet“云”分隔的系统中获取，转变组件只能存储在本地的开发方法。因此，通过.NET 可以将用户数据存放在网络上，随时随地地访问该数据。这是一种全新的平台，完全以 Internet 为中心。以这种模式创建的应用程序可以通过任何浏览器在任何设备上进行访问。这种应用程序可以充分地利用 Internet 的功能。

Microsoft 对.NET 的概念定位是，.NET 本身是一系列技术方案和产品；它是以 Internet 为中心的一种全新的平台，也是一个开发和运行软件的新环境；它创建可以通过任何浏览器、任何设备访问的应用程序，用于构建、配置、运行 Web 服务和应用程序的多语言环境，即“any time, any place and on any device”。

1.1.3 .NET 的发展

自 2000 年.NET 战略提出以来，.NET 一共经历了 1.0～4.0 几个版本。其中，2003 年的 1.1 版本基本把其理念体现尽致，开发和文档资料也非常完整，尤其是其中文版本也比较稳定，因此受到广大开发者的喜爱。其后的各个版本在技术上进行了部分扩充和改进，使得.NET 开发更加方便、快捷，并且支持向下兼容。尤其是 C#4.0 在语言和语法上的限制越

来越少。本书以 C#1.1 为学习对象。.NET 版本发展历程如表 1-2 所示。

表 1-2　.NET 版本发展

版本	版　本　号	发 布 日 期	Visual Studio	Windows 集成环境
1.0	1.0.3705.0	2002 年 2 月 13 日	Visual Studio .NET	
1.1	1.1.4322.573	2003 年 4 月 24 日	Visual Studio .NET 2003	Windows Server 2003
2.0	2.0.50727.42	2005 年 11 月 7 日	Visual Studio 2005	
3.0	3.0.4506.30	2006 年 11 月 6 日		Windows Vista、Windows Server 2008
3.5	3.5.21022.8	2007 年 11 月 19 日	Visual Studio 2008	Windows 7、Windows Server 2008 R2
4.0	4.0.30319.1	2010 年 4 月 12 日	Visual Studio 2010	

1.2　.NET 平台

.NET 主要由 3 个组件构成：.NET 产品和服务、第三方.NET 服务和.NET 平台本身。其中，.NET 平台是核心，具体如图 1.3 所示。

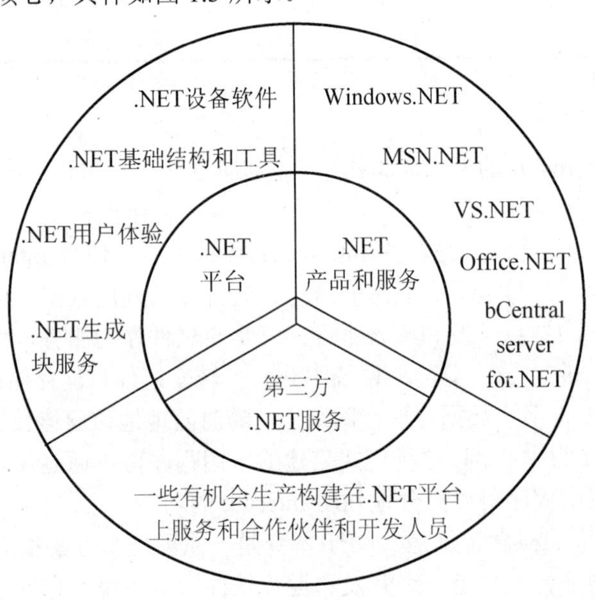

图 1.3　.NET 组件

1.2.1　.NET 平台概述

.NET 平台是用于开发新一代软件的一套工具、服务集和模型，旨在提供下列功能：集成 Internet 上的任何资源、请求各种服务提供的功能以及将这些功能集成到应用程序中。由于.NET 是利用早期的组件方法生成的，因此它可以使应用程序的开发、实现和部署更快、更容易。.NET 平台构建在 XML 和 Internet 协议之上，这两个协议为.NET 新平台提供技术基础。

可扩展的标记语言(extensible markup language，XML)的特征是将实际数据与表现形式分开。这使得 XML 完全不同于 HTML。它被认为是构建新一代 Internet 的关键，使得用户能够对网站信息进行整理、编程和编辑。它还提供了一种将数据发布到多种设备的方法。它与 Internet 协议相结合，使得站点能够协同工作并彼此交互，从而生成一种“Web 服务组合体”。

TCP/IP 是 Internet 基础协议。它的最高层是应用层，包括所有的高层协议：HTTP(超文本传输协议)、FTP(文件传输协议)、DNS(域名系统)、SMTP(电子邮件传输协议)、NNTP(网络新闻传输协议)和 SOAP(简单对象访问协议)。SOAP 以 XML 形式提供了一个简单、轻量的用于在分散或分布环境中交换结构化和类型信息的机制，是基于 XML/HTTP 的协议。通过该协议，可以以独立于平台的方式访问服务、对象和服务器。SOAP 有助于在分散的分布式环境中进行信息交换，这是它完全适用于.NET 平台的一个主要原因。.NET 平台的组件如图 1.4 所示。

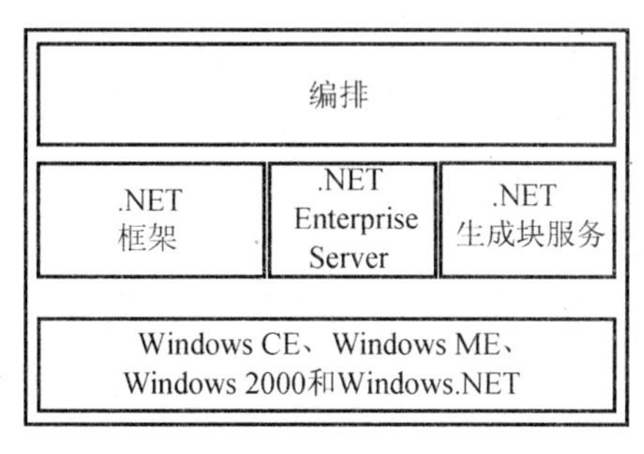

图 1.4 .NET 平台的组件

.NET 应用程序可以构建在所有最近的 Windows 操作系统(Windows CE、Windows ME、Windows 2000)和 Windows.NET 上。它们都属于 Windows 2000 服务器系列。因此可以说，.NET 平台是构建在 Windows 2000 服务器系列的可伸缩性、可靠性、安全性和可管理性的基础之上的。

.NET 最重要的组件是.NET 框架(.NET Framework)。.NET 框架由公共语言运行库(CLR)、基类、数据访问类、XML、ASP.NET、WinForms 和语言类库构成。

.NET Enterprise Server 由服务器系列组成，通过该服务器系列，可以快速地生成和管理一个集成的、启用了 Web 的企业系统。设计的这些服务器具有可伸缩性，并且可以与最新的 Internet 和数据标准实现互操作。7 个核心.NET Enterprise Server 分别是 SQL Server 2000、ISA (Internet Security and Acceleration) Server 2000、Host Integration Server、Exchange 2000 Server、Exchange 2000 Conferencing Server、Commerce Server 2000、BizTalk Server 2000 和 Application Server 2000。

.NET 生成块服务组件包括由 Microsoft 以及其他应用程序服务提供商提供的商业 Web 服务。这些服务可以用来创建其他应用程序以及其他 Web 服务。这些服务包括以下内容。

(1) 标示：构建在 Microsoft 密码和 Windows 身份验证技术基础之上，提供从密码和 Wallet 到智能卡和生物测量学设备的各种级别的身份验证。通过它，开发人员可以生成为客户提供个性化和私密性的服务，而客户则可以对他们的服务享受新的安全访问级别，无论他们位于什么位置，或者使用何种设备。Windows.NET 的第一个主要版本(代码为“Whistler”)支持此项服务。

(2) 通知和消息处理：将即时消息、电子邮件、传真、语音邮件以及其他通知和消息处理形式集成为一种统一的体验，并且可以传递到任何 PC 或智能设备，构建在 Web 的 Hotmail 电子邮件服务、Exchange 和 Instant Messenger 的基础之上。

(3) 个性化：使用这种服务，可以通过创建规则和首选项进行控制，这些规则和首选项隐式和显式地定义如何处理通知和消息，如何处理要求共享数据的请求，以及多个设备应如何协同工作(例如，使便携式计算机始终与.NET 存储服务的所有内容保持同步)。此外，还可以通过此服务将用户的数据快速地移动到另一台 PC。

(4) XML 存储：使用通用语言(XML)和协议(SOAP)描述数据的含义，能够在由多个 Web 站点和用户传送和处理数据时维护数据的完整性。这使得 Web 站点成为了非常灵活的服务，可以进行交互、交换和利用彼此的数据。.NET 还为在 Web 上存储数据提供了一个安全、可寻址的位置。用户的每台设备都可以访问该位置，从而可以以最佳方式复制数据，以提高效率和脱机使用这些数据。其他服务可以在用户的同意下访问其存储数据，将 NTFS、SQL Server、Exchange 以及 MSN Communities 的元素结合到了一起。

(5) 日历：用户控制的一个极为重要的方面是时间，如什么时候可以来找我，以及什么时候不要打扰我。随着人们使用的设备的增多、使用时间的增长，以及用户和服务交互的内容的增多，这一点变得非常重要。.NET 提供了一种将工作、社会和家庭日历安全、保密地集成到一起的基础，集成后，可以通过所有设备访问这些日历，其他服务和个人在经过用户同意的情况下也可以访问这些日历。它构建在 Microsoft Outlook 消息、协作客户端以及 Hotmail Calendar 的基础之上。

(6) 目录和搜索：通过.NET，可以搜索要与之交互的服务和用户。.NET 目录不仅仅是搜索引擎或“黄页”。它们可以以编程方式与服务进行交互，回答有关这些服务的功能和基于特定架构的问题。它们还可以由其他服务聚合和自定义，并可与其他服务组合在一起。

(7) 动态传递：使得 Microsoft 和开发人员可以在需要时动态地提供更高级别的功能以及可靠的自动升级，而无需用户进行安装或配置。.NET 可以自动适应用户所要完成的任务或用户所使用的任何设备。它与依赖于安装的传统应用程序模型相反，在用户希望在多台设备上享受服务带来的好处的今天，这已经成为一种必然。

编排提供进程和 Web 服务是一种既在组织内部运行，又在组织之间运行的组织服务。组织中可能存在多种软件系统和多种硬件平台。此外，组织中可能还存在多个这样的客户、合作伙伴和服务提供商场所。在这种情况下，就需要使用某种工具来处理组织内部以及组织之间的编排任务。BizTalk Server 2000 提供了能够实现编排功能的工具。

1.2.2 .NET 框架

.NET 框架是.NET 平台最主要的部分。它的作用是提供一个一致的面向对象的编程环境；提供一个将软件部署和版本控制冲突最小化的代码执行环境；提供一个保证代码安全执行的代码执行环境；提供一个可消除脚本环境或解释环境的性能问题的代码执行环境；使开发人员的经验在面对类型大不相同的应用程序时保持一致；按照工业标准生成所有通信，以确保基于.NET 框架的代码可与其他代码集成。

.NET 框架是其集成开发环境 Visual Studio.NET(以下简称 VS.NET)的不可缺少的组成部分。它包括 20 多种编程语言，所有语言在平台上共同协作的基础——公共语言规范，含有基本输入/输出和基础函数等的基础类库，含有 Windows 窗体类、ASP.NET 类、ADO.NET 类和 XML 类库的扩展类库，能够管理内存、托管管理.NET 代码、编译.NET 应用程序的 CLR 以及.NET 操作系统和 COM+服务。其体系结构如图 1.5 所示。

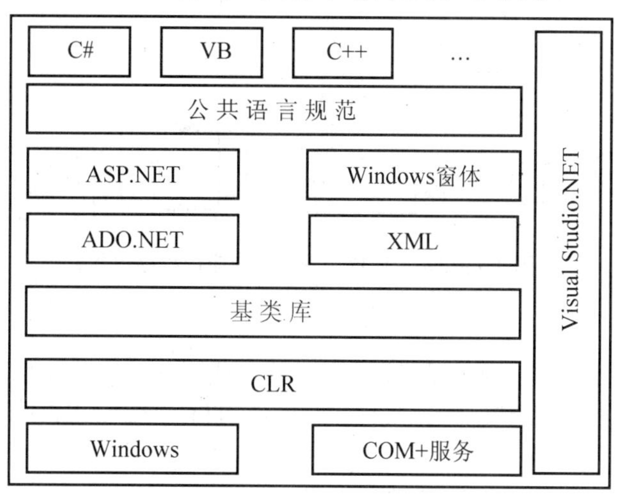

图 1.5 .NET 框架体系结构

1.3 .NET 应用程序

使用 VS.NET 可以开发 Windows 应用程序、ASP.NET 应用程序、移动设备应用程序、Web Services 和构建.NET 分布式系统等。

.NET 平台最大的特点是跨语言，它对过去出现过的绝大多数的语言都进行了.NET 升级。这样的好处有两点：一是可以使程序员快速上手.NET 开发；二是在.NET 平台下，使用不同程序语言进行开发的程序组可以方便地进行项目组合，这是过去的程序语言开发无法实现的。

1. 生成.NET 应用程序

由一种编程语言开发的应用程序的生成过程是，程序源代码首先经过编译器编译生成可执行代码(如.exe 可执行程序)，可执行代码再在空间运行时(RunTime)的作用下，生成机器能识别的二进制代码，之后被执行，如图 1.6 所示。

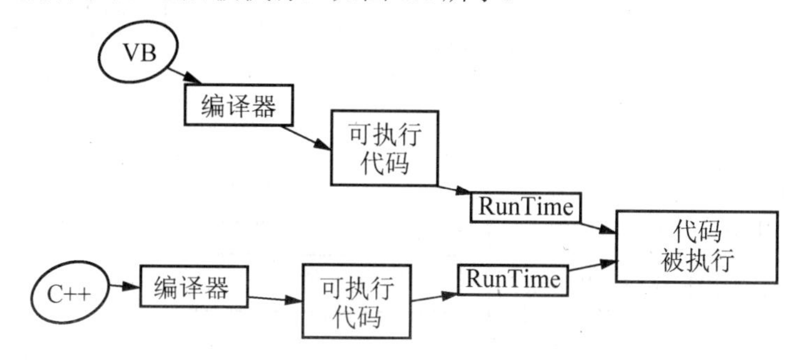

图 1.6 传统编程语言生成应用程序过程

使用.NET 时，不同之处在于以 Visual Basic.NET(以下简称 VB.NET)、C++.NET 或.NET 所支持的任何语言编写的符合.NET 规则的源代码程序(又称托管代码)都将由其各自的编译器编译为可执行代码——中间语言，又称 IL 或 MSIL(Microsoft IL)，元数据将与 IL 同时生成。然后，CLR 将 IL 编译生成机器可识别的二进制代码，之后被执行，如图 1.7 所示。

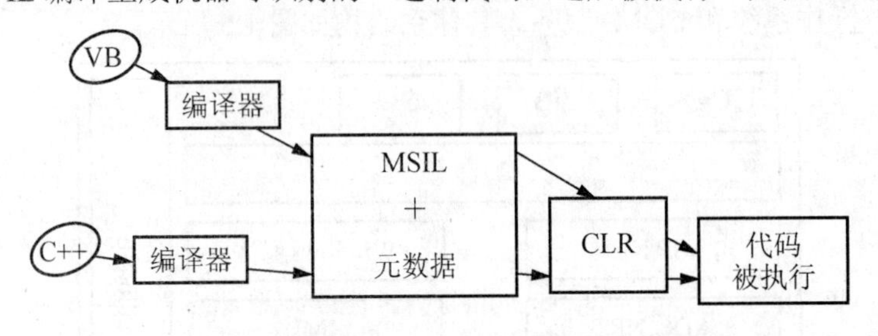

图 1.7 .NET 源代码程序生成应用程序过程

2. 二次编译

.NET 源代码程序最后生成机器能识别的二进制代码的过程，称为二次编译。第一次编译速度慢，第二次编译速度快，因此又称即时编译(JIT)。这是.NET 程序独有的编译方式，如图 1.8 所示。

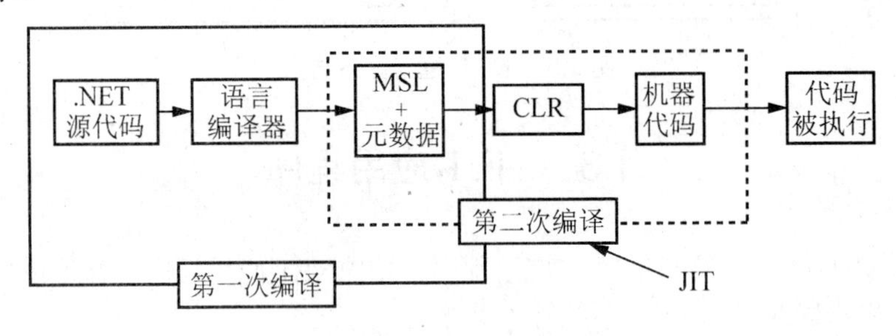

图 1.8 二次编译过程

3. 中间语言

中间语言能帮助.NET 平台上各种语言的程序之间实现互操作。它与字节码相似，但不完全一样，字节码需要经过虚拟机解释生成机器代码，生成速度要慢于中间语言被编译生成机器代码的速度，而且中间语言与 CPU 无关，具体如图 1.9 所示。

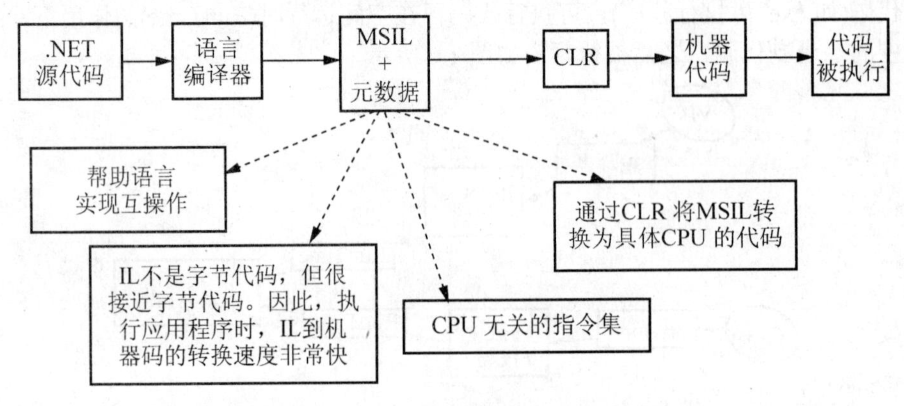

图 1.9 中间语言

4. CLR

CLR 建立在操作系统之上，有自动管理内存、垃圾回收、线程执行、代码执行、代码安全验证、编译以及其他系统服务，如图 1.10 所示。

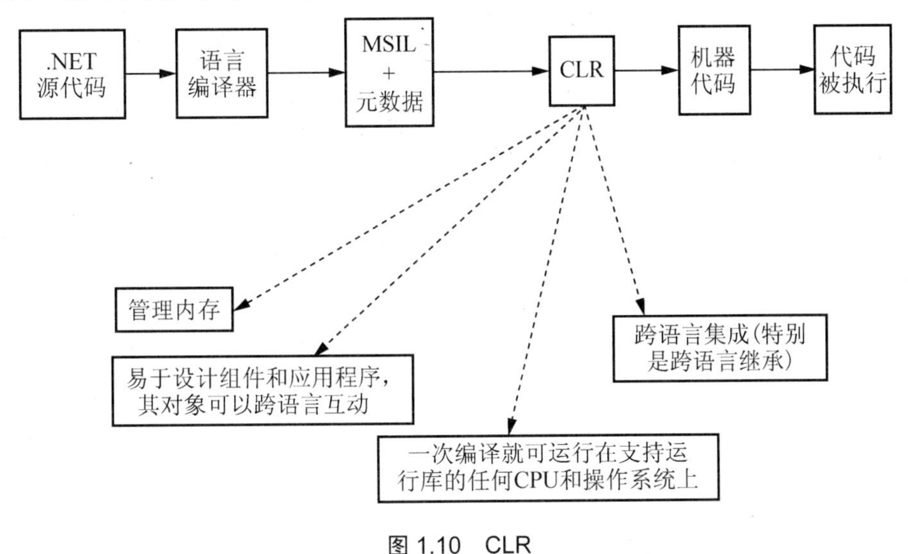

图 1.10 CLR

5. 通用语言规范和公共类型系统

通用语言规范(CLS)规定所有.NET 语言都应遵循的规则和生成可与其他语言互操作的应用程序。公共类型系统(CTS)包含标准数据类型和准则集。

CLS 是许多应用程序所需的一套基本语言功能，CLS 规则定义了 CTS 的子集，CLS 通过定义一组开发人员可以确信在多种语言中都可用的功能来增强和确保语言互用性。大多数.NET 框架类库中的类型定义的成员都符合 CLS。

6. 托管代码与非托管代码

以运行库为目标的代码称为托管代码。C++分成两种，一种是托管 C++，另外一种是非托管 C++。C#是以运行库为目标设计的，因此用 C#编写的代码基本上为托管代码。

不以运行库为目标的代码称为非托管代码，.NET 提供了与非托管代码互操作的服务，如与 COM 互操作的 Interop 服务。CLS、CTS 和 MSIL 紧密配合以实现语言互操作性。

1.4 集成开发环境

1.4.1 集成开发环境简介

VS.NET 集成开发环境(IDE)是开发.NET 程序的主要工具，具有快捷、方便、可停靠等软件开发典范的作用。图 1.11 所示为对集成开发环境各部分的简单介绍。

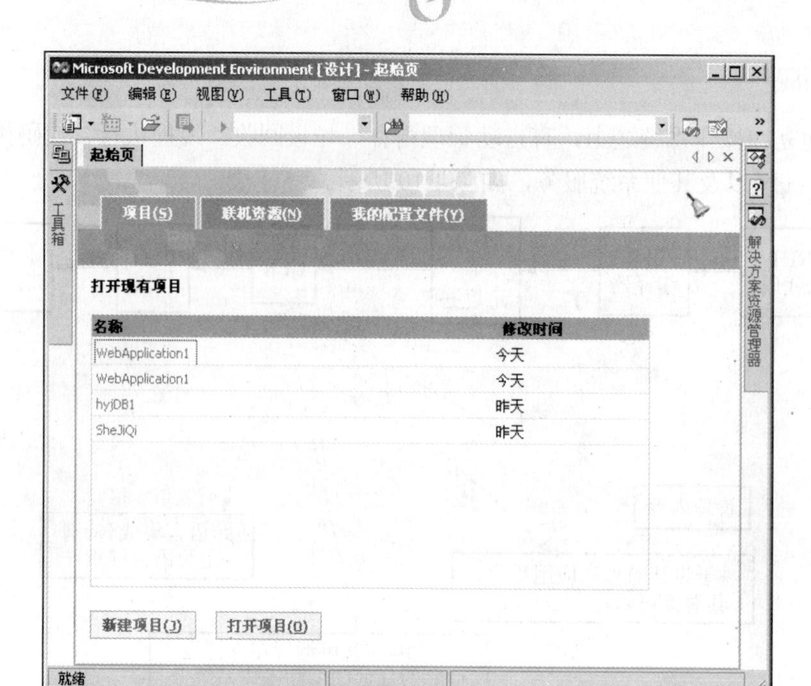

(a) 起始页

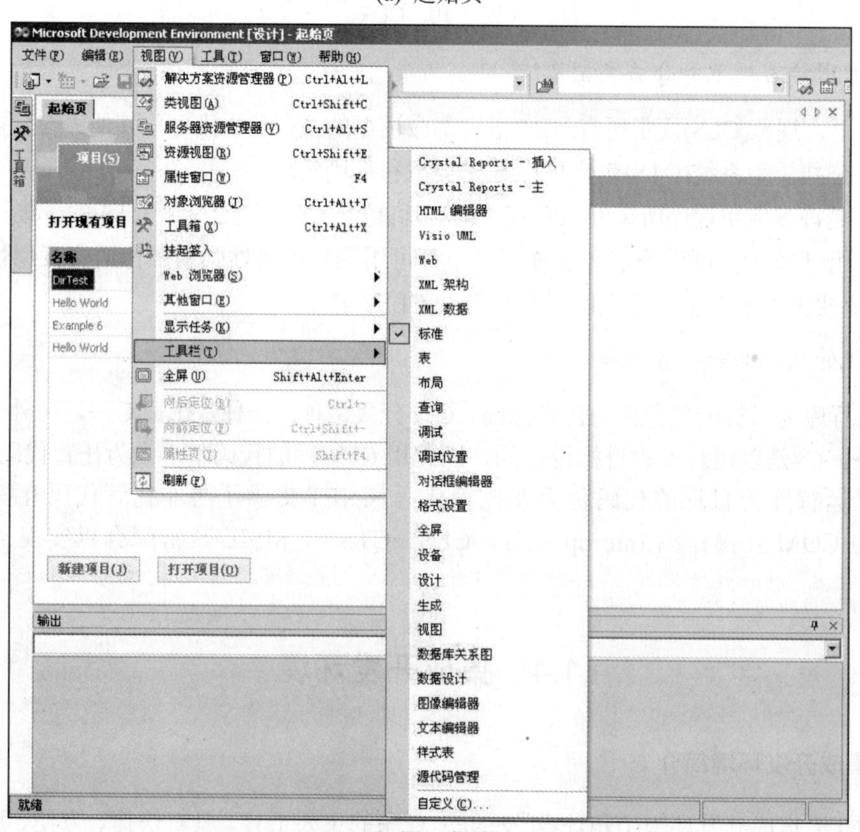

(b) “视图”菜单选项

图 1.11　VS.NET 集成开发环境

(c) “解决方案资源管理器”窗格

(d) “类视图”窗格

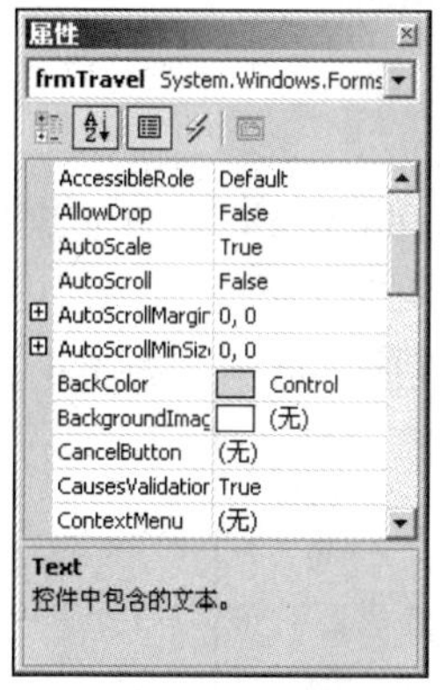

(e) “属性”窗口

(f) “服务器资源管理器”窗口

(g) “工具箱”窗格

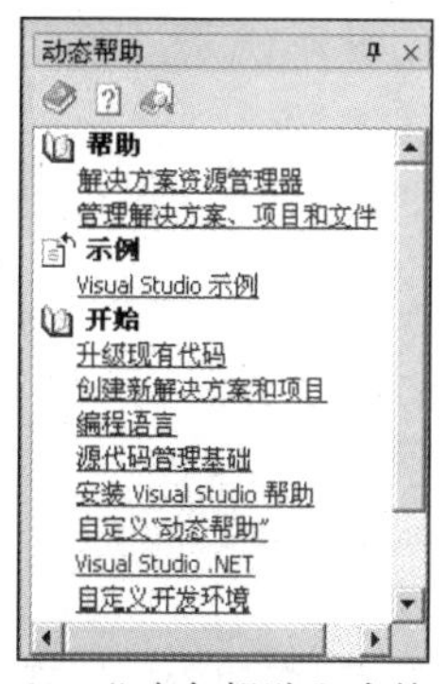

(h) “动态帮助”窗格

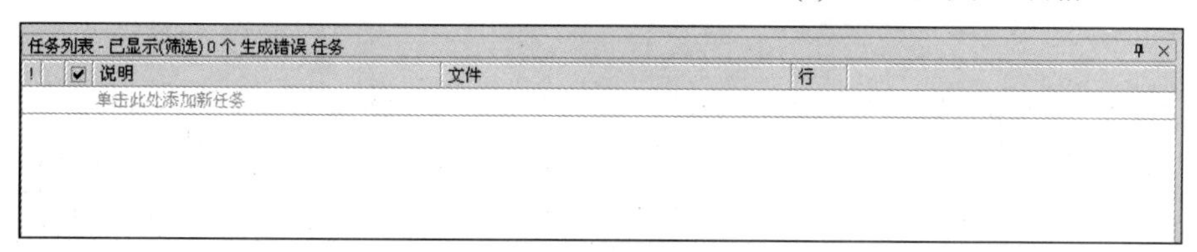

(i) 任务列表

图 1.11　VS.NET 集成开发环境(续)

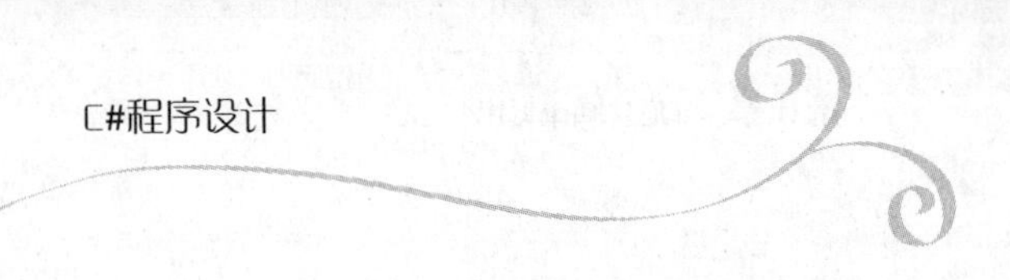

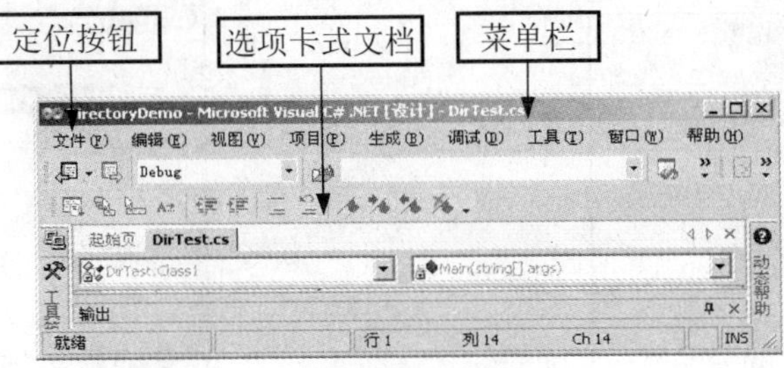

(j) 菜单栏和按钮

图 1.11 VS.NET 集成开发环境(续)

1.4.2 开发简单应用项目

开发一个简单的控制台应用程序，输出字符串常量"Hello World"。首先执行“文件”→“新建”→“项目”命令，弹出“新建项目”对话框，在“项目类型”选项组中选择“Visual C#项目”选项，在“模板”选项组中选择“控制台应用程序”选项，如图 1.12 所示。

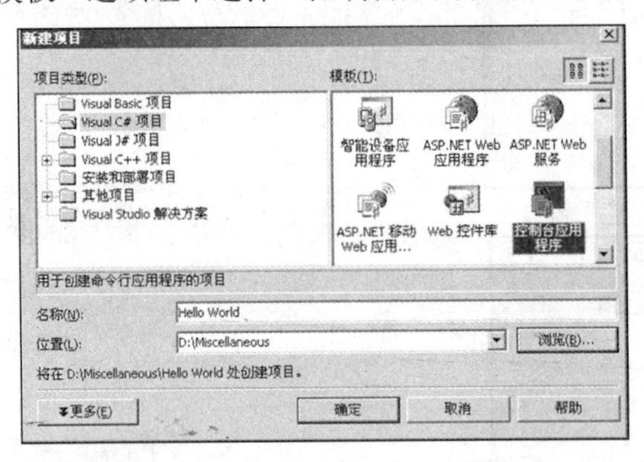

图 1.12 “新建项目”对话框

开发 Hello Word 项目的源程序代码如下。

```
using system;                       //引用基础命名空间
namespace HelloWord                 //用户自定义命名空间,默认与项目名称一致
{
    class Hello                     //类的定义
    {
        static void Main()          //Main方法
        {
            Console.WriteLine("Hello  World!"); //输出
            Console.ReadLine();     //等待用户按Enter键
        }
    }
}
```

程序输出结果如图 1.13 所示。

图 1.13 输出结果

小 结

.NET 是以 Internet 为中心的一种应用 1 程序开发平台，此平台的主要优点在于用户可以随时随地地使用与.NET 兼容的设备访问所有的重要数据。.NET 主要由 3 个组件构成，即.NET 产品和服务、第三方.NET 服务和.NET 平台本身。.NET 平台构成了独立于语言、可以从各种.NET 兼容设备上运行的应用程序的基础。.NET 平台基于两种核心技术，即 XML 和 Internet 协议套件。.NET 应用程序的开发要经历二次编译，要满足 CTS 和 CLS 开发.NET 源代码，由各自的编译器编译生成中间语言后，再由 CLR 编译生成二进制代码被执行。

课 后 题

一、选择题

1. 下面是 C#语言使用的开发平台的是(　　)。
   A．Visual C++　　B．Delphi7
   C．VS 2005.NET　　D．Turbo C
2. 在 C#程序中，关于主函数描述错误的是(　　)。
   A．程序的入口点　　B．写法为 Main()
   C．必须在程序最后面　　D．主函数也位于类中
3. 在.NET 中，MSIL 是指(　　)。
   A．接口限制　　B．中间语言　　C．核心代码　　D．接口类库
4. C#语言使用(　　)来引入名称空间。
   A．Import　　B．Using　　C．Include　　D．Lib

二、填空题

1. .NET 是一个________、________、________的开发平台。
2. .NET 主要由________、________和________3 个组件组成。
3. C#程序要经历________次编译，其中第一次编译是使用________生成________，第________次编译是使用________把中间代码编译成________。

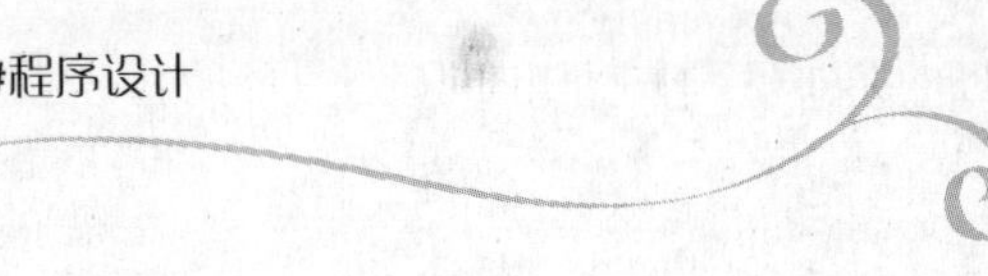

三、简答题

1．选择某一个 VS.NET 版本安装，说明安装步骤。
2．请简述.NET 技术的发展背景。
3．.NET 是什么？
4．.NET 的版本有哪些？VS 2003.NET 的优点是什么？
5．请简述.NET 的组成。
6．请说明.NET 应用程序的开发过程。
7．解释 CLR、中间语言、CTS 和 CLS。

四、程序设计题

熟悉 VS.NET 开发环境，并开发一个 Hello World 控制台应用程序。

C#基础知识

知识结构图

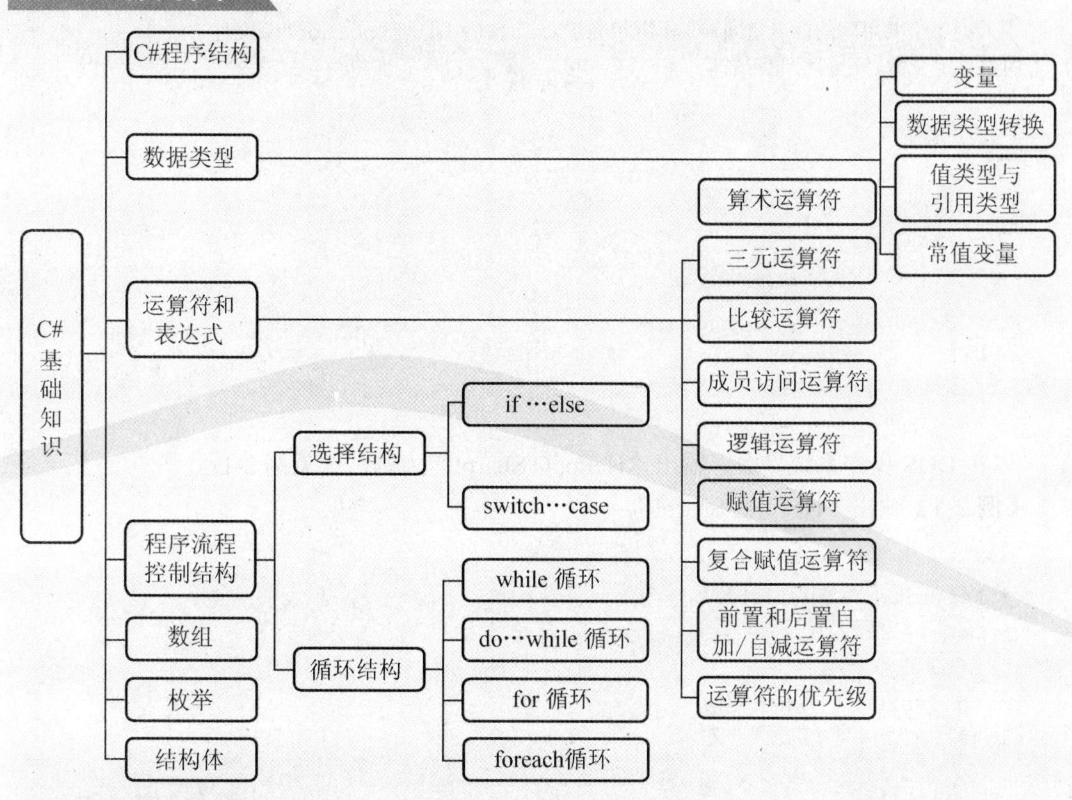

学习目标

(1) 了解 C#的程序结构。

(2) 认识 C#的数据类型。

(3) 掌握 C#的运算符和表达式。

(4) 掌握 C#的程序流程控制。

(5) 掌握 C#的循环结构。

(6) 掌握 C#的数组、枚举及结构体。

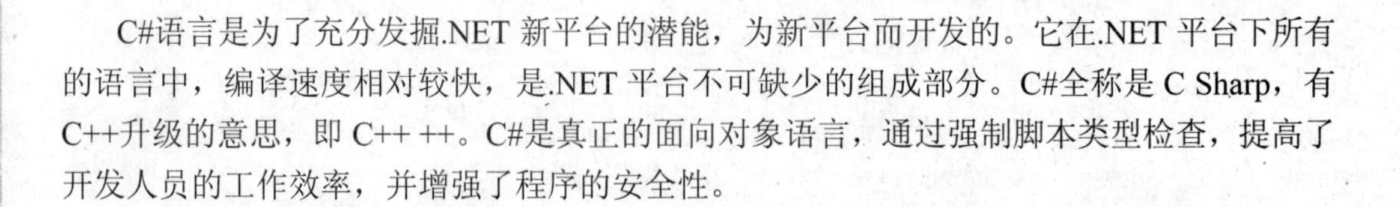

C#语言是为了充分发掘.NET 新平台的潜能，为新平台而开发的。它在.NET 平台下所有的语言中，编译速度相对较快，是.NET 平台不可缺少的组成部分。C#全称是 C Sharp，有 C++升级的意思，即 C++ ++。C#是真正的面向对象语言，通过强制脚本类型检查，提高了开发人员的工作效率，并增强了程序的安全性。

2.1 C#程序结构

C#是完全面向对象的语言，程序完全由类组成，并且为了管理方便，还可以把同类的类放在一个命名空间中定义，因此，C#程序结构层次分明，管理起来非常方便。其具体的程序结构如下。

```
引入程序中要用到的命名空间;//作用相当于 C 或者 C++的"#include"头文件
用户自定义命名空间//也可省略
{
   用户自定义类
   {
      成员变量;
      成员函数
      {
      }
   }
}
```

以在 DOS 操作系统界面下输出“Hello, C Sharp!”为例，详见例 2-1。

【例 2-1】输出“Hello, C Sharp!”。

```
/********************************
 * Function: C#程序结构
 * Date:  2012.01
 * */
using System;  //命名空间
class Hello    //类的定义
{
    static void Main()        //Main方法
    {
        Console.WriteLine("Hello, C Sharp!");//输出
        Console.ReadLine();  //等待用户按Enter键
    }
}
```

在此需要注意以下几点。

(1) System 是.NET 最基本的命名空间，里面定义了.NET 基础类。命名空间在逻辑上包含功能相近的类，而类内部又定义了若干函数。在程序中引入命名空间的同时，要注意把存储命名空间的.NET 组件也要引入到项目的解决方案中来。例如，System 命名空间存在

于 System.dll 组件中。一般情况下，多个命名空间存在于一个.NET 组件中。例如，System 和 System.IO 命名空间都位于 System.dll 中，但也有命名空间存在于多个.NET 组件中的情况，这比 C++的文件逻辑结构复杂和安全。C++的函数直接定义在文件中，其他代码文件要引用，需要在文件开始处写“#include 头文件”，这至少要求整个项目内的函数不重名，且修改容易，安全系数较低。加入相应的.NET 组件只需选择“解决方案”选项组中的“引用”选项，右击，执行“添加引用”命令即可，如图 2.1 所示。

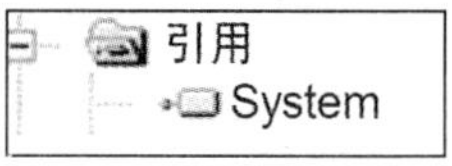

引用
System

图 2.1 添加引用

(2) Console 是控制台类。WriteLine()是输出函数，函数结束后光标换行。它是典型的重载函数。ReadLine()是从键盘上读入一个以回车符为结束标志的字符串。

(3) 主函数 Main()与 C 和 C++中不同，M 是大写的。另外，要注意 C#中的主函数通常都是静态的，并且也在类中定义。这与 C++的主函数定义在类外是不同的。因此仅从这一点来看，C#语言也是完全面向对象语言。

2.2 数据类型

C#类型系统是统一的类型系统，C#的一切全都是对象，C#中所有数据类型都是从 object 类派生而来的，所有数据类型都可以看做对象。

按照编译器编译时为数据分配的空间大小，把 C#数据类型分为整型、单精度、双精度、字符、字符串等。要特别注意常量的写法，具体如表 2-1 所示。

表 2-1 C#数据类型

C#数据类型	大 小	默 认 值	示 例
int	有符号的 32 位整数	0	int rating=20;
short	有符号的 16 位整数	0	short salary=3400;
long	有符号的 64 位整数	0L	Long population=23451900l;
byte	无符号的 8 位整数	0	byte gpa=2;
bool	布尔值，true 或 false	false	bool IsManager=true;
float	32 位浮点数，精确到小数点后 7 位	0.0F	float temperature=40.6F;
double	64 位浮点数，精确到小数点后 15～20 位	0.0D	double pressurePoint= 30000.56641D;
decimal	128 位浮点数，精确到小数点后 28～29 位	0.0M	decimal cashPaid=1200M;
char	单个 Unicode 字符(占 2 字节)	'\0'	char gender='M';
string	Unicode 字符串	null	string color="Orange"

2.2.1 变量

变量用于存储特定数据类型的值。C#是强类型语言，变量必须先定义，再使用。定义变量的语法格式如下。

```
访问修饰符 数据类型 变量名;
```

仔细观察例 2-2，分析其代码是否能够执行。

【例 2-2】学习变量的使用方法。

```
/*********************************
 * Function: 学习变量的使用方法
 * Date: 2012.01
 * */
using System;
class Variable
{
    static void Main()
    {
        //
        iApple=30;    //苹果30个
        iBanana=20;   //香蕉20串
        Console.WriteLine(iNumber);//输出总个数
        Console.ReadLine();
    }
}
```

程序不能够顺利执行，原因是程序中的变量 iApple 和变量 iBanana 未定义便直接赋值了。而变量 iNumber 未定义，也未赋值就直接使用了。在 C#程序中所有的变量必须先定义再赋值，否则程序会出现错误。C#标识符定义规则如下。

(1) 标识符由一系列字符组成，其中包括大小写字母、数字、下划线和@字符。标识符不能以数字开头，也不能包含空格。

(2) C#区分大小写：大写和小写字母被认为是不同的字母，因此 a1 和 A1 是不同的标识符。要牢记主函数是 Main()而不是 main()。

(3) C#语言可以使用系统关键字命名标识符，但是一定要在关键字前加@，如@class、@bool 等，但建议尽量不这样做。

(4) 在编写代码时应尽量做到命名规则见名知义，这样可以让程序更加易懂、易读，而且还能提供它的功能信息，如它是否是一个常量、命名空间名或类等。

(5) 变量和函数的首单词字母小写，随后若有单词，首字母大写，如 firstNumber。

(6) 类和命名空间的所有单词的首字母大写，如 GraduatedStudent。

2.2.2 数据类型转换

C#对数据类型限制特别严格。数据类型有的仍然沿用过去的隐式转换原则，即小类型可直接转换为大类型，但是仅限于整型向高类型转换，而其他类型则不允许。其他类型之间的转换必须使用强类型转换。部分强类型转换仍然可以使用“目标类型=(目标类型)原类型”的语法规则实现，但是大部分的强类型转换却必须使用 C#定义的强类型转换函数来实现。

各类型的使用和相互转换详见以下各例题，每个例题都说明一种数据类型的基本使用及其与其他类型的转换方法。请先分析以下程序，程序是否能够顺利执行？为什么不能执行，都有哪些错误？具体如何修改？之后再运行例题代码，结合运行结果和分析结果再认真阅读程序后的注意事项。

【例 2-3】学习浮点数的使用方法。

```
/********************************
* Function: 学习浮点数的使用方法
* Date: 2012.01
* */
using System;
class Float
{
    static void Main()
    {
        float f=123456789;    //赋一个整数值
        double d=123456789;
        Console.WriteLine(f);
        Console.WriteLine(d);

        float f1=1234567;
        float f2=0.1234567;  //赋一个小数值
        float f3=f1+f2;
        Console.WriteLine(f3);

        double d1=1234567;
        double d2=0.1234567;
        double d3=d1+d2;
        Console.WriteLine(d3);
        Console.ReadLine();
    }
}
```

程序无法正常编译执行，因为程序中“float f2 = 0.1234567”有语法错误，即小数默认是 double 类型的常量，不能直接赋值给 float 类型的变量，必须在小数 0.1234567 后加上 f 后缀。否则，提示错误：不能把 0.1234567 隐式转换为单精度变量。

另外，由于 float 类型的变量有效位数为 7，因此执行“Console.WriteLine(f)”时，变量用科学计数法表示为 1.234567E+08；同理，“Console.WriteLine(f3)”的输出结果为 1234567。

而 double 类型的变量有效位数为 15，因此执行“Console.WriteLine(d)”时，变量正常显示为 123456789；同理，“Console.WriteLine(d3)”的输出结果为 1234567.1234567。

仔细观察例 2-4，查找程序中的错误。

【例 2-4】学习 decimal 类型的使用方法。

```
/********************************
* Function: 学习decimal类型的使用方法
* Date: 2012.01
* */
using System;
class Dec
{
```

```
    static void Main()
    {
        decimal mRMB=100;           //赋一个整数值
        decimal mDollar=50.05;      //赋一个小数值
        Console.WriteLine(mRMB);
        Console.WriteLine(mDollar);

        decimal mEuro=12.34m;
        int iEuro=mEuro;            //转换为一个整数
        Console.WriteLine(iEuro);
        Console.ReadLine();
    }
}
```

程序编译有错误，不能正常执行。“decimal mDollar=50.05”有语法错误，小数 50.05 是默认的 double 类型，虽然比 decimal 类型小，但是仍不能隐式转换，必须加上后缀 m，表示 50.05 是 decimal 常量。

“int iEuro=mEuro”有语法错误，decimal 变量 mEuro 无法隐式转换成整型变量，必须强制转换，即 int iEuro=(int)mEuro。输出结果如下。

```
100
50.05
12
```

以上两个例子分别涉及小类型无法隐式转换为大类型和大类型无法隐式转换为小类型的问题。bool 类型在 C 和 C++语言中隐式转换异常灵活，在 C#中却被限制得十分严格，必须利用特殊的强制类型转换函数实现，具体见例 2-5。

【例 2-5】学习 bool 类型的使用方法。

```
/********************************
* Function: 学习bool类型的使用方法
* Date: 2012.01
* */
using System;
class BoolType
{
    static void Main()
    {
        bool b1=true;
        Console.WriteLine(b1);
        Console.WriteLine(!b1);

        bool b2=0;  //赋一个整数值
        Console.WriteLine(b2);

        bool b3=true;
        int i=b3;  //赋值给一个整数
```

```
            Console.WriteLine(i);
            Console.ReadLine();
        }
    }
```

程序编译错误不能正常执行。“bool b2=0”有错误，整数被默认为整型常量，不能隐式转换为 bool 类型变量，应修改为“bool b2=false”。

“int i=b3”有错误，bool 虽然是小类型，但不能隐式转换为整型，应修改为“int i=Convert.Toint32(b3)”。输出结果如下。

```
true
false
false
1
```

【例 2-6】学习字符的使用方法。

```
/********************************
* Function:学习字符的使用方法
* Date: 2012.01
* */
using System;
class Character
{
    static void Main()
    {
          char ch1='A';
          Console.WriteLine(ch1);
          ch1='\u00B0';
          Console.WriteLine("绝对零度:-273.15"+ch1+"C");

          int i=(int)'7';
          Console.WriteLine(i);
          char ch2=(char)176;
          Console.WriteLine(ch2);

          Console.WriteLine('a'+5);
          Console.WriteLine('a'+'b');
          Console.WriteLine("a"+'b');
          Console.ReadLine();
    }
}
```

C#的字符是用 2 字节存储的 Unicode 编码，表现形式更加丰富，基本使用规则与 C++中定义的基本相同。“Console.WriteLine(ch1)”会原样输出字符 A，“ch1 = '\u00B0'”使用的是转义字符'\u'，后面跟十六进制数，输出上标的句号。程序输出结果如图 2.2 所示。

```
file:///C:/Documents and Settings/Administra
X
绝对零度: -273.15° C
55
°
102
195
ab
```

图 2.2 字符运算练习

【例 2-7】学习字符串的使用方法。

```
/********************************
* Function: 学习字符串的使用方法
* Date: 2012.01
* */
using System;
class Str
{
    static void Main()
    {
        string str1;
        str1="你好,";
        Console.WriteLine(str1);
        string str2="我的大学";
        Console.WriteLine(str2);

        Console.WriteLine();
        Console.WriteLine(str1+str2);//+:遇到字符串时,用于字符串连接
        str1+=str2;//+=
        Console.WriteLine(str1);
        Console.WriteLine(str2);

        string str3 = "Microsoft Visual Studio .NET";
        Console.WriteLine("正常: "+str3);
        Console.WriteLine("ToUpper: "+str3.ToUpper());
        Console.WriteLine("ToLower: "+str3.ToLower());
        Console.WriteLine(str3.Length);//字符串长度

        string strQuote="\a我们相信\"知识改变世界\"";
        Console.WriteLine(strQuote);
        string strDir1="C:\\WINNT";//转义字符
        Console.WriteLine("系统目录: " + strDir1);

        //纯字符串
```

```
        string strDir2 = @"C:\WINNT\system32";
        Console.WriteLine(strDir2);
        Console.ReadLine();
    }
}
```

知识点

① +遇到字符串时，用于字符串连接。
② C#的字符串类为其对象(字符串变量)提供了丰富的系统函数，如 ToUpper()等。
③ \a 表示扬声器响一声。
④ \、’、” 的输出必须在其前加\。
⑤ @放在字符串前，字符串中的路径可以正常书写。

程序输出结果如图 2.3 所示。

```
file:///C:/Documents and Settings/Administ
你好，
我的大学

你好，我的大学
你好，我的大学
我的大学
正常：Microsoft Visual Studio .NET
ToUpper: MICROSOFT VISUAL STUDIO .NET
ToLower: microsoft visual studio .net
28
我们相信"知识改变世界"
系统目录：C:\WINNT
C:\WINNT\system32
```

图 2.3　字符串学习

【例 2-8】字符串转换。

```
/********************************
*Function: 字符串转换
* Date: 2012.01
* */
using System;
class ConvertString
{
    static void Main()
    {
        int I=45;
        string S=I.ToString();        //整型数据转换为字符串
        Console.WriteLine(S);
        Console.ReadLine();

        S="57";
        int I1=int.Parse(S);          //字符串数据转换为整型
        Console.WriteLine(I1);
        Console.ReadLine();
```

```
            int Student;
            Console.Write("请输入学生人数: ");
            Student=Convert.ToInt32(Console.ReadLine());//字符串数据转换为整型
            Console.WriteLine("共有学生 " + Student + " 人。");
            Console.ReadLine();
        }
    }
```

程序输出结果如图 2.4 所示。

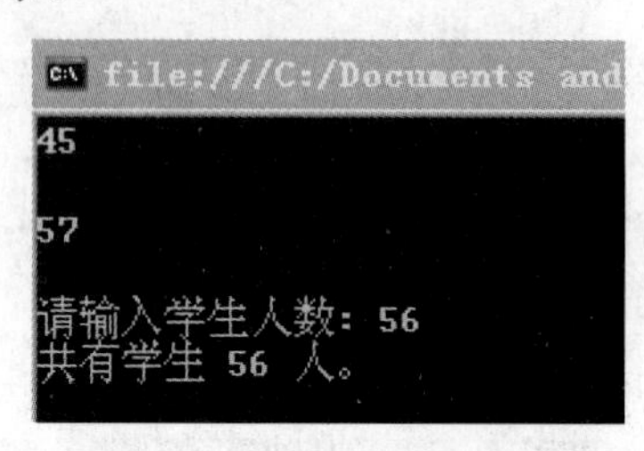

图 2.4　字符串转换练习

2.2.3　值类型与引用类型

按照存储位置的不同，数据类型分为值类型和引用类型。

值类型表示实际数据，只是将值存放在内存中，程序运行时，值类型都存储在堆栈中。值类型包括数值型(int、short、long、float、double、decimal)、char、枚举和结构体。

引用类型表示指向数据的指针或引用。程序运行时，首先为引用类型变量在堆栈中分配空间，随即在堆中创建空间存储引用类型的数据，并使引用类型变量指向数据在堆中存储的地址。引用类型变量为 null 时，表示未引用任何对象。引用类型包括类、接口、数组、字符串。

1. 装箱和拆箱

装箱是将值类型转换为引用类型；拆箱是将引用类型转换为值类型。

利用装箱和拆箱功能，可通过允许值类型的任何值与 object 类型的值相互转换，将值类型与引用类型链接起来。装箱是隐式的，取消装箱是显式的。装箱和取消装箱的概念是类型系统 C#统一视图的基础，其中任一类型的值都被视为一个对象。

装箱用于在垃圾回收堆中存储值类型。装箱是值类型到 object 类型或到此值类型所实现的任何接口类型的隐式转换。对值类型装箱会在堆中分配一个对象实例，并将该值复制到新的对象中。装箱过程举例如下。

```
int val=100;
object obj=val;
Console.WriteLine ("对象的值={0}", obj);
```

拆箱是从 object 类型到值类型或从接口类型到实现该接口的值类型的显式转换。拆箱操作包括以下内容：检查对象实例，以确保它是给定值类型的装箱值；将该值从实例复制到值类型变量中。

拆箱过程举例如下。

```
int num=(int) obj;
Console.WriteLine ("num: {0}", num);
```

但是只有被装过箱的对象能被拆箱，即先装后拆，举例如下。

```
int val=100;
object obj=val;
int num=(int) obj;
Console.WriteLine ("num: {0}", num);
```

装箱和拆箱技术是 C#中值类型和引用类型能够互相转换的理论基础，如字符串与整型变量之间的互换。

2. 值类型和引用类型作为函数参数

值类型派生自 System.Object 的 System.ValueType。派生自 System.ValueType 的类型在 CLR 中有特殊行为。值类型变量直接包含它们的值，意味着内存在声明变量的任意上下文中都是以内联方式分配的。值类型变量没有单独的堆分配或垃圾回收开销。

以下两段代码分别以数值类型变量作为形式参数和引用类型变量作为形式参数，试分析其不同和原因。

值类型作为参数：

```
static void Main(string[] args)
{
    int val=100;
    Console.WriteLine("该变量的初始值为{0}", val);
    Test(val);
    Console.WriteLine("该变量的值此时为{0}", val);
}
static void Test(int getVal)
{
    int temp=10;
    getVal=temp*20;
}
```

注意

① 在静态方法中，除了对象引用外，只能使用静态方法。因此 Test()函数被定义成静态的。

② 两次输出结果均为 100。因为将 val 的初始值传递给 Test()函数后，Test()函数即与 val 没有关系，因此 val 的值没有被改变。

③ 值类型的数据作为函数参数，只起到单向传值的作用，值类型的数据本身不会被修改。

定义为类、委托、数组或接口的类型是引用类型。在运行时，当用户声明引用类型的变量时，该变量会一直包含值 null，直至用户使用 new 运算符显式创建对象的实例，或者为该变量分配已经使用 new 运算符在其他位置创建的对象，如下所示。

引用类型作为参数：

```
static void Main(string[] args)
{
    DataTypeTest objTest=new DataTypeTest();
    objTest.Val=100;
    Console.WriteLine(变量的值为{0}",objTest.Val);
    Test(objTest);
    Console.WriteLine("变量的值为{0}",objTest.Val);
}
static void Test(DataTypeTest dataTest)
{
    int temp=10;
    dataTest.Val=temp*20;
}
class DataTypeTest
{
    public int Val;
}
```

注意

与上面的代码不同，此处两次输出的值不同，第一次输出结果为 100，第二次输出结果为 200。因为 objTest 是引用类型变量，作为参数时，传递的是指向数据的指针，因此在函数中，该指针所指向的数据与实际参数指向的是同一数据。所以堆中的数据有可能在函数中被修改。

引用类型作为函数参数，传递的是指针。引用类型的数据有可能被修改。

2.2.4 常值变量

常值变量用于在整个程序中将数据保持同一个值。其语法格式如下。

```
const 数据类型 常值变量名=常值变量值;
```

例如：

```
static void Main(string[] args)
{
    const float pi=3.14F;
    float r=10;
    float circle=2*pi*r;
    Console.WriteLine ("周长为 {0} 米", circle);
}
```

2.3 运算符和表达式

C#运算符和表达式大部分与C或C++中的功能定义相同，但个别处也有细微差别。算术运算符如表2-2所示。

表2-2 算术运算符

运 算 符	说　　明	表 达 式
+	执行加法运算(如果两个操作数是字符串，则该运算符用做字符串连接运算符，将一个字符串添加到另一个字符串的末尾)	操作数1+操作数2
-	执行减法运算	操作数1-操作数2
*	执行乘法运算	操作数1*操作数2
/	执行除法运算	操作数1/操作数2
%	获得进行除法运算后的余数	操作数1%操作数2
++	将操作数加1	操作数++或++操作数
--	将操作数减1	操作数--或--操作数
~	将一个数按位取反	~操作数

三元运算符如表2-3所示。

表2-3 三元运算符

运 算 符	说　　明	表 达 式
?:	检查给出的表达式是否为真。如果为真，则计算 操作数1，否则计算操作数2。这是唯一带有3个操作数的运算符	表达式? 操作数1: 操作数2

注意

%运算只适用于整型类数据，在C#语言中，还适用于浮点(包括float和double)型数据和decimal型数据运算。分析例2-9程序，给出输出结果。

【例2-9】学习算术运算符的使用方法。

```
/**********************************
 * Function:学习算术运算符的使用方法
 * Date: 2012.01
 * */
using System;
namespace MathOperator
{
    class Program
    {

        static void Main(string[] args)
```

```
        {
            float x = 3.5f;
            decimal y = 4.3m;
            Console.WriteLine(5%3);
            Console.WriteLine(5.5%3);
            Console.WriteLine(x%3);
            Console.WriteLine(y%3);
            Console.WriteLine(~6);
            Console.ReadLine();
        }
    }
}
```

整数 5 对整数 3 取余，由于都是整数，所以余数只取整，余数为 2；5.5 是默认的 double 小数，对整数 3 取余，余数可以留小数，余数为 2.5；x 是值为 3.5 的 float 小数，对整数 3 取余，余数可以留小数，余数为 0.5；y 是值为 4.3 的 decimal 型小数，对整数 3 取余，余数可以留小数，余数是 1.3；对正数 6 按位取反，会把正数符号位也取反，变成负数。具体分析过程如下。

(1) 将 6 以二进制形式表示在内存中，有符号整数为 32 位，表示如下。

0000 0000 0000 0000 0000 0000 0000 0110

↑

符号位

(2) ～按位取反。

(3) 1111 1111 1111 1111 1111 1111 1111 1001 符号位为 1，说明得到负数的补码形式。

(4) 保留符号位，按位取反～

1000 0000 0000 0000 0000 0000 0000 0110

+1

(5) 1000 0000 0000 0000 0000 0000 0000 0111 这是-7 的原码。所以～6=-7。

程序输出结果如图 2.5 所示。

图 2.5　算术运算符练习

比较运算符如表 2-4 所示，其用法没有变化；成员访问运算符如表 2-5 所示；逻辑运算符如表 2-6 所示；赋值运算符如表 2-7 所示，其语法格式为变量=表达式；复合赋值运算符如表 2-8 所示。

表 2-4 比较运算符

运 算 符	说 明	表 达 式
>	检查一个数是否大于另一个数	操作数 1>操作数 2
<	检查一个数是否小于另一个数	操作数 1<操作数 2
>=	检查一个数是否大于或等于另一个数	操作数 1>=操作数 2
<=	检查一个数是否小于或等于另一个数	操作数 1<=操作数 2
==	检查两个值是否相等	操作数 1==操作数 2
!=	检查两个值是否不相等	操作数 1!=操作数 2

表 2-5 成员访问运算符

运 算 符	说 明	表 达 式
.	用于访问数据结构的成员	数据结构.成员

表 2-6 逻辑运算符

运 算 符	说 明	表 达 式
&&	对两个表达式执行逻辑“与”运算	操作数 1&&操作数 2
||	对两个表达式执行逻辑“或”运算	操作数 1||操作数 2
!	对两个表达式执行逻辑“非”运算	！操作数
( )	将操作数强制转换为给定的数据类型	(数据类型) 操作数

表 2-7 赋值运算符

运 算 符	说 明	表 达 式
=	给变量赋值	操作数 1=操作数 2

表 2-8 复合赋值运算符

运 算 符	计 算 方 法	表 达 式	求 值	结果(假定 X=10)
+=	运算结果=操作数 1+操作数 2	X+=5	X=X+5	15
-=	运算结果=操作数 1-操作数 2	X-=5	X=X-5	5
*=	运算结果=操作数 1*操作数 2	X*=5	X=X*5	50
/=	运算结果=操作数 1/操作数 2	X/=5	X=X/5	2
%=	运算结果=操作数 1%操作数 2	X%=5	X=X%5	0

X=X+1，可以写为 X++或者++X，称为自加运算。同理也有自减运算 X--和—X，如表 2-9 所示。

表 2-9 前置和后置自加/自减运算符

表 达 式	类 型	计 算 方 法	结果(假定 num1 的值为 5)
num2=++num1；	前置自加	num1=num1+1； num2=num1；	num2=6； num1=6；
num2=num1++；	后置自加	num2=num1； num1=num1+1；	num2=5； num1=6；

续表

表 达 式	类　　型	计 算 方 法	结果(假定 num1 的值为 5)
num2=--num1；	前置自减	num1=num1-1； num2=num1；	num2=4； num1=4；
num2=num1--；	后置自减	num2=num1； num1=num1-1；	num2=5； num1=4；

C#运算符的优先级如表 2-10 所示。

表 2-10　C#运算符的优先级

优先级(1 最高)	说　　明	运 算 符	结 合 性
1	括号	( )	从左到右
2	自加/自减运算符	++/--	从右到左
3	乘法运算符 除法运算符 取模运算符	* / %	从左到右
4	加法运算符 减法运算符	+ -	从左到右
5	小于 小于等于 大于 大于等于	< <= > >=	从左到右
6	等于 不等于	= !=	从左到右 从左到右
7	逻辑与	&&	从左到右
8	逻辑或	||	从左到右
9	赋值运算符和快捷运算符	=、+=、*=、/=、%=、-=	从右到左

【例 2-10】计算表达式，给出结果。

```
int i=0;
bool result=false;
result=(++i)+i==2? true:false;
```

试分析执行完以上程序段后，result 的结果是什么？

按照运算符的结合律和优先级，“result=(++i)+i==2？true：false”中赋值运算符优先级最低，所以最后将赋值符号右侧值赋值给左侧变量 result。右侧是一个条件运算表达式，条件是判断(++i)+i==2。所以这条语句中最后可以写成“result=(((++i)+i==2)？true：false)”，所以，结果为 result=true。

【例 2-11】求一元二次方程的实根。

```
static void Main(string[] args)
{
      int coefficient1=2;
      int coefficient2=-7;
      int constant=3;
      double expression=0;
```

```
        double x1=0;
        double x2=0;
        Console.WriteLine("二次方程为: {0}x2+{1}x+{2}",coefficient1,
        coefficient2,constant);
        expression=Math.Sqrt(coefficient2*coefficient2-(4*coefficient1*constant));
        x1=((-coefficient2)+expression)/(2*coefficient1);
        x2=((-coefficient2)-expression)/(2*coefficient1);
        Console.Write("x={0:F2} ", x1);
        Console.Write(" 或 ");
        Console.WriteLine("x={0:F2}", x2);
    }
```

注意

"Console.WriteLine("{0},{1}", a ,b);" 是 WriteLine()函数的有格式变量输出，"{}"中是要输出变量的次序号。a、b 象征着要输出的变量序列，a 对应{0}。"{}"中的顺序自定。

Console.Write("x={0:F2} ", x1)中的{0:F2}，含义是第一个输出变量单精度变量输出，保留小数点后两位。

2.4 程序流程控制结构

在使用 C#程序解决实际问题的时候，通常会遇到一些需要选择的问题，如怎样进行选择，如何选择、当条件满足时做什么等。因此，C#提供了可以进行程序流程控制的语句，如 if…else 语句、switch…case 语句、while 语句和 for 语句等。C#程序流程控制结构分为 3 种：顺序结构、选择结构和循环结构。

2.4.1 选择结构

选择结构语句用来解决分支问题，分为单分支选择和多分支选择两种，是一种常用的主要基本结构，是计算机根据所给定选择条件为真与否，而决定从各实际可能的不同操作分支中执行某一分支的相应操作。

1. if…else

if 语句又称条件语句，用来解决分支问题。if 语句有两种基本形式：一种用于单选择结构，即 if；另一种用于双选择结构，即 if…else。if 语句是构造语句，语句可以内嵌其他语句，如图 2.6 所示。

if…else 的语法格式如下。

```
if (<条件>)
{
    <条件为true时执行的语句块>
}
```

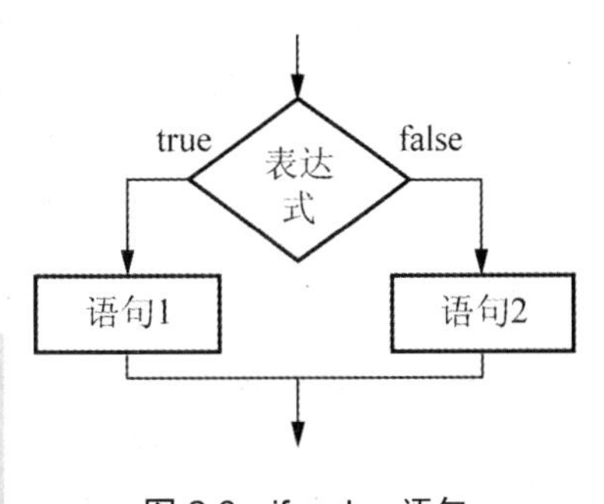

图 2.6 if…else 语句

```
else
{
    <条件为false时执行的语句块>
}
```

选择结构用于根据表达式的值执行语句，基本使用方法与 C 和 C++一样，但要注意的是，<条件>必须是结果为逻辑值的表达式。

例如：

```
string str="hello";
if(str)
    System.Console.WriteLine(str);
```

执行代码后，代码段将显示错误信息——错误 CS0029：无法将 string 类型隐式转换为 bool 类型。因为 str 不是条件表达式，在 C#语言中，不支持其他类型与 bool 类型的无条件转换。其正确的写法如下。

```
string str="hello";
if(str.Length>0)
    System.Console.WriteLine(str);
```

2. switch…case

使用 if 语句嵌套可以解决多分支问题，但是，当分支较多时，会造成 if 语句嵌套层数过多，引起程序的执行效果降低。switch 语句又称开关语句，它是一种多分支选择语句，可以方便地处理多分支问题，提高程序的运行效率和可读性，减少编写程序时由于疏忽造成的错误。switch…case 语法格式如下。

```
switch (选择变量)
{
    case 值1:
    …
    break;
    case 值2:
    …
    break;
    case 值3:
    …
    break;
    …
    default :

}
```

switch…case 的使用方法与 C 和 C++中的基本一样，基本特点如下。

各个 case 标签不必连续，也不必按特定顺序排列；default 标签可位于 switch…case 结构中的任意位置且不是必选的，但使用 default 标签是一个良好的编程习惯。

与过去不同的是，每两个 case 标签之间的语句数不限，并且每个 case(包括 default)后面必须带 break。

【例 2-12】将任意一个字符串进行转换，转换原则是将字符串首字母转换为大写字母，其余字母都为小写字符。

```
using System;
class Class1
{
     static void Main(string[] args)
     {
          string s="abcde";
          Chang(ref s);
          Console.WriteLine(s);
          Console.ReadLine();
     }


     public static void Chang(ref string s)
     {
          switch (s.Length)
          {
                case 0:
                      break;
                case 1:
                     s=s.ToUpper();
                     break;
                default:
                      s=s[0].ToString().ToUpper()+s.Substring(1,s.Length-1).
                      ToLower();
                      break;
          }
     }
}
```

注意

ref 传递参数的地址，但是参数在使用前必须被赋值。

程序输出结果如图 2.7 所示。

图 2.7　switch…case 练习

2.4.2 循环结构

循环结构用于对一组命令执行一定的次数或反复执行一组命令，直到指定的条件为真。其类型有 while、do…while、for 和 foreach 循环。前 3 个与 C 和 C++中的使用方法基本相同，只是<条件>必须是结果为逻辑值的表达式。foreach 循环是本节学习的重点。

1. while 循环

while 循环反复执行指定的语句，直到指定的条件为真，如图 2.8 所示。其语法格式如下。

```
while(条件)
{
    // 语句
}
```

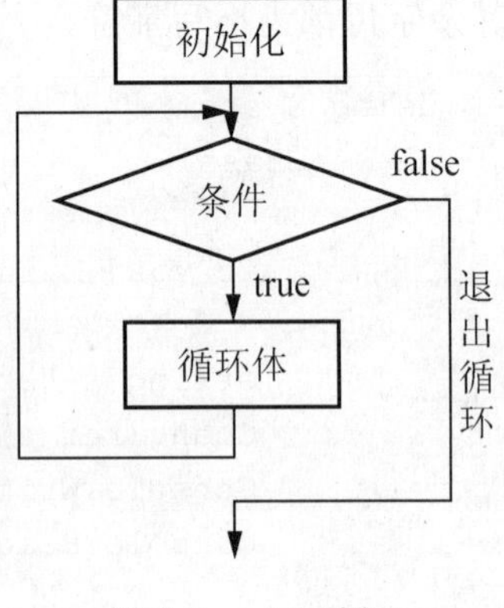

图 2.8 while 循环

break 语句可用于退出循环，continue 语句可用于跳过当前循环并开始下一个循环，而 while 循环适用于已知循环条件和循环内容，但不明确循环次数的情况，见例 2-13。

【例 2-13】 用公式求π的近似值，直到最后一项的绝对值小于 10^{-6} 为止。

$$\frac{\pi}{4} \approx 1 - \frac{1}{3} + \frac{1}{5} - \frac{1}{7} + \cdots$$

```
using System;
public class class1
{
    public static void Main()
    {
        int s=1;
        float n,t,pi;
        pi=0;
        n=t=1;
        while(Math.Abs(t)>=1e-6)    //1e-6是指数形式
        {   pi+=t;
            s=-s;
            n+=2;
            t=s/n;
        }
     Console.WriteLine("{0}",4*pi);
     Console.ReadLine();
    }
}
```

注意

在计算机程序设计中，10^{-6} 可以看做 0。

程序输出结果如图 2.9 所示。

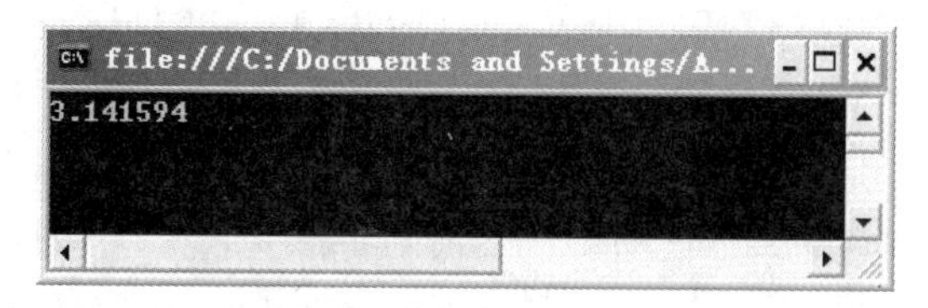

图 2.9 使用公式求π的近似值

2. do…while 循环

do…while 循环与 while 循环类似，两者区别在于 do…while 循环中即使条件为假时也至少执行一次该循环体中的语句，如图 2.10 所示。其语法格式如下。

```
do
{
    // 语句
} while(条件);
```

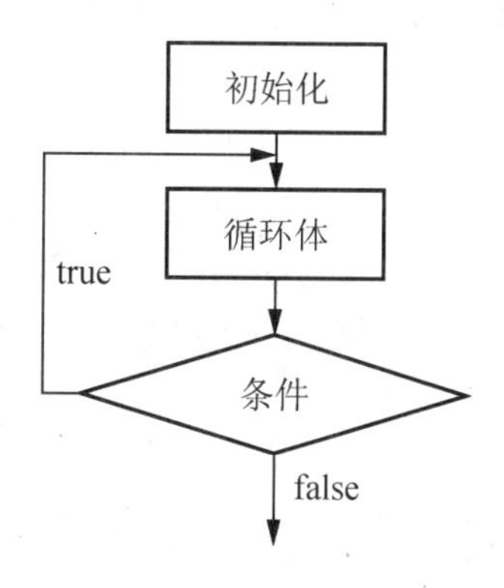

图 2.10 do…while 循环

【例 2-14】请输入一元二次方程，并求其实根。

分析：一元二次方程 $ax^2+bx+c=0$ 的实根取决于其系数 a、b、c 的值。要保证其是一元二次方程，至少要保证 a 的值不为 0。所以，在输入一元二次方程时，要保证 a 不为 0，若输入错误，需要给出提示，让用户选择是退出还是继续求一元二次方程的实根。

```
using System;
public class class1
{
    public static void Main()
    {
        double a, b, c,q,x1,x2;
        string answer=null;
        do
        {
            Console.WriteLine("请输入一元二次方程的三个系数：");
            Console.Write("a=");
            a=Convert.ToDouble(Console.ReadLine());
```

```
            Console.Write("b=");
            b=Convert.ToDouble(Console.ReadLine());
            Console.Write("c=");
            c=Convert.ToDouble(Console.ReadLine());
            if (a==0)
            {
                Console.WriteLine("系数a不能为0！是否继续？Yes/No");
                answer=Console.ReadLine();
                if (answer.ToLower().Equals("no"))
                {
                    Console.WriteLine("谢谢使用！");
                    break;
                }
                else
                {
                    Console.WriteLine("请重新输入！");
                    continue;
                }
            }
            q=b*b-4*a*c;
            if(q<0)
            {
                Console.WriteLine("方程无实根！");
            }
            if (q == 0)
            {
                Console.WriteLine("x1=x2={0}",-b/(2*a));
            }
            if (q > 0)
            {
                Console.WriteLine("x1={0}\tx2={1}",(-b+Math.Sqrt
                (q))/(2*a),(-b-Math.Sqrt(q))/(2*a));
            }
            Console.WriteLine("还想继续求其他一元二次方程实根吗？Yes/No");
            answer = Console.ReadLine();
            if (answer.ToLower().Equals("no"))
            {
                Console.WriteLine("谢谢使用！");
            }
        }while(answer.ToLower().Equals("yes"));
        Console.ReadLine();
    }
}
```

程序输出结果如图 2.11 所示。

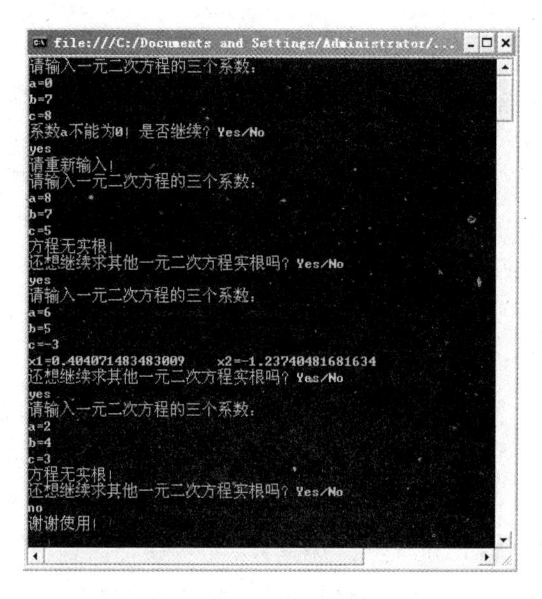

图 2.11 do…while 实例

3. for 循环

for 循环要求只有在对特定条件进行判断后才允许执行循环，这种循环用于将某个语句或语句块重复执行预定次数的情形，如图 2.12 所示。其语法格式如下。

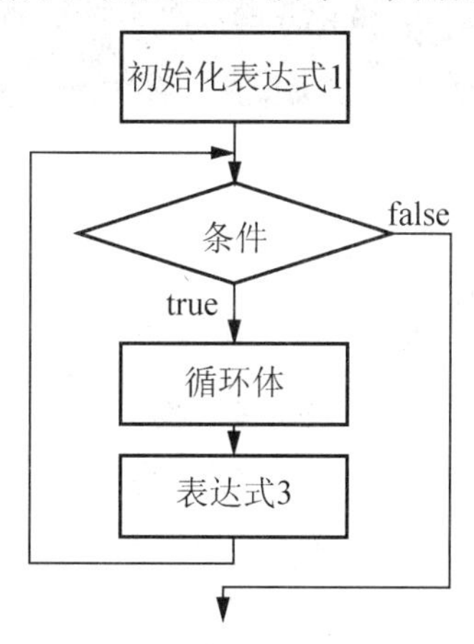

图 2.12 for 循环

```
for(初始化表达式1;条件;表达式3)
{
    //语句
}
```

【例 2-15】输出九九乘法表。

```
using System;
public class class1
{
```

```
    public static void Main()
    {
        int i = 1, j = 1;
        for(i=1;i<=9;i++)
        {
            for (j = 1; j < i; j++)
            {
                Console.Write("{1}X{0}={2}  ", i, j, i * j);
            }
                Console.WriteLine("{1}X{0}={2}  ", i, j, i * j);

        }
        Console.ReadLine();
    }
}
```

程序输出结果如图 2.13 所示。

```
file:///C:/Documents and Settings/Administrator/桌面/ConsoleApplicatio...
1X1=1
1X2=2  2X2=4
1X3=3  2X3=6   3X3=9
1X4=4  2X4=8   3X4=12  4X4=16
1X5=5  2X5=10  3X5=15  4X5=20  5X5=25
1X6=6  2X6=12  3X6=18  4X6=24  5X6=30  6X6=36
1X7=7  2X7=14  3X7=21  4X7=28  5X7=35  6X7=42  7X7=49
1X8=8  2X8=16  3X8=24  4X8=32  5X8=40  6X8=48  7X8=56  8X8=64
1X9=9  2X9=18  3X9=27  4X9=36  5X9=45  6X9=54  7X9=63  8X9=72  9X9=81
```

图 2.13　九九乘法表

4. foreach 循环

foreach 循环用于遍历整个集合或数组。其语法格式如下。

```
foreach (数据类型 元素(变量)  in  集合或者数组)
{
   //语句
}
```

foreach 循环如图 2.14 所示。

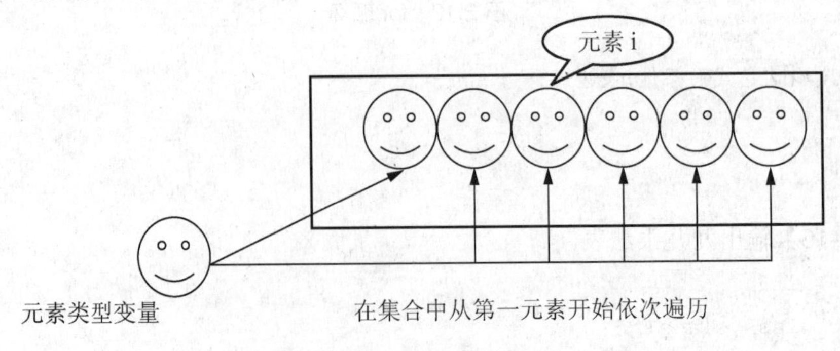

图 2.14　foreach 循环

【例 2-16】求任意输入的一个字符串中的字母个数、数字个数和标点符号个数，并输出。

```
/********************************
 * Function: foreach学习
 * Date: 2012.01
 * */
static void Main(string[] args)
{
    int countLetters=0;                     //存放字母的个数
    int countDigits=0;                      //存放数字的个数
    int countPunctuations=0;                //存放标点符号的个数
    string input;                           //用户提供的输入
    Console.WriteLine("请输入一个字符串 ");
    input=Console.ReadLine();

    foreach(char chr in input)              //遍历输入的字符串中的每个字符
    {
        if(char.IsLetter(chr))              //检查字母
        countLetters++;
        if(char.IsDigit(chr))               //检查数字
        countDigits++;
        if(char.IsPunctuation(chr))         //检查标点符号
        countPunctuations++;
    }
    Console.WriteLine("字母的个数为：{0}", countLetters);
    Console.WriteLine("数字的个数为：{0}", countDigits);
    Console.WriteLine("标点符号的个数为：{0}", countPunctuations);
}
```

2.5　数　　组

数组是同一数据类型的一组值，属于引用类型，因此存储在堆内存中。数组元素初始化或给数组元素赋值都可以在声明数组时或在程序的后面阶段中进行。

C#数组的定义有所改进。元素个数允许是变量，并且数组变量有很多系统定义好的函数和属性供用户使用，尤其是字符串。VS.NET 集成开发环境会自动显示供用户使用的变量或者类型的属性、函数等，更好地体现了快速集成开发的理念。一维数组语法格式如下(多维数组的定义和使用可以此类推)。

```
数据类型[元素个数]数组名称;
int[] arrayHere;
```

【例 2-17】输入要登记的学生姓名并输出。

```
/********************************
 * Function:优先级学习
 * Date: 2012.01
```

```
 * */
static void Main(string[] args)
{
      int count;
      Console.WriteLine("请输入您要登记的学生人数 ");
      count=int.Parse(Console.ReadLine());
      // 声明一个存放姓名的字符串数组,其长度等于提供的学生人数
      string[] names=new string[count];
      // 用一个for循环来接受姓名
      for(int i=0; i<count; i++)
      {
            Console.WriteLine("请输入学生 {0} 的姓名 ",i+1);
            names[i]=Console.ReadLine();
      }

      Console.WriteLine("已登记的学生如下：");
      // 用foreach循环显示姓名
      foreach(string disp in names)
      {
            Console.WriteLine("{0}", disp);
      }
}
```

2.6 枚　　举

枚举(enum，即 enumerator 的缩写)是一组已命名的数值常量，用于定义具有一组特定值的数据类型。其语法格式如下。

```
访问修饰符enum变量
{
     枚举元素1,
     枚举元素2,
     …
     枚举元素n
}
```

默认情况下，将 0 值赋给枚举的第一个元素，然后对每个后续的枚举元素按 1 递增赋值，在初始化过程中可重写默认值。

例如：

```
public enum WeekDays
{
     Monday=1,
     Tuesday=2,
     Wednesday=3,
     Thursday=4,
     Friday=5
}
```

枚举变量的赋值既可以是整数，也可以是枚举元素，输出的结果都是对应的枚举元素。

【例 2-18】指定某员工一周的休息日并输出。

```
/*******************************
 *Function:枚举学习
 *Date: 2012.01
 **/
using System;
public class Holiday
{
    public enum WeekDays
    {
        Monday,
        Tuesday,
        Wednesday,
        Thursday,
        Friday
    }
    public void GetWeekDays(String EmpName,WeekDays DayOff)
    {
         Console.WriteLine(EmpName+"的周休息日是："+DayOff);

    }
    static void Main()
    {
        Holiday myHoliday=new Holiday();
        myHoliday.GetWeekDays("Richie", WeekDays.Wednesday);
        myHoliday.GetWeekDays("Mary", 0);
        Console.ReadLine();
    }
}
```

程序输出结果如图 2.15 所示。

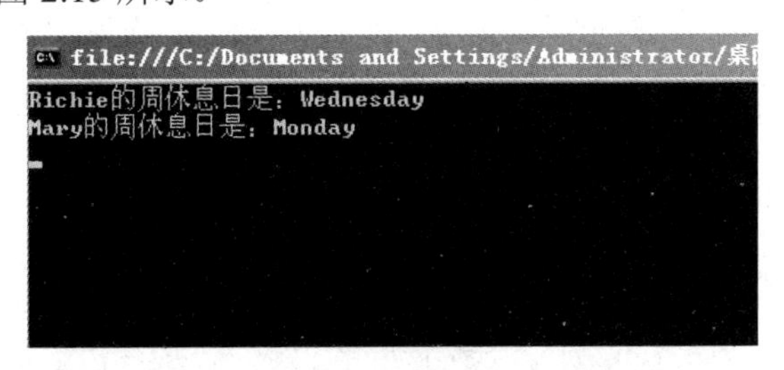

图 2.15　枚举练习

2.7　结　构　体

C#的结构体可以看做一个内联类，只是这个类默认的访问级别是 public，并且结构体不能被继承。因此，结构体是自定义数据类型，可以在其内部定义方法，属于值类型。其语法格式如下。

```
访问修饰符 struct 结构体变量名
{
    数据成员
    方法
}
```

【例 2-19】定义学生结构体，输入学号、姓名、成绩，并输出。

```
/********************************
* Function:结构体学习
* Date: 2012.01
* */
using System;
public struct student
{
    string stud_id;
    string stud_name;
    float stud_marks;
    void show_details()
    {
        Console.WriteLine("学号: "+stud_id);
        Console.WriteLine("姓名: "+stud_name);
        Console.WriteLine("分数: "+stud_marks);
    }

    static void Main()
    {
        student stu=new student();
        stu.stud_id="20110001";
        stu.stud_name="LuLu";
        stu.stud_marks=95;
        stu.show_details();
        Console.ReadLine();
    }
}
```

程序输出结果如图 2.16 所示。

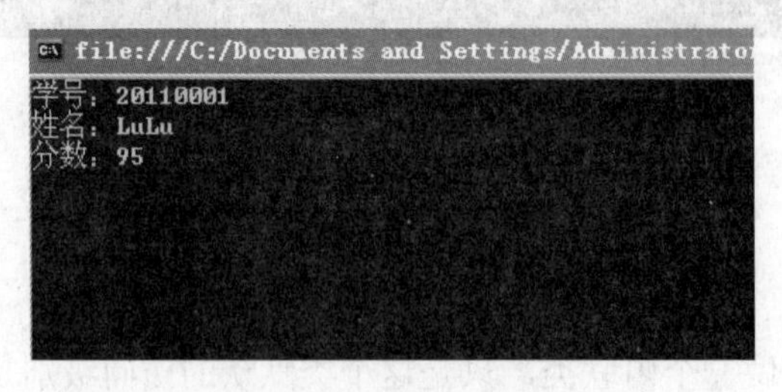

图 2.16　结构体练习

小　　结

C#程序与C程序和C++程序非常相似，学习了C程序设计，再学习C#程序设计就会很快理解、入手。本章讲述了在C#程序中的变量是存放特定数据类型的值的容器，而常量也存放特定数据类型的值，但常量在整个程序中都保持一致；还讲述了值类型的装箱和拆箱问题，装箱是将值类型转换为引用类型，而拆箱则是将引用类型转换为值类型。同C和C++一样，C#提供了if、if…else、switch…case选择结构和while循环、do循环、for循环、foreach循环结构。数组是同一数据类型的一组值，属于引用类型，数组元素初始化或给数组元素赋值都可以在声明数组时或在程序的后面阶段中进行。结构体是一种构造类型，由若干个"成员"组成，每个成员可以是一个基本数据类型或者又是一个构造类型，在使用前必须先声明。

课　后　题

一、选择题

1．C#中字符是(　　)编码。

A．ASCII　　B．Unicode　　C．Stip　　D．8421

2．结构体是(　　)类型。

A．值类型　　B．引用类型　　C．类　　D．面向对象

3．int i=1；boolean a=false；把i赋值给a，正确的语句是(　　)。

A．a=i　　B．a=(boolean)i

C．a=boolean (i)　　D．a=Convert.ToBoolean(i)

4．下列选项中，常量使用错误的类型是(　　)。

A．int a=2；　　B．decimal m=2.1m；　　C．double x=1.0；　　D．boolean b=1；

5．下列数组的定义正确的是(　　)。

A．int A[6];　　B．int []A=new int[6];

C．int A[];　　D．int A[]={1,2.3}；

二、填空题

1. 装箱和拆箱是引用类型和值类型互相转换的技术，在拆箱之前，务必要先________。

2．字符串是________类型，数组是________类型，值类型存储在________中，引用类型存储在________中。

3．把下列程序段填充完整。

```
int a=5;
object o;
o=_______; //装箱
a=_______; //拆箱
```

三、简答题

C#语言中都有哪些数据类型？其中哪些是引用类型，哪些是值类型？基本数据类型转换有哪些方式？引用类型和值类型的转换如何实现？

四、程序设计题

1．请按照传统格式输出九九乘法表。

2．设计程序，实现复数的加、减、乘、除运算。

C#实现面向对象

知识结构图

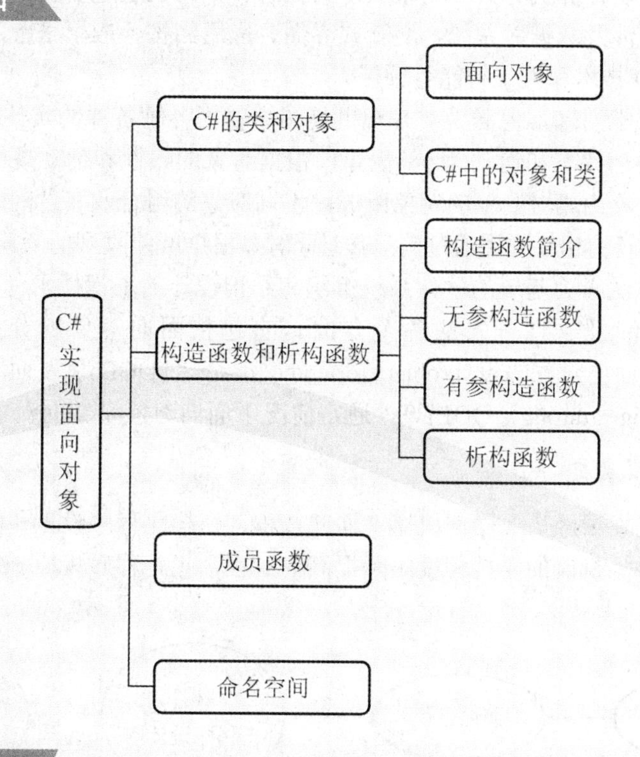

学习目标

(1) 了解面向对象的概念。
(2) 认识C#中的对象和类。
(3) 认识构造函数、析构函数和成员函数。
(4) 认识命名空间。

3.1 C#的类和对象

面向对象(object orientation，OO)虽然不是一个新名词，但是真正理解面向对象却不是一件容易的事情。尤其是使用C#语言实现面向对象又有着完全面向对象的特点。因此本章主要对C#语言面向对象的封装特性进行学习。其继承性和多态性将在第4章介绍。

3.1.1 面向对象简介

1. 面向对象

面向对象是当前计算机界关心的重点，其概念和应用已超越了程序设计和软件开发，扩展到很宽的范围涉及数据库系统、交互式界面、应用结构、应用平台、分布式系统、网络管理结构、CAD技术和人工智能等领域。

面向对象方法学的基本内涵是，客观世界的事物由各种各样的实体(对象)构成，每个对象都有各自的内部状态和运动(状态)规律，根据对象的属性和运动规律的相似性可以将对象分类，复杂对象由相对简单的对象组成，不同对象的组合及其之间的相互作用和联系构成了系统，对象间的相互作用通过消息传递，对象根据所接收到的消息做出自身的反应。

以面向对象方法学为基础的软件系统组织和结构设计的工程技术称为面向对象技术。面向对象的思想涉及软件开发的各个方面。它包括面向对象的分析(object oriented analysis，OOA)、面向对象的设计(object oriented design，OOD)以及面向对象的程序设计(object oriented programming，OOP)等。通常情况下面向对象是面向对象程序设计。

2. 面向对象发展史

计算机语言的发展经历了面向机器、面向过程、结构化程序设计和面向对象程序设计4个阶段，这是抽象机制的支持程度不断提高的过程，也是程序规模、复杂度逐渐增大的必然结果，如图3.1所示。

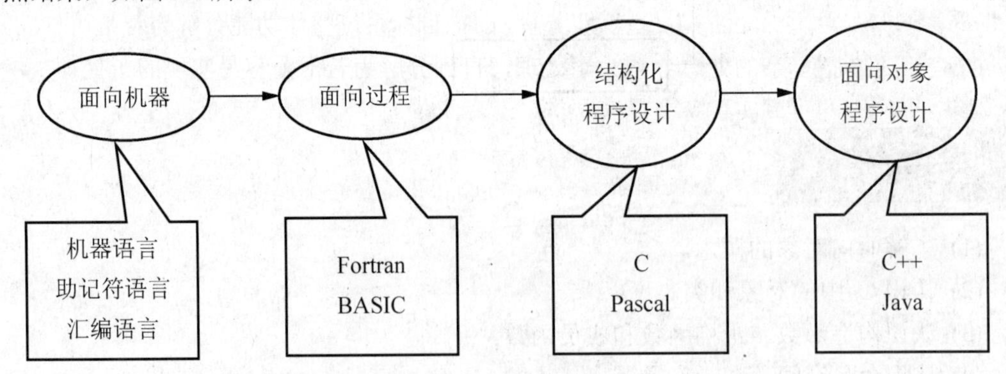

图3.1 计算机语言的发展

20世纪50年代初，关于人工智能的早期著作中首次出现了“对象”和“对象的属性”概念。但面向对象语言出现后，面向对象思想才得到了迅速的发展。1967年，挪威计算中心的肯斯顿·尼高(Kisten Nygaard)和奥利·约翰·达尔(Ole Johan Dahl)开发了第一个面向对象语言——Simula 67 语言。它提供了比子程序更高一级的抽象和封装，引入了数据抽象和类的概念。20 世纪 70 年代初，Palo Alto 研究中心的艾伦·凯(Alan Kay)所在的研究小组开发出 Smalltalk 语言，之后又开发出 Smalltalk-80——真正的面向对象语言。它对后来出现的面向对象语言 Object-C、C++、Self、Eiffl 等都产生了深远的影响。随着面向对象语言的出现，面向对象程序设计也得到迅速发展。1980 年，Grady Booch 提出了面向对象设计的概念，随后面向对象分析开始出现。1985 年，第一个商用面向对象数据库问世。1990 年以来，面向对象分析、测试、度量和管理等研究都得到长足发展，如图 3.2 所示。

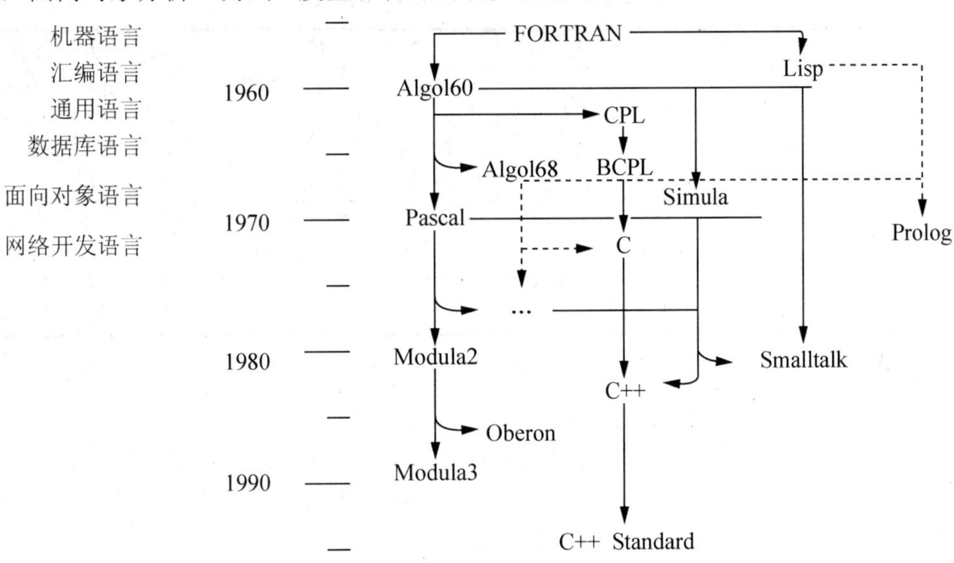

图 3.2 计算机语言发展年代

3. 面向对象的原因

随着项目工程化的发展，传统编程使得程序难以管理，数据修改存在问题，难以实现，主要体现在软件可重用性差、软件可维护性差以及开发出的软件不能满足用户需要。

这是因为结构化方法的本质是功能分解，即把目标系统整体功能分解为若干个子功能，再自顶向下不断把复杂的处理分解为子处理，直到分解为若干个容易实现的子处理功能为止，最后用相应的工具实现各个最底层的处理。由于结构化方法围绕实现处理功能的“过程”来构造系统，而用户需求的变化大部分是针对功能的。因此当程序为规模较大的工程项目时，用户需求的变化往往造成系统结构的较大变化，这需要花费很大代价才能实现，有时候甚至是灾难性的。

面向对象的方法是 20 世纪 70 年代发展起来的。它模拟人类的思维过程，先确定系统中的实体对象，再确定在这些对象上可能实施的操作，不像传统编程，把过程当做主体，将数据对象作为过程参数传递。面向对象更适于分析系统的实体和实体关系。面向对象有以下三大主要特征。

(1) 封装性：信息隐藏的过程，有选择的数据隐藏能够防止意外的数据破坏，更易于隔离和修复错误。

(2) 继承性：可重用性通过继承来实现。

(3) 多态性：同一个实体同时具有多种形式。用父类对象来概称不同的子类对象，忽略不同子类对象之间的差异，适用于通用的编程。子类对象赋值给父类对象后，父类对象用它的子类对象的特性运作，从思维方式上简化了项目设计、开发和维护。

封装性、继承性和多态性体现了程序设计过程中追求数据保护，代码重用，易于开发、修改和维护的特点，而这也是传统编程所希望的。下面对 C 语言和 C#语言，进行详细比较，如表 3-1 所示。

表 3-1 C 语言和 C#语言的比较

类 型	数据保护	代码重用	修改和维护	设计与开发思路
C 语言	使用函数和文件进行数据封装	主要使用不重名的动态函数	增加新的不同名函数或者改写原有函数。前者需要修改调用代码进行，后者原函数代码丢失	分析程序功能，自顶向下的进行功能分解。实现时，先考虑算法，确定程序流程结构，再逐步开发
C#语言	使用命名空间(可选)、类、函数进行数据封装	一种是调用现有类库中的方法，另一种是继承类或者接口	利用多态性，增加新的派生类即可。只需要在调试代码处增加一个派生类对象指定	分析系统，抽象出对象及关系，根据对象及关系的特征，抽象出类及其类结构图，再完善每个类即可

从表 3-1 的详细比较可以看出面向对象程序设计的优越性，同时也给出了判断一个语言或者程序是否是面向对象的详细标准。

当然，不是所有的项目都需要使用面向对象的开发方法，因此在项目开发前，首先要确定项目规模，明确程序设计思想，即是否使用面向对象的开发方法。选择合适的程序语言之后，再进行项目详细分析与设计，继而进行实现。

C#语言结合其集成开发环境，是较快的完全面向对象语言。本章主要讨论 C#面向对象的封装性。

3.1.2 C#中的对象和类

对象是现实世界中抽象出来的实体，包括数据(实体的静态属性)和操作(实体的动态行为)。例如，汽车有很多特征可以描述，如型号、价格、里程等；还有很多行为，如启动、加速、停止等，如图 3.3 所示。

(a) 汽车

(b) 汽车特征抽象

图 3.3 汽车对象

对象有其自身的属性，而且可以进行某些活动，如图 3.4 所示。

(a) 汽车

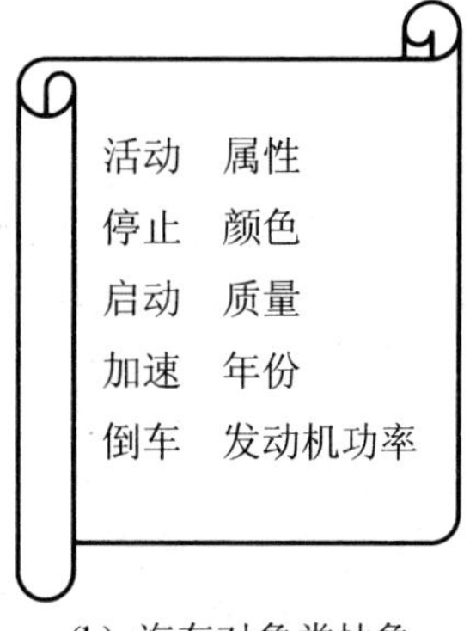

(b) 汽车对象类抽象

图 3.4 对象的组成

类是 C#中的一种结构，用于在程序中模拟现实生活的事物。其语法格式如下。

```
[访问修饰符] class <类名>
{
    //类的主体
}
```

例如：

```
class Employee
{
    //成员变量
    //成员方法
}
```

访问修饰符如表 3-2 所示。

表 3-2 访问修饰符

修 饰 符	说 明
public	所属类的成员以及非所属类的成员都可以访问
internal	当前程序集可以访问
private	只有所属类的成员才能访问，类成员的默认访问修饰符
protected	所属类或派生自所属类的类型可以访问

【例 3-1】定义员工类，员工属性有姓名、性别、资格和薪金。要求定义普通函数为成员赋值，并定义函数显示这些属性值。按照如下次序，分析程序。①先保留注释，分析程序。②省略注释，分析程序。

```
/*********************************
* Function: 类学习
* Date: 2012.01
* */
Line 1 using  System;
```

```
Line 2 class Employee
Line 3 {
Line 4        public string _name;        //成员变量
Line 5        private char _gender;
Line 6        private string _qualification;
Line 7        private uint _salary;
Line 8        public void  Display()     //普通方法函数
Line 9  {
Line 10      Console.WriteLine(_name);
Line 11      Console.WriteLine(_gender);
Line 12      Console.WriteLine(_qualification);
Line 13      Console.WriteLine(_salary);
Line 14 }
Line 15
Line 16 //  public uint AddSalary()
Line 17 //  {
Line 18 //       return _salary+=1000;
Line 19 //  }
Line 20
Line 21 //}
Line 22 //class Manage
Line 23 //{
Line 24 static void Main()
Line 25 {
Line 26      Employee objEmployee = new Employee();
Line 27      objEmployee._name = "张三";
Line 28      objEmployee._gender = 'M';  //访问修饰符
Line 29      Console.WriteLine("资格= " + objEmployee._qualification);
Line 30      Console.WriteLine("薪水= " + objEmployee._salary);
Line 31      // objEmployee .AddSalary();
Line 32      // objEmployee.Display();    //方法的引用
Line 33      Console.ReadLine();
Line 34 }
Line 35 }
```

保留注释(对代码的直接注释，不是代码后的注释)时，程序能够顺利执行。输出结果如下。

```
资格=
薪水=0
```

因为在同一个类内，所以正常运行。虽然“_qualification”和“_salary”没有被赋值，但是因为是引用对象的成员变量，所以默认为 null 和 0。C#语言中，只有类对象成员运行时不赋值才使用，默认值为 null 或者 0。

省略代码注释后，程序无法正常运行。因为主函数单独位于一个类，无法访问到 Employee 类中的非 public 成员。

省略 Line 28～Line30 行，输出结果如下。

```
张三


1000
```

3.2 构造函数和析构函数

3.2.1 构造函数简介

构造函数是类的一种特殊方法，每次创建对象时，根据需要调用不同的构造函数，以创建具有不同特征的对象。构造函数的特征如下。

(1) 与类同名。

(2) 构造函数不包含任何返回值。

(3) 在创建对象时调用。

(4) 默认构造函数没有参数。

(5) 可以编写带参数自定义构造函数，但必须满足(1)、(2)两个条件。

注意

构造函数一般是 public，以便在其他类中可以采用 new 关键字来创建对象，有时也可以把构造函数设为 private，在类中重新写一个函数来调用构造函数创建对象，再把这个对象返回给函数，这样可以控制外部是否能创建该对象。

构造函数的作用如下。

(1) 默认构造函数：对非静态成员进行初始化。

(2) 自定义构造函数：利用外部的数据成员的值对非静态成员赋值来创建对象。

(3) 构造函数重载：不同的对象关注对象的不同特征。

3.2.2 无参构造函数

无参构造函数的语法格式如下。

```
[访问修饰符] <类名>()
{
   // 构造函数的主体
}
```

【例 3-2】定义员工类，员工属性有姓名、性别、资格和薪金。要求使用无参构造函数为成员赋值，并定义函数显示这些属性值。实现为员工属性安全赋值和显示的基本功能。

```
/*********************************
* Function：无参构造函数学习
* Date： 2012.01
```

```
* */
using System;
class Employee
{
   private string _name;
   private string _gender;
   private string _qualification;
   private uint _salary;
   public Employee()        //默认构造函数
   {
      Console.WriteLine("输入姓名: ");
      _name=Console.ReadLine();
      Console.WriteLine("输入性别: ");
      _gender=Console.ReadLine();
      Console.WriteLine("输入级别: ");
      _qualification=Console.ReadLine();
      Console.WriteLine("输入薪资: ");
      _salary=Convert.ToUInt32((Console.ReadLine()));
   }
   public void  Display()//普通方法函数
   {
      Console.WriteLine(_name);
      Console.WriteLine(_gender);
      Console.WriteLine(_qualification);
      Console.WriteLine(_salary);
   }
}
class Manage
{
   static void Main(string[] args)
   {  Employee objEmployee=new Employee();     //调用默认构造函数
      objEmployee.Display();                   //调用普通函数
      Console.ReadLine();
   }
}
```

使用构造函数是类成员变量最安全的数据访问方式。在无参构造函数中，使用与用户直接交互的方式，即从键盘输入数据值，是通用性较好的程序设计方式。

3.2.3 有参构造函数

有参构造函数语法格式如下。

```
[访问修饰符] <类名> ([参数列表])
{
   // 构造函数的主体
}
```

【例 3-3】定义员工类，员工属性有姓名、性别、资格和薪金。要求使用无参和有参构造函数为成员赋值，并定义函数显示这些属性值。实现为员工属性安全赋值和显示的基本功能。

```
/*******************************
* Function：有参构造函数学习
* Date：2012.01
* */
using System;
class Employee
{
    private string _name;
    private string _gender;
    private string _qualification;
    private uint _salary;
    public Employee()  // 默认构造函数
    {
        Console.WriteLine("输入姓名：");
        _name=Console.ReadLine();
        Console.WriteLine("输入性别：");
        _gender=Console.ReadLine();
        Console.WriteLine("输入级别：");
        _qualification=Console.ReadLine();
        Console.WriteLine("输入薪资：");
        _salary=Convert.ToUInt32((Console.ReadLine()));
    }

    public Employee(string n, string g, string q, uint s)  //有参构造函数
    {
        _name=n;
        _gender=g;
        _qualification=q;
        _salary=s;
    }

    public void Display()//普通方法函数
    {
        Console.WriteLine(_name);
        Console.WriteLine(_gender);
        Console.WriteLine(_qualification);
        Console.WriteLine(_salary);
    }
}

class Manage
{
    static void Main(string[] args)
    {
        Console.WriteLine("使用无参构造函数");
```

```
        Employee objEmployee=new Employee();        //调用默认构造函数
        objEmployee.Display();                      //调用普通函数

        Console.WriteLine("使用有参构造函数");
        string eName;
        string eGender;
        string eQualification;
        uint eSalary;
        Console.WriteLine("输入姓名：");
        eName=Console.ReadLine();
        Console.WriteLine("输入性别：");
        eGender=Console.ReadLine();
        Console.WriteLine("输入级别：");
        eQualification=Console.ReadLine();
        Console.WriteLine("输入薪资：");
        eSalary=Convert.ToUInt32((Console.ReadLine()));
        Employee objEmployee2;
        objEmployee2 = new Employee(eName, eGender, eQualification, eSalary);
        objEmployee2.Display();             //调用普通函数
    }
}
```

名称相同但是参数的个数和类型不一样的多个函数称为函数重载。有参构造函数需要在程序运行时给出参数的具体值。

3.2.4 析构函数

析构函数是用于清除对象的特殊方法，其语法格式如下。

```
~<类名>()
{
    //析构函数的主体
}
```

值得说明的是，.NET平台下的CLR具有垃圾回收机制，会定期地自动清除过期不用的对象。所以通常情况下，.NET平台下的程序设计都不使用析构函数，这与C++中是截然不同的。当然，如果急需操作，可以使用析构函数或者调用Garbage类。析构函数是在本类对象的生命期结束时自动调用的。

3.3 成员函数

成员函数是用来描述对象的行为的。声明成员函数的语法格式如下。

```
[访问修饰符] 返回类型 <方法名>([参数列表])
{
    //方法主体
}
```

调用成员函数的语法格式如下。

```
对象名.方法名([参数列表]);
```

【例 3-4】 编写程序，实现两个复数的加法运算。

分析：复数有实部和虚部两部分。两个复数的加法运算实际上是两个复数的实部相加和虚部相加，具体代码如下。

```
/*******************************
* Function：成员函数学习
* Date： 2012.01
* */
using System;
class ComplexNumber
{
    double _real;//实部
    double _imaginary;//虚部

    public ComplexNumber(double r, double  i)
    {
        _real=r;
        _imaginary=i;
    }

    public ComplexNumber()
    {
        Console.WriteLine("请输入实数部分");
        _real=Convert.ToDouble((Console.ReadLine()));
        Console.WriteLine("请输入虚数部分");
        _imaginary=Convert.ToDouble(Console.ReadLine());
    }

    public void ShowResult()
    {
        Console.WriteLine("相加之和为:");
        Console.WriteLine(_real + "+" + _imaginary + "i");
    }

    public double GetReal()
    {
        return _real;
    }

    public double GetImaginary()
    {
        return _imaginary;
    }
```

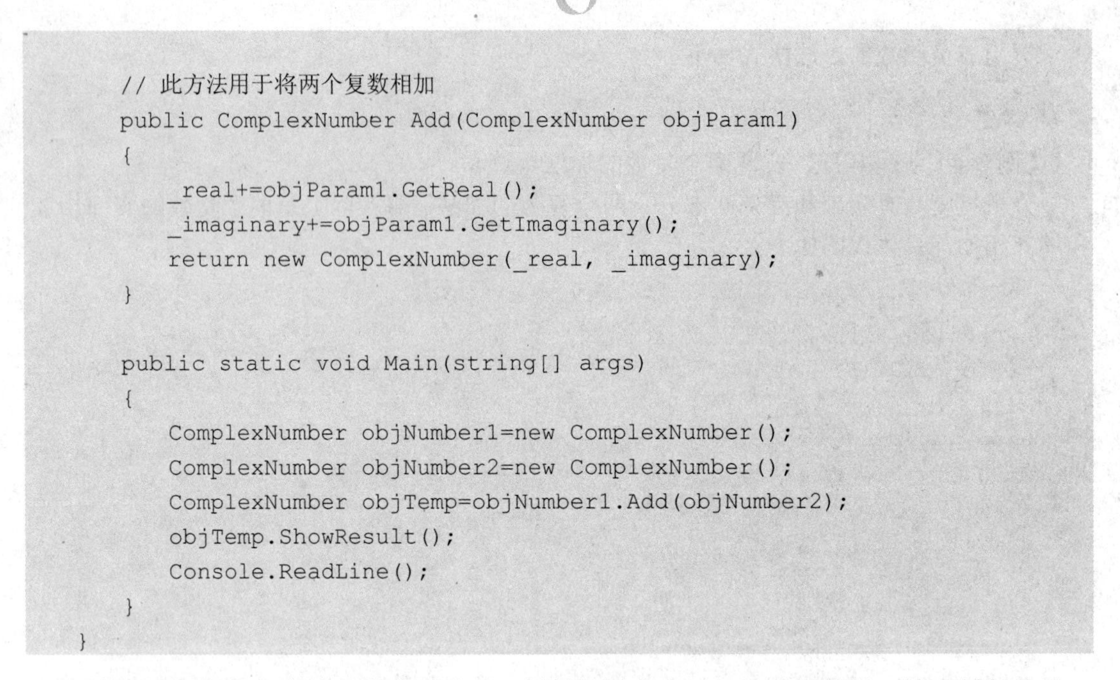

```
    // 此方法用于将两个复数相加
    public ComplexNumber Add(ComplexNumber objParam1)
    {
        _real+=objParam1.GetReal();
        _imaginary+=objParam1.GetImaginary();
        return new ComplexNumber(_real, _imaginary);
    }

    public static void Main(string[] args)
    {
        ComplexNumber objNumber1=new ComplexNumber();
        ComplexNumber objNumber2=new ComplexNumber();
        ComplexNumber objTemp=objNumber1.Add(objNumber2);
        objTemp.ShowResult();
        Console.ReadLine();
    }
}
```

【例 3-5】根据任意输入的电话号码，判断是固定电话还是手机号码，输出判断结果，并给出比较两个整数和比较 3 个整数、求出最大值的算法。

分析：这是一个函数重载题，能够函数重载的函数的特点是，函数的名称相同，函数的形式参数类型和个数不同决定了调用哪个函数代码段，具体代码如下。

```
/********************************
* Function：函数重载学习
* Date:  2012.01
* */
using System;
namespace 重载
{
    class ReLoad
    {
        //参数类型不同
        public void Phone(int teleNumber)
        {
            Console.WriteLine("固定电话：" + teleNumber);
        }

        public void Phone(long consumerNumber)
        {
            Console.WriteLine("手机号码：" + consumerNumber);
        }

        //参数个数不同
        public int greatest(int num1, int num2)
        {
```

```
            Console.Write("{0}和{1}相比，最大的是：", num1, num2);
            if (num1 > num2)
            {
                return num1;
            }
            else
            {
                return num2;
            }
        }

        public int greatest(int num1, int num2, int num3)
        {
            Console.Write("{0},{1}和{2}相比，最大的是：", num1, num2, num3);
            if (num1 > num2 && num1 > num3)
            {
                return num1;
            }
            else if(num2 > num1 && num2 > num3)
            {
                return num2;
            }
            else
            {
                return num3;
            }
        }

        static void Main(string[] args)
        {
            ReLoad rl=new ReLoad();
            rl.Phone(63111114);
            rl.Phone(13500000000);
            Console.WriteLine(rl.greatest(12, 21));
            Console.ReadLine();
        }
    }
}
```

系统会根据函数调用时实际参数的个数与类型来调用相应的函数。电话号码代码部分是根据参数的类型不同来判断调用哪个函数的，而后面求最大值则是根据参数个数的不同来调用相应函数的。输出结果如下。

```
固定电话：63111114
手机号码：13500000000
12和21相比，最大的是：21
```

【例 3-6】 请定义分数类，分数加法函数、加法的操作符重载和分数自加运算。

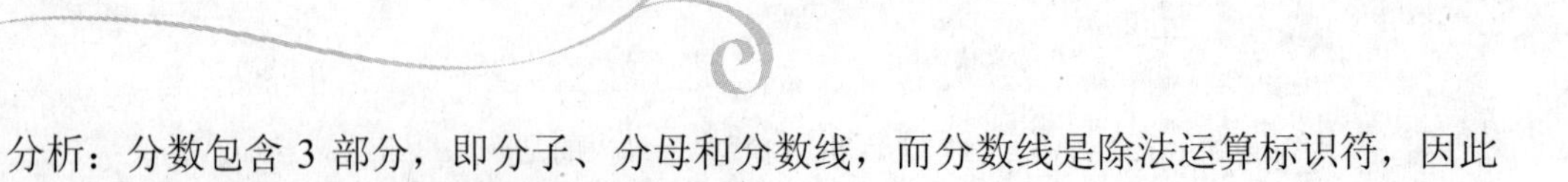

分析：分数包含 3 部分，即分子、分母和分数线，而分数线是除法运算标识符，因此不必输入。所以分数类确定的属性有分子和分母。

分数在输入时只需要注意分母不为 0 即可。但是一旦输入，就需要被其分数线将分子和分母化简，所以化简是很重要的，最晚要在输出前化简。

分数的操作采用函数形式是很容易实现的。例如，加法是分母相乘，分子在乘以对方分母后再相加，但是两个分数对象直接通过“+”、“-”等运算符进行运算时，却需要经过操作符重载定义。

分数的自加运算是有前置和后置区别的，但是C#语言对自运算进行了加固，使得其任意对象具有自识别前置和后置的能力。因此只需要给分子加上分母即可，具体参考代码如下。

```
/********************************
* Function:分数类练习
* Date: 2012.01
* */
using System;
public class FenShu
{
    int fenZi;//分子
    int fenMu;//分母
    public FenShu()
    {
        fenZi=0;
        fenMu=1;
    }

    public FenShu(int fz, int fm)
    {
        if(fm!=0)
        {
            fenZi=fz;
            fenMu=fm;
            int m=fm,r=fz;
            int t;
            if (m<r)
            {
                t=m; m=r; r=t;
            }
            t=m%r;
            while(t!=0)
            {
                m=r;
                r=t;
                t=m%r;
            }
            fenMu/=r;
            fenZi/=r;
        }
```

```
        else
        {
            fenMu=1;
            fenZi=0;
            Console.WriteLine("分母不能为0");
        }
    }
    public int GetFZ()
    {
        return fenZi;
    }

    public int GetFM()
    {
        return fenMu;
    }

    public FenShu Add(FenShu f)//注意,这样加后,调用Add的对象来化简
    {
        fenZi=fenZi * f.GetFM() + fenMu * f.GetFZ();
        fenMu=fenMu * f.GetFM();
        return new FenShu(fenZi, fenMu);
    }

    public static FenShu operator +(FenShu f1, FenShu f2)
    {
        int x, y;
        x=f1.GetFZ() * f2.GetFM() + f1.GetFM() * f2.GetFZ();
        y=f1.GetFM() * f2.GetFM();
        return new FenShu(x, y);
    }

    public static FenShu operator ++(FenShu f)
    {
        return new FenShu(f.GetFZ() + f.GetFM(), f.GetFM());
    }

    public void Display()
    {
        if (fenZi==0)
        {
            Console.WriteLine("{0}", fenZi);
        }
        else
            if (fenZi==fenMu)
            {
                Console.WriteLine(1);
            }
```

```
            else
                if (fenMu==1)
                {
                    Console.WriteLine(fenZi);
                }
                else
                {
                    Console.WriteLine("{0}/{1}", fenZi, fenMu);
                }
        }
    }
    public class A
    {
        public static void Main()
        {
            FenShu fs1=new FenShu(1,5);
            fs1.Display();

            FenShu fs2=new FenShu(2,5);
            fs2.Display();

            FenShu fs3=fs1.Add(fs2);
            FenShu fs4=fs1+fs2;

            fs1.Display();
            fs3.Display();
            fs4.Display();

            Console.WriteLine("分子是: {0}",(++fs1).GetFZ());
            Console.WriteLine("分子是: {0}",fs1++.GetFZ());

            FenShu fs5=fs1+fs2++;
            fs5.Display();
            FenShu fs6=++fs1+fs2;
            fs6.Display();

            FenShu fs7=fs6+(new FenShu(2,7));
            fs7.Display();
            Console.ReadLine();
        }
    }
```

注意

C#对象的自加运算具有自动识别前置和后置的能力，自减运算同理，比在C++类中实现自加和自减运算方便得多。

程序输出结果如图3.5所示。

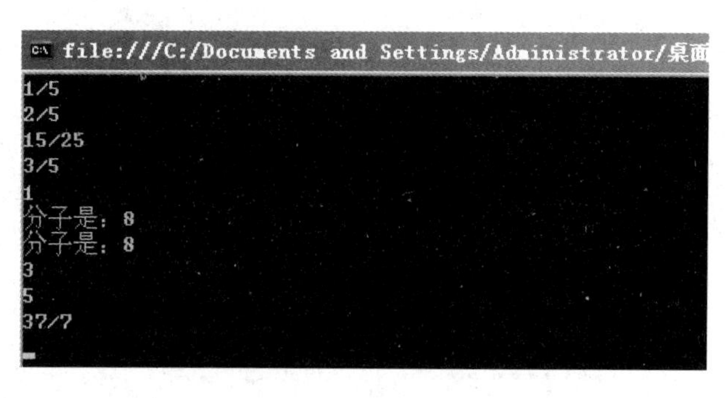

图 3.5 分数运算练习

3.4 命名空间

世界上的万物都有名字、如国家、地名、动物、人名。为了避免名字冲突，一般给这些名字加以限定，如非洲豹、美洲豹、李宁、朱宁、英国的纽卡斯尔市和澳大利亚的纽卡斯尔市，如图 3.6 所示。

(a) 英国的纽卡斯尔市

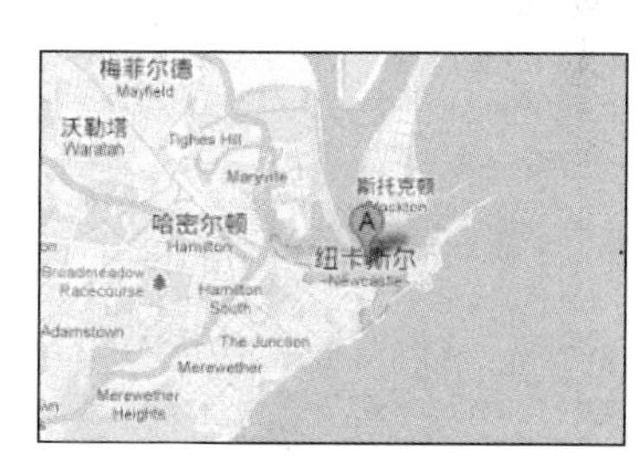

(b) 澳大利亚的纽卡斯尔市

图 3.6 命名空间示例

C#语言使用命名空间主要是为了便于结构化管理与方便使用。C#应用程序是由类组成的，一个(大型的)项目可能由很多的类组成，这些类有可能同名。为了避免命名冲突，把类组织在不同的命名空间中，但是命名空间的作用不止限于此，有了命名空间，对于编写应用程序，特别是为使用他人编写的类带来了极大的方便。命名空间的语法格式如下。

```
Namespace<命名空间名称>
{
    //在命名空间中可以定义类、结构、接口、枚举
}
```

【例 3-7】分析下列代码。

```
/*********************************
* ChangHong.cs代码文件
* */

using System;
namespace ChangHong
{
```

```
public class TV
{
    public void ListModelStocks()
    {
        Console.WriteLine("以下是 ChangHong  电视机的规格及其库存量:");
        Console.WriteLine("14\"=1000, 20\"=2000,32\"=3000");
    }
}
}
/*********************************
* TCL.cs代码文件
* */
using System;
using ChangHong;
namespace TCL
{
class TV
{
    public void ListModels()
    {
        Console.WriteLine("供应以下型号的电视机:");
        Console.WriteLine("32\", 40\" \n");
    }

    static void Main(string[] args)
    {
        TV tv=new TV();//遇到同名类时，默认取当前命名空间TCL的TV类
        tv.ListModels();
        TCL.TV objTCL=new TCL.TV();//显示使用TCL命名空间的TV类
        TV objChangHong=new TV();//仍取当前命名空间类，不随主观愿望改变
        ChangHong.TV obj=new ChangHong.TV();//显示使用ChangHong的TV类
        objChangHong.ListModels();
        obj.ListModelStocks();
        Console.ReadLine();
    }
}
}
```

程序输出结果如图 3.7 所示。

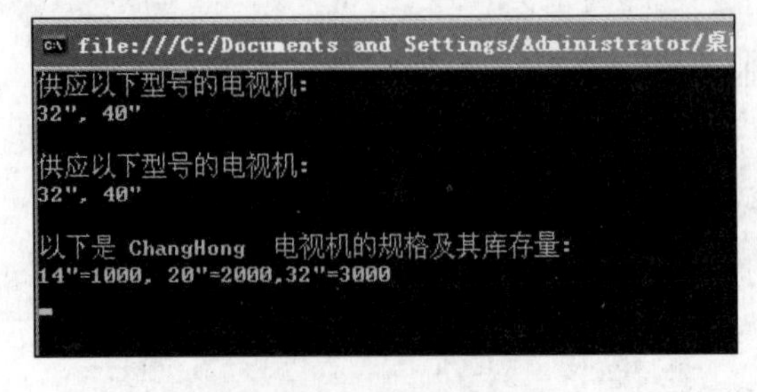

图 3.7　命名空间练习

程序说明如下。

(1) 创建一个项目后，系统提供了默认与项目同名的命名空间，但根据需要可以修改默认命名空间。

(2) 在项目中添加新项(如类)的时候，系统根据添加新项相对于项目文件夹的相对路径，提供一个默认命名空间：项目名.文件夹名，可以任意修改此命名空间，但是应满足一定的规范，以方便使用。

(3) 注意在一个代码文件中，可以存在多个命名空间，在每个命名空间中可以存在多个类。

(4) 命名空间没有访问修饰符。

(5) 一个命名空间可以嵌套另一个命名空间。

例如：

```
Namespace A
{    Namespace B
     {
          …
     }
}
```

(6) 限定命名：在类、接口、结构、枚举所属的命名空间中使用时，可以直接使用限定命名；如果在该命名空间之外的其他命名空间中使用时，需要通过它们的命名空间进行限定，或者如果在两个不同的命名空间中包含同样的类时，也可以限定命名，以避免二义性。

(7) Using 指令：为了在编程中简化代码数量，通过引用要使用的类的命名空间后，就可以直接使用该类。Using 指令一般在 namespace 关键字前使用，也可以在 namespace 内使用，只是其作用域不同了。在 namespace 里引入的命名空间只在该命名空间中有效。

(8) 在一个命名空间中，可能包含多个类，但是有时只需使用其中的某一个类，可以通过 Using 别名指令实现此功能。

(9) .NET 平台下定义了若干基类库，它们被归类到相应的命名空间中。这些命名空间已经编译好，可以直接使用。

如果要使用基类库中的某个类(使用类中的方法)、接口、结构、枚举，必须首先引入该类所在的命名空间，而且为了可以引入某个命名空间，必须添加这个命名空间所在的.NET 组件(.dll)。典型的系统命名空间如下。

(1) System 命名空间：提供了若干基本输入/输出、数学函数类库、数组类库、字符串类库等。

(2) System.Threading 命名空间：命名空间中的类 Thread 可以实现多线程。

(3) System.IO 命名空间：提供了大量用于文件/流的输入/输出的类。File 类可以对文件进行操作，Directory 类可以对目录进行操作。

(4) System.Collections：提供了集合命名空间，包括队列、堆栈、数组等类的定义。

小　　结

本章主要论述了什么是面向对象以及如何在 C#语言中实现封装性。类是 C#中的一种

结构，用于在程序中模拟现实生活的对象。成员变量表示对象的特征，方法表示对象可执行的操作。构造函数用来给成员变量赋值，是相对安全的访问方式。一般情况下，不需要用户自定义析构函数，而且析构函数不能重载，并且每个类只能有一个析构函数。可以根据不同数量的参数或不同数据类型参数对方法进行重载，不能根据返回值进行方法重载。命名空间用来界定类所属的范围。

课 后 题

一、选择题

1．C#中成员的访问权限有(　　)。(多选题)

A．public　　B．private　　C．protected　　D．internal

2．使用基本的输入/输出功能，需要引用(　　)命名空间。

A．System　　B．System.IO　　C．Wring　　D．String

3．观察如下一小段代码，正确的编译输出结果为(　　)。

```
int num,rult;
num=5;
rult=25*num;
console.WriteLine(rult+"100");
```

A．编译错误　　B．225　　C．125+"100"　　D．125100

二、填空题

1．面向对象具有________性、________性和________性。

2．C#是完全面向对象语言，在C#中所有成员都定义在________中。

3．在C#语言中，由于CLR能自动定时回收不用的对象，因此基本上不需要用户自定义________函数。

三、简答题

1．简述面向对象的概念。

2．简述面向对象的历史。

3．简述面向对象和面向过程的区别。

四、程序设计题

动物园管理动物，主要按照水生动物区、陆生动物区、飞禽区和两栖动物区进行分区管理，并且要密切关注动物的饮食、习性等。在介绍动物时，还要根据动物所属的类别进行科学说明。请开发一个控制台应用程序，使用面向对象的知识，建立一个简易的动物管理系统。

C#中的继承

知识结构图

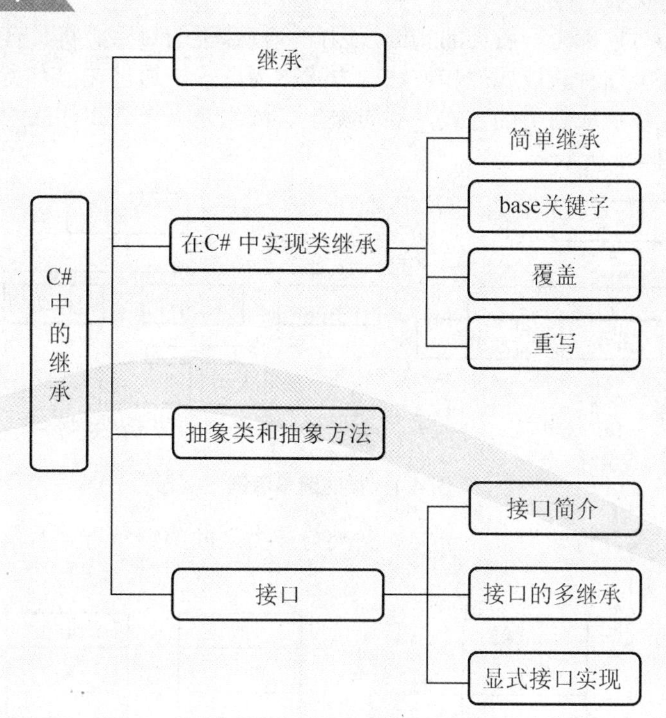

学习目标

(1) 了解继承的概念。

(2) 掌握在 C#中实现类继承。

(3) 认识抽象类。

(4) 掌握抽象的方法。

(5) 掌握接口的实现方法。

在 C#中如何实现继承、如何理解多态以及如何在 C#中实现多态是本章学习的重点。另外多继承的学习也是难点。

4.1 继　　承

继承是面向对象的重要特征，面向对象语言中的可重用性主要通过继承来实现，这也与人类认知的最一般规律相吻合，因此具有较高的可理解性。

人类在对世界认知的过程中，首先要对事物分类，并把事物抽象为概念。一些种类的事物在行为、属性等方面具有部分相似性。把这些具有相似性的事物进行概念重组，把相似的属性和行为抽象出来成为一般类，把具体事物抽象为特殊类。一般类对象所具有的属性和操作包含于特殊类对象之中。

特殊类的每个对象都为一般类的实例，因此，特殊类的对象必将具有相应的一般类的属性和操作。特殊类这种获取属性和方法的方式称为继承。通过在已有类的基础上添加一些特殊的属性和操作形成新类的方式，称为派生。派生是人类认识的深入，继承代表着认识的连续性，如图 4.1 所示。

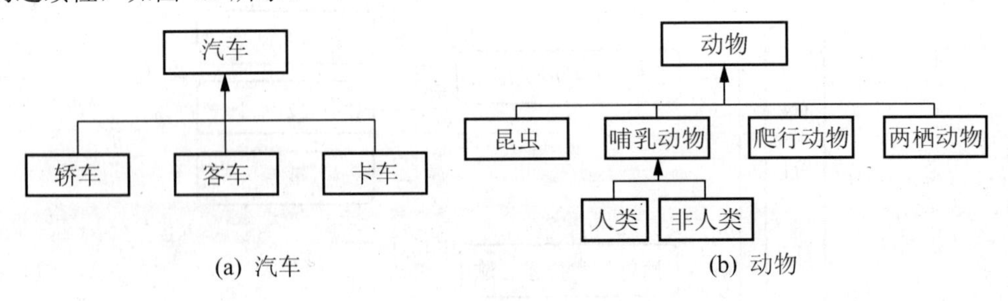

(a) 汽车　　(b) 动物

图 4.1　类的继承示例

一般类称为父类，特殊类称为子类。父类与子类之间的继承方式有单继承和多继承，如图 4.2 所示。

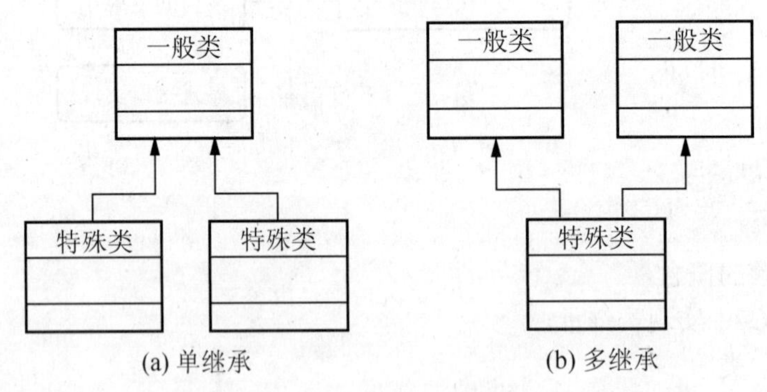

(a) 单继承　　(b) 多继承

图 4.2　单继承与多继承

【例 4-1】定义基类和派生类，体会派生类继承基类非私有成员的特性。

分析：基类里面非 private 访问级别的成员会被其派生类继承，具体代码如下。

```
public Class Base
{
```

```
        int basevar;                    //成员变量
        public void Base_fun1()         //成员函数
        {
            //定义
        }
    }

    public Class Derived : Base
        {
        int derivedvars;                //成员变量
        Derived_fun1()                  //成员函数
        {

         //定义
        }

        public static void main()
        {
            Derived dr_obj=new Derived();
            dr_obj.Base_fun1();
        }
    }
```

在上面程序中，Base是基类，Derived是派生类，从Base继承函数Base_fun1()，无需重写。

4.2　在C#中实现类继承

C#类不支持多重继承，但允许使用接口实现多继承。因此在C#中实现类继承不存在歧义。

4.2.1　简单继承

【例4-2】要求分别实现对一个公民的姓名、年龄属性的输入和输出，对一个学生的姓名、年龄、所在学校、学号、各科成绩的输入和输出，对一个学生是否能够升入上一年级的判断。使用普通函数实现即可。

分析：一个公民和一个学生是有公有属性的，即姓名和年龄。一个学生是否能够升入上一年级的判断是在计算学生总分之后进行的。因此，本例可以通过代码重用，使用继承来实现是代码优化的选择。

本例要求使用普通函数来实现赋值，(带构造函数继承是一个新的知识点，后面会接触到)，具体代码如下。

```
/*********************************
* Function:类普通单继承学习
```

```
* Date: 2012.01
* */
using System;
namespace 继承
{
    public class Person
    {
        private string _name;
        private uint _age;

        public void GetInfo()
        {
            Console.WriteLine("请输入您的姓名和年龄");
            Console.Write("姓名: ");
            _name=Console.ReadLine();
            Console.Write("年龄: ");
            _age=uint.Parse(Console.ReadLine());
        }

        public void Display()
        {
            Console.WriteLine("姓名: {0}", _name);
            Console.WriteLine("年龄: {0}", _age);
        }
    }

    public class Student : Person
    {
        private string _school;
        private uint _eng;
        private uint _math;
        private uint _sci;
        private uint _tot;
        private static uint _id;//私有静态变量,记录学生个数

        public uint GetMarks()
        {
            Console.Write("请输入学校名称: ");
            _school=Console.ReadLine();
            Console.WriteLine("请分别输入英语、数学和自然科学的分数。 ");
            Console.Write("英语: ");
            _eng=uint.Parse(Console.ReadLine());
            Console.Write("数学: ");
            _math=uint.Parse(Console.ReadLine());
            Console.Write("自然科学: ");
            _sci=uint.Parse(Console.ReadLine());
            _tot=_eng + _math + _sci;
```

```
        _id++;
        return _tot;
    }

    public void Display2()
    {

        Console.WriteLine("尊敬的同学,你的信息如下：" );
        Display();
        Console.WriteLine("学校：{0}", _school);
        Console.WriteLine("学号：{0}",  _id);
        Console.WriteLine("英语：{0}", _eng);
        Console.WriteLine("数学：{0}", _math);
        Console.WriteLine("总分：{0}",  _tot);
    }
}

public class UnderGraduate : Student
{
    public void ChkEgbl()
    {
        if (this.GetMarks() > 149)
        {
            Display2();
            Console.WriteLine("总分高于150，可以升级学习！");
        }
        else
        {
            Display2();
            Console.WriteLine("要上升一级，要求总分不低于 150 ，所以不能升级学习！");
        }
    }
}

class Class1
{
    static void Main(string[] args)
    {
        string str;
        do
        {
            Console.WriteLine("输入、显示学生信息及学习成绩，判断其能否毕业：");
            UnderGraduate objUnStudent=new UnderGraduate();
            objUnStudent.GetInfo();
            objUnStudent.ChkEgbl();
            Console.WriteLine("是否继续？Y/N");
```

```
            str=Console.ReadLine();
        }while(str.Equals("Y"));
        str=Console.ReadLine();
    }
  }
}
```

普通类的三重继承没有使用用户自定义构造函数。注意私有静态变量_id 的使用及其原理。程序输出结果如图 4.3 所示。

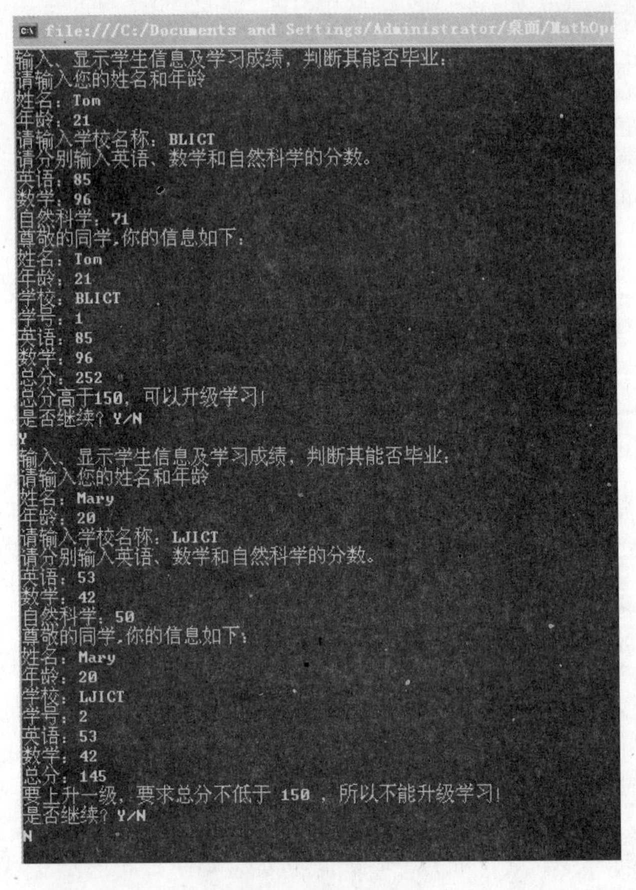

图 4.3　普通类继承练习

4.2.2　base 关键字

base 关键字有两个作用：一是可以使用它调用基类的构造函数；二是可以用它来访问父类成员，但是只能访问离它最近的父类成员。

【例 4-3】要求分别实现对一个公民的姓名、年龄属性的输入和输出，对一个学生的姓名、年龄、所在学校、学号、各科成绩的输入和输出，对一个学生是否能够升入上一年级的判断。要求使用构造函数实现。

分析：可以使用三重继承，但是必须使用构造函数为成员变量赋值，需要在派生类中调用基类构造函数。派生类中构造函数的语法格式如下。

```
public 派生类名(参数列表):base(参数列表)
```

其中，参数列表可以省略，base(参数列表)中的参数列表来自于派生类构造函数的参数列表，具体代码如下。

```
/********************************
* Function:带构造函数继承学习
* Date: 2012.01
* */
using System;

namespace 继承
{
    ///<summary>
    ///Class1的摘要说明
    ///</summary>
    public class Person
    {
        private string _name;
        private uint _age;

        public Person()                        //无参构造函数
        {
            Console.WriteLine("请输入您的姓名和年龄");
            Console.Write("姓名: ");
            _name=Console.ReadLine();
            Console.Write("年龄: ");
            _age=uint.Parse(Console.ReadLine());
        }

        public Person(string name, uint age)//有参构造函数
        {
            this._name=name;
            this._age=age;

        }

        public void DispInfo()
        {
            Console.WriteLine("姓名: {0}", _name);
            Console.WriteLine("年龄: {0}", _age);
        }
    }

    public class Student : Person
    {
        private string _school;
```

```
        private uint _eng;
        private uint _math;
        private uint _sci;
        private uint _tot;
        private uint _id;

        public Student():base()
        {
            Console.Write("请输入学校名称：");
            _school=Console.ReadLine();
            Console.WriteLine("请分别输入英语、数学和自然科学的分数。 ");
            Console.Write("英语：");
            _eng=uint.Parse(Console.ReadLine());
            Console.Write("数学：");
            _math=uint.Parse(Console.ReadLine());
            Console.Write("自然科学：");
            _sci=uint.Parse(Console.ReadLine());
            _tot=_eng + _math + _sci;
            _id++;
        }

        public Student(string name, uint age, string school, uint eng, uint
        math, uint sci, uint id: base(name, age))
        {
            this._id=id;
            this._school=school;
            this._eng=eng;
            this._math=math;
            this._sci=sci;
            this._tot=this._math + this._sci + this._eng;
        }

        public void Display()
        {
            Console.WriteLine("尊敬的同学,你的信息如下：");
            DispInfo();
            Console.WriteLine("学校：{0}", _school);
            Console.WriteLine("学号：{0}", _id);
            Console.WriteLine("英语：{0}", _eng);
            Console.WriteLine("数学：{0}", _math);
            Console.WriteLine("总分：{0}", _tot);
        }

        public uint GetTot()
        {
            return _tot;
        }
```

```
}
public class UnderGraduate : Student   //继承
{
    public UnderGraduate():base()
    {
    }

    public UnderGraduate(string name, uint age, string school, uint eng,
    uint math, uint sci, uint id: base(name,age,school,eng,math,sci,id))

    {
    }

    public void ChkEgbl()
    {
        if (GetTot() > 149)
        {
            Display();
            Console.WriteLine("总分高于150，可以升级学习！");
        }
        else
        {
            Display();
            Console.WriteLine("要上升一级，要求总分不低于150，所以不能升级学习！");
        }
    }
}

class Class1
{
    ///<summary>
    ///应用程序的主入口点
    ///</summary>
    [STAThread]
    static void Main(string[] args)
    {
        string str;
        Console.WriteLine("使用无参构造函数:");
        do
        {
            Console.WriteLine("输入、显示学生信息及学习成绩，判断其能否毕业：");
            UnderGraduate objUnStudent=new UnderGraduate();
            objUnStudent.ChkEgbl();
            Console.WriteLine("是否继续？Y/N");
            str=Console.ReadLine();
        } while (str.Equals("Y"));
```

```
            //Console.WriteLine("使用有参构造函数:");

            Console.ReadLine();

        }

    }
}
```

与例 4-2 比较发现，例 4-3 中主要使用构造函数来为成员赋值，因此使用类代码要更小巧、方便。base 关键字代替父类名称来引用父类构造函数。请把使用有参构造函数部分的代码填满。程序输出结果如图 4.4 所示。

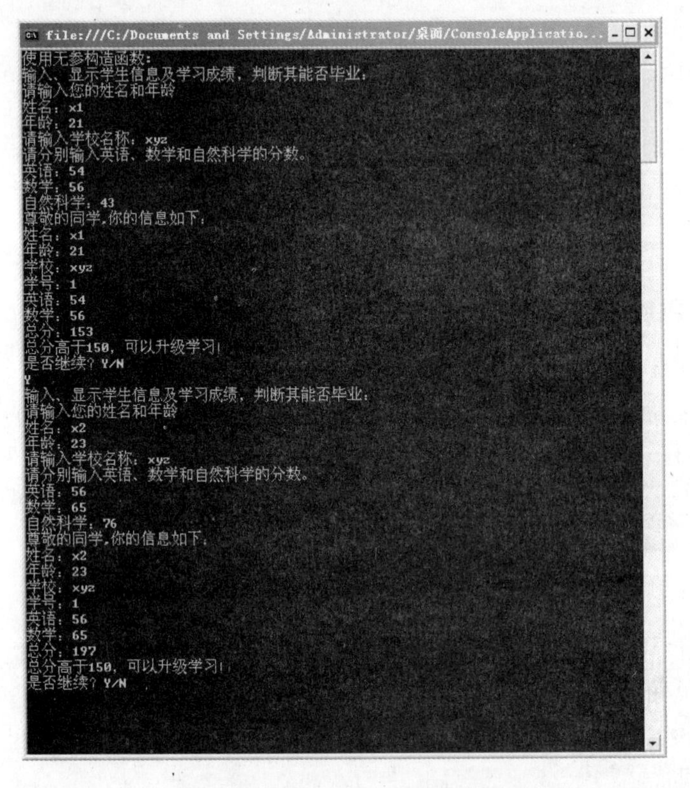

图 4.4　带构造函数类继承练习

4.2.3　覆盖

在派生类中使用 new 关键字可以覆盖父类同名字段和父类同名函数。这种方法可以解决派生类中的方法或者成员变量与父类的方法或者字段的重名问题，并且 new 关键字是可以省略的，具体见例 4-4。

【例 4-4】当派生类中有与基类派生下来的成员同名的变量或者函数时，在使用派生类时该如何选择呢？

分析：由覆盖的定义可知，当派生类中有与父类(或称基类)继承下来的字段和函数同名的字段和函数时，在使用派生类时，默认派生类中同名的成员直接覆盖基类继承下来的同名成员，具体代码如下。

```
/********************************
* Function:覆盖学习
* Date: 2012.01
* */
using System;
namespace 覆盖
{
    public class A
    {
        private int a;
        public int n;

        public A()
        {
            Console.Write("a:");
            a=int.Parse(Console.ReadLine());
            Console.Write("n:");
            n=int.Parse(Console.ReadLine());
        }

        public void Display()
        {
            Console.WriteLine("输出A类成员：");
            Console.WriteLine("a={0}", a);
            Console.WriteLine("n={0}", n);
        }
        public void Display1()
        {
            Console.WriteLine("输出A类成员：");
            Console.WriteLine("a={0}",a);
            Console.WriteLine("n={0}",n);
        }
    }

    public class B : A
    {
        private int b;
        new private int n;

        public B():base()
        {
            Console.Write("b:");
            b=int.Parse(Console.ReadLine());
            Console.Write("n:");
            n=int.Parse(Console.ReadLine());
        }

        new public void Display()
        {
```

```
            Console.WriteLine("输出B类成员: ");
            Console.WriteLine("b={0}", b);
            Console.WriteLine("n={0}", n);
        }
    }
    class Class1
    {
        static void Main(string[] args)
        {
            B bb=new B();
            Console.WriteLine("调用重名 Display():");
            bb.Display();
            Console.WriteLine("调用 Display1():");
            bb.Display1();
            Console.ReadLine();

            Console.WriteLine("用子类对象给父类对象赋值,输出结果如何?");
            A aa=new A();
            aa=bb;
            Console.WriteLine("调用父类 Display():");
            aa.Display();
            Console.WriteLine("调用父类 Display1():");
            aa.Display1();
            Console.ReadLine();
        }
    }
}
```

类 B 中的 n 和 Display()通过使用 new 关键字定义(new 可以省略)，所以实现了对父类中继承下来的同名变量和函数的覆盖，结果如图 4.5 所示。但是值得注意的是，覆盖不是重写，无法实现多态性，多态是由在派生类中重写虚函数或者抽象函数来实现的。

图 4.5　覆盖学习

4.2.4 重写

普通类的多态性是在派生类中重写基类的虚函数或者抽象函数实现的。虚函数使用关键字 virtual，语法格式如下。

```
[访问修饰符]virtual[函数类型] 函数名(参数列表)
{
  //virtual方法实现
}
```

重写虚函数使用关键字 override，语法格式如下。

```
[访问修饰符]override[函数类型] 函数名(参数列表)
{
  //重写virtural方法
}
```

例如：

```
Class A
{
    int basevar;
    public virtual void GetInfo()
    {
      //定义
    }
}
Class B : A
{
    int derivedvars;
    public override void GetInfo()
    {
      //定义
    }
}
```

【例 4-5】求几何图形的表面积。几何图形是在运行过程中被指定的。几何图形有圆形、球形、圆柱体等，要求如下。

(1) 定义基类和派生类实现，通过基类对象调用派生类中的求面积函数。

(2) 只定义派生类对象，调用求面积函数，并将结果与(1)结果对比。

(3) 灵活使用面向对象特性实现，要求程序易扩充、易维护。

分析：面向对象的多态体现在当派生类对象赋值给基类对象时，基类对象将能够访问派生类对象的成员。因此当不清楚或者无法确定所有的派生类时，可以把基类对象作为函数参数，操作时可以根据具体需要调用派生类对象作为形式参数。这样，也可以随时扩充派生类，程序的维护较容易实现，具体代码如下。

```
/********************************
* Function:重写虚函数
* Date: 2012.01
* */

using System;
class TestClass
{

    public class Dimensions
    {
        public const double pi=Math.PI;
        protected double x, y;

        public Dimensions()
        {

        }
        public Dimensions(double x, double y)
        {
            this.x=x;
            this.y=y;
        }

        public virtual double Area()
        {
            return x * y;
        }
    }

    public class Circle : Dimensions
    {
        public Circle(double r): base(r, 0)
        {
        }

        public override double Area()
        {
            return pi * x * x;
        }
    }

    class Sphere : Dimensions
    {
        public Sphere(double r): base(r, 0)
        {
        }
```

```
    public override double Area()
    {
        return 4 * pi * x * x;
    }
}

class Cylinder : Dimensions
{
    public Cylinder(double r, double h): base(r, h)
    {
    }

    public override double Area()
    {
        return 2 * pi * x * x + 2 * pi * x * y;
    }
}

public static void outPutArea(Dimensions darea)
    {
        Console.WriteLine("area={0:F2}", darea.Area());
    }

public static void Main()
{
    double r=3.0, h=5.0;
    Dimensions d=new Dimensions(r, h);
    Dimensions c=new Circle(r);//新创建的无名派生类对象赋值给基类对象
    Dimensions s=new Sphere(r);
    Dimensions l=new Cylinder(r, h);

    Circle c1=new Circle(r);  //直接使用派生类对象
    Sphere s1=new Sphere(r);
    Cylinder l1=new Cylinder(r, h);

    Console.WriteLine("基类对象直接调用：");
    Console.WriteLine("Area of Dimension ={0:F2}", d.Area());
    Console.WriteLine();

    Console.WriteLine("子类对象赋值给基类对象调用：");
    Console.WriteLine("Area of Circle={0:F2}", c.Area());
    Console.WriteLine("Area of Sphere={0:F2}", s.Area());
    Console.WriteLine("Area of Cylinder={0:F2}", l.Area());
    Console.WriteLine();

    Console.WriteLine("子类对象直接调用：");
```

```
            Console.WriteLine("Area of Circle={0:F2}", c1.Area());
            Console.WriteLine("Area of Sphere={0:F2}", s1.Area());
            Console.WriteLine("Area of Cylinder={0:F2}", l1.Area());
            Console.WriteLine();

            Console.WriteLine("多态的典型体现: ");
            string simensionName;
            Dimensions darea;
            Console.WriteLine ("*******************************************");
            Console.WriteLine("请输入整数a和整数b:");
            double a=Convert.ToDouble (Console.ReadLine());
            double b=Convert.ToDouble (Console.ReadLine());
            Console.WriteLine("求哪种多边形的面积, 请选择: ");
            Console.WriteLine("1.圆Circle.");
            Console.WriteLine("2.球Sphere.");
            Console.WriteLine("3.圆柱体Cylinder.");
            string xuanZe=Console.ReadLine();
            switch (xuanZe)
            {
                case "1":Circle c2=new Circle(a);outPutArea(c2);break;
                case "2":Sphere s2=new Sphere(a);outPutArea(s2);break;
                case "3":Cylinder y2=new Cylinder(a,b);outPutArea(y2);break;
            }

            Console.WriteLine("谢谢使用! ");
            Console.ReadLine();
        }
    }
```

使用派生类中重写基类中的虚函数的继承方法，实现了面向对象的多态性。请仔细观察和比较，程序输出结果如图 4.6 所示。

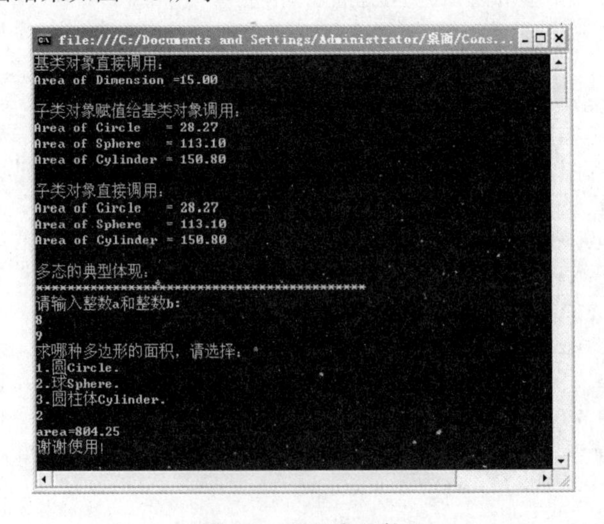

图 4.6 重写虚函数

4.3 抽象类和抽象方法

纯虚函数可以定义为抽象函数，即只声明方法，而不实现。抽象函数语法格式如下。

```
abstract 函数类型 函数名称(参数列表);
```

含有抽象函数的类称为抽象类。抽象类不能实例化。抽象类语法格式如下。

```
abstract class 类名
{
    …
    …
    abstract 函数类型 函数名称(参数列表);
    …
    …
}
```

与虚函数不同，在抽象类的派生类中，必须对抽象函数进行重写。

【例 4-6】有如下抽象类，要求在派生类中重写抽象函数，并有效使用此抽象类中的成员。

```
abstract class ABC
{
    public abstract void AFunc();
    public void BFunc()
    {
        Console.WriteLine("这是抽象类中的普通方法！");
    }
    public static void CFunc()
    {
        Console.WriteLine("这是抽象方法中的公有静态函数！");
    }
}
```

分析：抽象类无法实例化，因此抽象类中的成员只有通过派生类对象来访问，或者定义成公有静态，直接由抽象类实名访问。这是抽象类的典型使用，也是继承的一种典型使用，具体代码如下。

```
/*********************************
* Function:抽象类学习
* Date: 2012.01
* */

using System;
namespace 抽象
{
    abstract class ABC
    {
```

```
        public abstract void AFunc();
        public void BFunc()
        {
            Console.WriteLine("这是抽象类中的普通方法！");
        }
        public static void CFunc()
        {
            Console.WriteLine("这是抽象方法中的公有静态函数！");
        }
    }

    class Derv : ABC
    {
        public override void AFunc()
        {
            Console.WriteLine("这是重写的抽象类的方法！ ");
        }
    }
    ///<summary>
    ///Class1的摘要说明
    ///</summary>
    class Class1
    {
        ///<summary>
        ///应用程序的主入口点
        ///</summary>
        [STAThread]

        static void Main(string[] args)
        {
            ABC abc;
            Console.WriteLine("调用抽象基类的公有静态函数：");
            ABC.CFunc();
            Console.WriteLine();
            Derv objB=new Derv();
            abc=objB;
            Console.WriteLine("派生类对象调用重写的抽象函数：");
            abc.AFunc();
            Console.WriteLine();
            Console.WriteLine("派生类对象调用抽象基类的普通函数：");
            abc.BFunc();
            Console.ReadLine();
        }
    }
}
```

程序输出结果如图 4.7 所示。

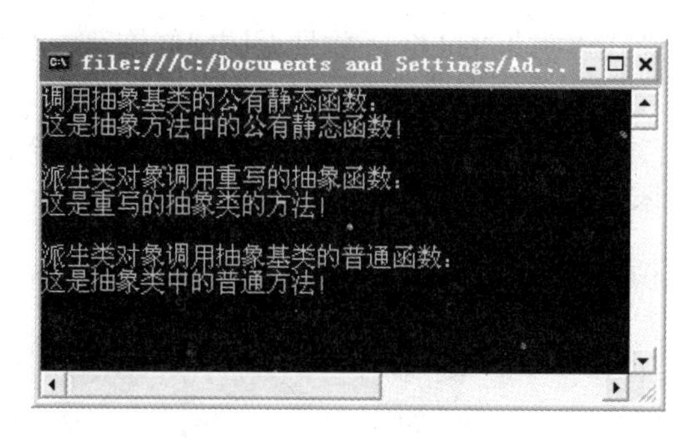

图 4.7　抽象类学习

4.4 接　　口

因为C#的面向对象不允许类多继承，但是现实生活中，不是所有的实体对象关系都可以由简单的单继承实现。以动物系统为例，动物包括水生动物、陆生动物，还有两栖动物，如何实现3类之间的关系呢？接口是较好的选择。本节将对接口的使用做全面介绍。

4.4.1 接口简介

接口的语法格式如下。

```
Interface 接口名
{
    函数类型 函数名1();
    函数类型 函数名2();
    …
}
```

当抽象类中定义的全部是抽象函数时，可以把它定义为接口。

例如：

```
abstract class IBase
{
    public abstract void method1();
    abstract int method2();
    abstract int method3(float);
}
```

对上面程序稍做修改，即可实现接口。

```
Interface Ibase
{
    void method1();
    int method2();
    int method3(float);
}
```

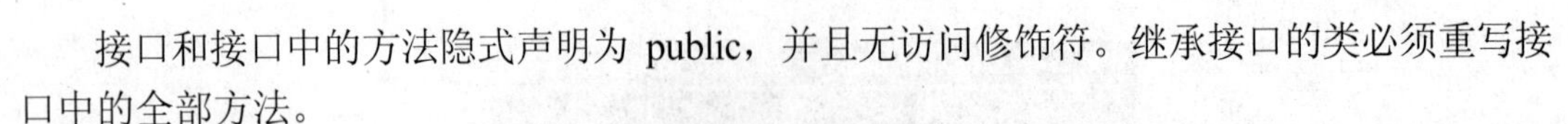

接口和接口中的方法隐式声明为 public，并且无访问修饰符。继承接口的类必须重写接口中的全部方法。

【例 4-7】 有如下接口，要求定义两个类，都继承此接口，一个由类的对象直接调用接口中被重写的函数；另一个将类的对象赋值给接口变量，由接口变量调用方法，比较结果。

```
public interface IPict
{
    int DeleteImage();
    void DisplayImage();
}
```

分析：由此可见，接口变量被赋值使用和类对象自己调用，结果是相同的，具体代码如下。

```
/********************************
* Function:简单接口继承
* Date: 2012.01
* */
using System;
namespace 接口
{
    public interface IPict
    {
        int DeleteImage();
        void DisplayImage();
    }

    class A : IPict
    {
        #region IPict 成员

        public int DeleteImage()
        {
            // TODO:添加A.DeleteImage实现
            return 0;
        }

        public void DisplayImage()
        {
            // TODO:添加A.DisplayImage实现
        }

        #endregion
    }

    public class MyImages : IPict
    {
```

```
        //第一个方法的实现
        public int DeleteImage()
        {
            Console.WriteLine("DeleteImage 实现！");
            return (5);
        }

        //第二个方法的实现
        public void DisplayImage()
        {
            Console.WriteLine("DisplayImage 实现！");
        }
    }

    class Class1
    {
        static void Main(string[] args)
        {
            IPict i;
            MyImages objM=new MyImages();
            //接口是一个特殊的类,也可以被当做特殊的基类使用,但不常用
            i=objM;
            i.DeleteImage();
            i.DisplayImage();
            Console.WriteLine();

            //继承接口的类的使用
            objM.DisplayImage();
            int t=objM.DeleteImage();
            Console.WriteLine(t);
            Console.ReadLine();
        }
    }
}
```

程序输出结果如图4.8所示。

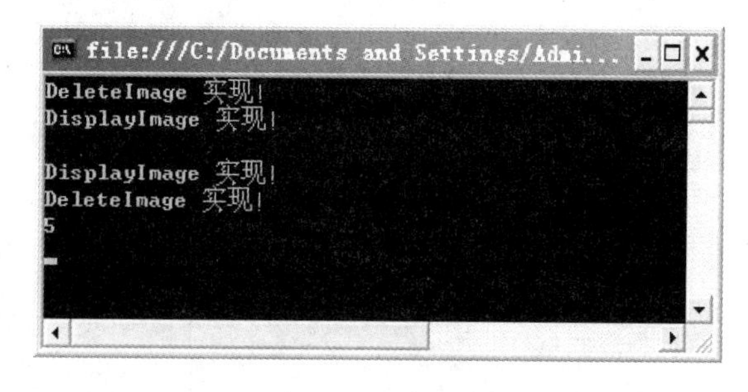

图4.8 简单接口继承

C#不允许类多继承，但是允许继承类的同时，继承接口。当继承的基类和接口中有同

名方法时，用重写的接口的方法覆盖基类中的同名函数，见例 4-8。

【例 4-8】当类既继承接口，又继承类时，并且类中有和接口中同名的方法时，该如何解决？请认真阅读下列代码。

```
/*********************************
* Function:类和接口的混合继承
* Date: 2012.01
* */

using System;
namespace 接口
{
    public class BaseIO
    {
        public void Open()
        {
            Console.WriteLine("BaseIO 的 Open 方法");
        }

        public int DeleteImage()
        {
            return 0;
        }
    }

    public interface IPict
    {
        int DeleteImage();
        void DisplayImage();
    }

    public class MyImages : BaseIO, IPict
    {
        new public int DeleteImage()//重写接口IPict中的DeleteImage方法时,覆盖
                                    //了基类的DeleteImage方法
        {
            Console.WriteLine("DeleteImage 实现! ");
            return (5);
        }

        public void DisplayImage()
        {
            Console.WriteLine("DisplayImage 实现! ");
        }
    }
    class Class1
    {
        static void Main(string[] args)
```

```
        {
            MyImages objM=new MyImages();
            objM.DisplayImage();
            int val=objM.DeleteImage();
            Console.WriteLine(val);
            objM.Open();
            Console.ReadLine();
        }
    }
}
```

程序输出结果如图 4.9 所示。

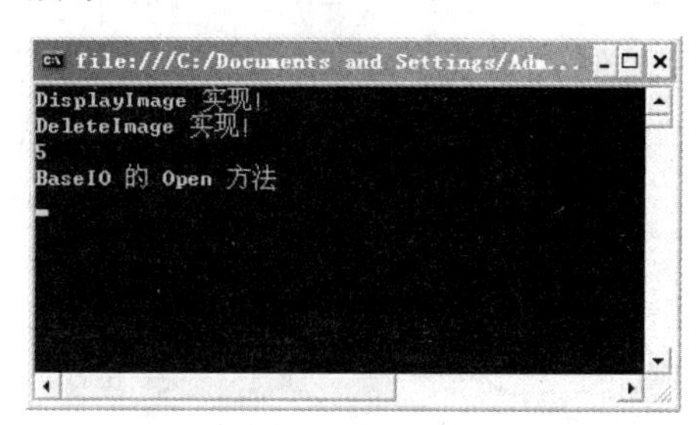

图 4.9 类和接口的混合继承

4.4.2 接口的多继承

C#不允许类多继承，但是一个类可以实现多个接口。接口的简单多继承见例 4-9。

【例 4-9】有如下两个接口，定义一个类继承这两个接口。

```
public interface IPict
{
    int DeleteImage();
    void DisplayImage();
}
public interface OPict
{
    int DisplayInfo();
}
```

分析：不论继承几个接口，都要把所有接口中的抽象方法重写，否则编译会出现语法错误，具体代码如下。

```
/*********************************
* Function:接口的多继承学习
* Date: 2012.01
* */
using System;
namespace 接口
{
    public interface IPict
    {
```

```
        int DeleteImage();
        void DisplayImage();
    }
    public interface OPict
    {
        int DisplayInfo();
    }
    public class MyImages : IPict, OPict  //多接口
    {
        public int DeleteImage()            //第一个方法的实现
        {
            Console.WriteLine("DeleteImage 实现！");
            return (5);
        }

        public void DisplayImage()       //第二个方法的实现
        {
            Console.WriteLine("DisplayImage 实现！");
        }

        public int DisplayInfo()//第二个接口的方法的实现
        {
            Console.WriteLine("第二个接口的方法");
            return 1;
        }
    }

    class Class1
    {
        static void Main(string[] args)
        {
            MyImages objM=new MyImages();
            objM.DisplayImage();
            int t=objM.DeleteImage();
            Console.WriteLine(t);
            objM.DisplayInfo();
            Console.ReadLine();
        }
    }
}
```

程序输出结果如图 4.10 所示。

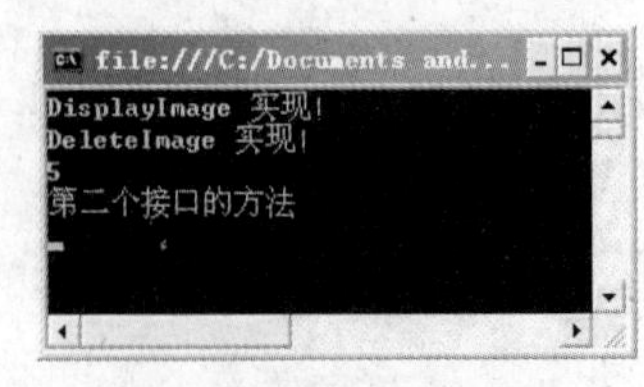

图 4.10　接口的多继承学习

接口可以继承其他接口，但是不必在其中说明其接口。并且继承此接口的类必须实现所有方法，见例 4-10。

【例 4-10】接口是允许多继承的。有如下 3 个接口，要求定义类，继承第三个接口。

```
public interface IPict
{
    int DeleteImage();
}

public interface IPictManip
{
    void ApplyAlpha();
    void DisplayImage();
}

//继承多重接口
public interface IPictAll : IPict, IPictManip
{
    void ApplyBeta();
}
```

分析：继承第三个接口的类，不仅要重写第三个接口中的抽象方法，还要把被继承的两个接口中的抽象方法全部重写，具体代码如下。

```
/********************************
* Function:多重继承接口学习
* Date: 2012.01
* */
using System;
namespace 多重接口继承
{
    public interface IPict
    {
        int DeleteImage();
    }

    public interface IPictManip
    {
        void ApplyAlpha();
        void DisplayImage();
    }

    //继承多重接口
    public interface IPictAll:IPict, IPictManip
    {
        void ApplyBeta();
    }

    public class MyImages:IPictAll
```

```
    {
        public int DeleteImage()
        {
            Console.WriteLine("DeleteImage 实现! ");
            return (5);
        }
        public void ApplyAlpha()
        {
            Console.WriteLine("ApplyAlpha 实现! ");
        }
        public void ApplyBeta()
        {
            Console.WriteLine("ApplyBeta 实现! ");
        }
        public void DisplayImage()
        {
            Console.WriteLine("DisplayImage 实现! ");
        }
    }

    class Class1
    {
        static void Main(string[] args)
        {
            MyImages objM=new MyImages();
            objM.DisplayImage();
            int val=objM.DeleteImage();
            Console.WriteLine(val);
            objM.ApplyAlpha();
            objM.ApplyBeta();
            Console.ReadLine();
        }
    }
}
```

程序输出结果如图 4.11 所示。

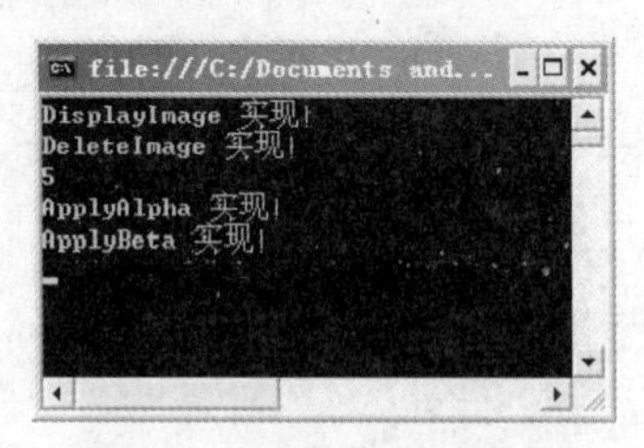

图 4.11　多重继承接口练习

4.4.3　显式接口实现

在继承多重接口时，如果发生接口中的方法命名冲突时，可以使用显示接口来解决，见例 4-11。

【例 4-11】有如下接口，要求定义类继承这两个接口。

```
interface A
{
   void read();
   void write();
}

interface B
{
   void read();
   void write();
}
```

分析：两个接口里面的抽象函数重名，可以显示继承，具体代码如下。

```
/********************************
* Function:显示接口学习
* Date: 2012.01
* */
using System;
namespace 显示接口
{
   interface A
   {
      void read();
      void write();
   }

   interface B
   {
      void read();
      void write();
   }

   class FileAB: A,B
   {
      #region A 成员

      void A.read()
      {
         // TODO: 添加 FileAB.read实现
         Console.WriteLine("A.read");
      }

      void A.write()
      {
         // TODO: 添加FileAB.write实现
         Console.WriteLine("A.write");
```

```
        }

        #endregion
        void B.read()
        {
            Console.WriteLine("B.read");

        }

        void B.write()
        {
            Console.WriteLine("B.write");

        }
    }
    class Class1
    {
        static void Main(string[] args)
        {
            FileAB file=new FileAB();
            A a=file;
            B b=file;
            a.read();
            a.write();
            b.read();
            b.write();
            Console.ReadLine();
        }
    }
}
```

程序输出结果如图 4.12 所示。

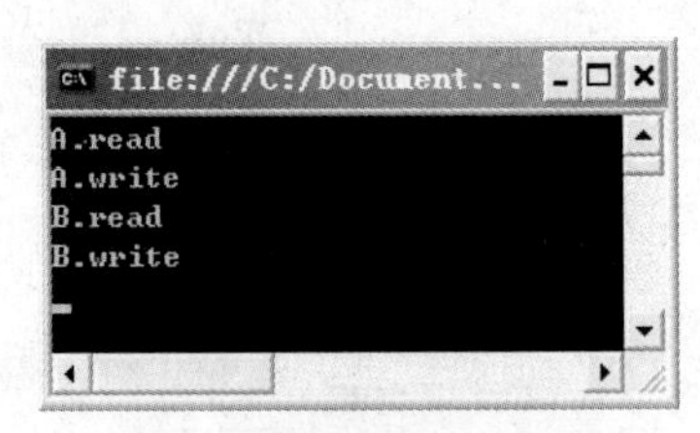

图 4.12　显示接口学习

小　　结

继承是获得现有类的功能的过程。创建新类所根据的基础类称为基类或父类，新建的类则称为派生类或子类。base 关键字用于从派生类中访问基类成员。override 关键字用于修改方法、属性或索引器。new 访问修饰符用于显式隐藏继承自基类的成员。抽象类是指至少包含一个抽象成员(尚未实现的方法)的类。抽象类不能实例化。重写方法就是修改基类中方法的实现。virtual 关键字用于修改方法的声明。显式接口实现用于在名称不明确的情况下确定成员函数实现的是哪一个接口。

课 后 题

一、选择题

1．C#中的继承是指在派生类中重写基类或者接口中的方法，使用的关键字是(　　)。

A．extends　　B．override　　C．abstract　　D．virtual

2．有下列代码，正确说明了构造函数的调用顺序的是(　　)。

```
public class  A
{
   public A()
   {
   }
}
   public class B:A
   {
      public B()
      {
      }
   }
   B b=new B();
```

A．先调用类 A 的构造函数，然后再调用 B 的构造函数

B．先调用 B 的构造函数，再调用 A 的构造函数

C．先调用 A 的有参构造函数，再调用 B 的无参构造函数

D．先调用 B 的有参构造函数，再调用 A 的无参构造函数

3．接口可以看做(　　)的变异。

A．类　　B．抽象类

C．绝对抽象类(即除了抽象函数外，再无其他成员定义)　　D．虚类

二、填空题

1．C#中的类不支持________继承，若要实现多继承，需要通过继承________实现。

2．new 关键字有几种用法，一种是对象实例化；一种是________。

3．继承一个接口，必须________。

三、简答题

1．继承是什么？多态是如何实现的？

2．C#语言中有哪几种继承方式？

四、程序设计题

请使用继承的知识，对动物园管理系统进行重写。

第 5 章

C#高级面向对象

知识结构图

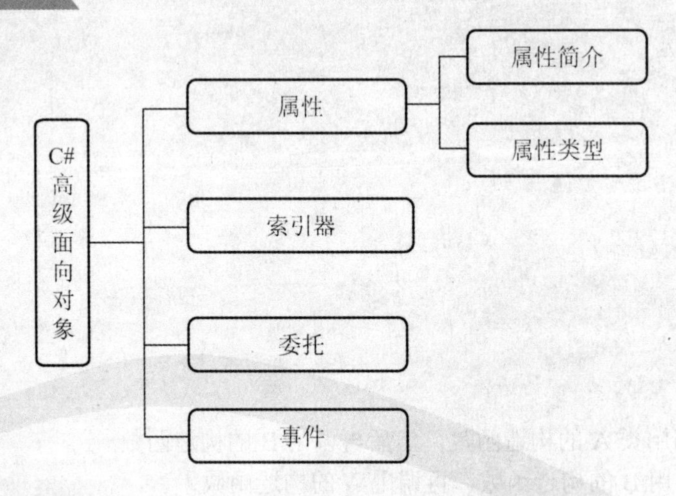

学习目标

(1) 了解属性的概念。

(2) 认识属性的类型。

(3) 掌握索引器的使用。

(4) 掌握委托的定义。

(5) 掌握定义事件。

属性、索引器、委托和事件是C#语言中高级的面向对象概念，它们能让程序设计呈现更加方便、高效和人性化的特点。

5.1 属　　性

5.1.1 属性简介

属性是类中的一个成员，通过属性可以访问和设置字段的值，由此实现对字段的保护作用以及人性化的访问方式。其语法格式如下。

```
[访问修饰符] [数据类型] [属性名]
{
    get
    {
        Return  [要返回的字段];
    }
    set
    {
       [要设置的字段]=value;
    }
}
```

在没有学习属性之前也能访问类的成员变量，见例5-1。

【例5-1】访问企业员工的姓名和编号，要求姓名必须是中文，编号必须是8位编码。分析下面4段代码。

方法1：使用私有成员变量，但只能在类内访问。

```
class A
{
    private string _name;
    private string _id;

    static void Main(string[] args)
    {
        A a=new A();
        Console.Write("输入姓名：");
        string name=Console.ReadLine();
        Console.Write("输入编号：");
        string id=Console.ReadLine();
        //验证输入长度≥2
        if (name.Length >= 2)
        {
           a._name=name;
        }
        //验证输入长度=8
        if (id.Length==8)
```

```
            {
                a._id =id;
            }
            Console.ReadLine();
        }
}
```

方法 2：使用公有成员变量，但是失去了封装性。

```
class A
{
   public string _name;
   public string _id;
}

class B
{
   static void Main(string[] args)
   {
      A a=new A();
      Console.Write("输入姓名：");
      string name=Console.ReadLine();
      Console.Write("输入编号：");
      string id=Console.ReadLine();
      //验证输入长度≥2
      if (name.Length >=2)
      {
         a._name=name;
      }
      //验证输入长度=8
      if (id.Length==8)
      {
         a._id =id;
      }
      Console.ReadLine();
   }
}
```

方法 3：只使用构造函数为该对象实例化，无法后期访问对象内部成员变量值。

```
class A
{
   private string _name;
   private string _id;

   public A()
   {
      Console.Write("输入姓名：");
```

```
        string name=Console.ReadLine();
        Console.Write("输入编号：");
        string id=Console.ReadLine();
        //验证输入长度≥2
        if (name.Length>=2)
        {
            _name=name;
        }
        //验证输入长度=8
        if (id.Length==8)
        {
            _id=id;
        }
    }
    public A(string name, string id)
    {
        //验证输入长度≥2
        if (name.Length>=2)
        {
        _name=name;
        }
        //验证输入长度=8
        if (id.Length==8)
        {
            _id=id;
        }
    }
    public void Display()
    {
        Console.WriteLine("姓名："+_name);
        Console.WriteLine("编号：" + _id);
    }
}

class B
{
    static void Main(string[] args)
    {
        A a=new A();
        a.Display();
        a=new A("张亮","20120201");//对象a指向新的引用,过去的a已被换掉
        a.Display();
        Console.ReadLine();
    }
}
```

方法 4：使用构造函数初始化对象，使用专门的函数访问成员变量。

```
class A
{
   private string _name;
   private string _id;

   public A()
   {
      Console.Write("输入姓名：");
      string name=Console.ReadLine();
      Console.Write("输入编号：");
      string id=Console.ReadLine();
      //验证输入长度≥2
      if (name.Length>=2)
      {
         _name=name;
      }
      //验证输入长度=8
      if (id.Length==8)
      {
           _id=id;
      }
   }

   public A(string name, string id)
   {
      //验证输入长度≥2
      if (name.Length>=2)
      {
         _name=name;
      }
      //验证输入长度=8
      if (id.Length==8)
      {
         _id=id;
      }
   }
   public void Display()
   {
      Console.WriteLine("姓名："+_name);
      Console.WriteLine("编号：" + _id);
   }

   public void SetName(string name)
   {
      //验证输入长度≥2
```

```
        if (name.Length>=2)
    {
            _name=name;
        }
    }

    public void SetID(string id)
    {
        //验证输入长度=8
        if (id.Length==8)
        {
            _id=id;
            }
        }

        public string GetName()
        {
            return _name;
        }

        public string GetID()
        {
            return _id;
        }
}

    class B
    {
        static void Main(string[] args)
        {
            A a=new A("张亮","20120201");//对象a指向新的引用,过去的a已被换掉
            a.Display();
            Console.Write("输入姓名: ");
            string name=Console.ReadLine();
            a.SetName(name);
            Console.Write("输入编号: ");
            string id=Console.ReadLine();
            a.SetID(id);
            Console.WriteLine("姓名: "+a.GetName());
            Console.WriteLine("编号: "+a.GetID());
            Console.ReadLine();
        }
    }
```

【例 5-2】使用属性实现例 5-1。

```
/****************************************
* Function:使用属性访问成员变量,要求姓名必须是中文,编号必须是8位数
```

```
* Date: 2012.01
* */
using System;
namespace 属性
{
    class A
    {
        private string _name;
        private string _id;

        public string Name
        {
            get
            {
                return _name;
            }
            set
            {
                // 验证输入长度≥2
                if (value.Length>=2)
                    _name=value;
            }
        }
        public string Id
        {
            get
            {
                return _id;
            }
            set
            {
                // 验证输入长度=8
                if (value.Length==8)
                    _id=value;
            }
        }
    }

    class B
    {
        static void Main(string[] args)
        {
            A a=new A();
            Console.Write("输入姓名：");
            a.Name=Console.ReadLine();
            Console.Write("输入编号：");
            a.Id=Console.ReadLine();
```

```
            Console.WriteLine("姓名: "+a.Name);
            Console.WriteLine("编号: "+a.Id);
            Console.ReadLine();
        }
    }
}
```

与例 5-1 比较发现，使用属性使代码更加简约，访问类中私有成员变量也更加人性化。属性的优越性如下。

(1) 属性与字段的比较：公有字段不能很好地保护自己的值，通过属性可以在 set 方法里面对字段进行保护，防止用户修改字段值时出现错误。

(2) 属性与方法的比较：属性提供与字段同样的使用方法，简单方便，不需提供参数。

程序输出结果如图 5.1 所示。

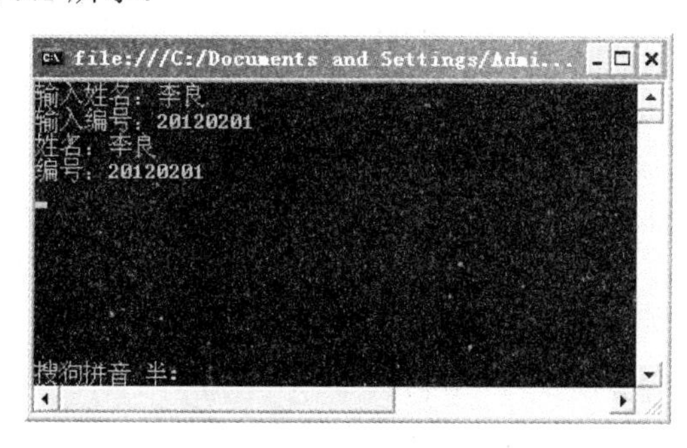

图 5.1 属性练习

5.1.2 属性类型

属性有 3 种类型：只读、只写和可读可写。

1) 只读属性

有时只可以访问字段的值，而不能修改字段的值，这时采用只读属性，如银行卡的卡号。只读属性的语法格式如下。

```
[访问修饰符] 数据类型 属性名
{
   get
   {
      Return  [要返回的字段];
   }
}
```

2) 只写属性

有时只能修改字段的值，而不能访问字段的值，这时采用只写属性，如银行卡的密码。只写属性的语法格式如下。

```
[访问修饰符] 数据类型 属性名
{
   set
```

```
    {
        [要设置的字段]=value;
    }
}
```

3) 可读可写属性

如果既要对字段进行赋值，又要访问字段的值，这时采用可读可写属性，如银行卡的存款额。可读可写属性语法格式如下。

```
[访问修饰符] 数据类型 属性名
{
    set
    {
        Return  [要返回的字段];
    }
    set
    {
        [要设置的字段]=value;
    }
}
```

另外，从存储的位置来看，属性又分为静态属性和动态属性。动态属性无需特殊声明，采用默认方式，所以之前定义的都是动态属性，但动态属性的值只在本实例对象中有效，而静态属性的值的有效期是整个项目，它应用于整个类而不是类的实例。静态属性中只能访问类的静态成员。其语法格式如下。

```
[访问修饰符]static 数据类型 属性名
{
    set
    {
        Return  [要返回的字段];
    }
    set
    {
        [要设置的字段]=value;
    }
}
```

【例 5-3】模拟定义银行类，当银行开业时，可以查看银行利率和顾客数，此处利率是唯一的。顾客可以查看个人账户余额。

```
/***************************************
* Function:定义银行类,当银行开业时,可以查看银行利率和顾客数,此处利率是唯一的,顾客可以
*查看个人账户余额
* Date: 2012.01
* */

using System;
namespace 属性1
```

```
{
    class Customer
    {
        private string zh;      //账号
        private double cMoney; //余额
        private string pWord;  //密码

        public Customer(string zhd)
        {
            zh=zhd;
            Console.Write("密码: ");
            pWord=Console.ReadLine();
            Console.Write("金额: ");
            cMoney=Convert.ToDouble(Console.ReadLine());
        }

        public string ZH
        {
            get
            {
                return zh;
            }
        }

        public double CMoney
        {
            get
            {
                return cMoney;
            }
            set
            {
                cMoney=value;
            }
        }

        public string PWord
        {
            set
            {
                pWord=value;
            }
        }
    }

    class Bank
    {
        private bool _isOpen;
        private int _number;
        private static double _balance;//利率是静态的,因为所有账户获得的利息相同
```

```
    // 构造函数初始化类成员
    public Bank(double balance)
    {
        _balance=balance;
    }

    public Bank(bool isOpen, int number, double balance)
    {
        this._isOpen=isOpen;
        this._number=number;
        _balance=balance;
    }

    public bool IsOpen
    {
        get
        {
            return _isOpen;
        }
        set
        {
            _isOpen=value;
        }
    }

    public int Number
    {
        get
        {
            return _number;
        }
        set
        {
            _number=value;
        }
    }

    public static double Balance //只读
    {
        get
        {
            return _balance;
        }
    }
}

class BankManage
{
    static void Main(string[] args)
```

```
        {
            Bank bank=new Bank(1.2);
            if (bank.IsOpen==false)
            {
                Console.WriteLine("银行未开业，请等待。银行利率是："+Bank.Balance);
            }

            string str=null;
            do
            {
                Console.WriteLine("银行已经开业,欢迎您。银行利率是："+Bank.Balance);
                bank.Number++;
                //账号的组成简单模拟银行账号生成
                Customer c=new Customer(System.DateTime.Now.Year.ToString()
               +System.DateTime.Today.Month+System.DateTime.Today.Day+ bank.
               Number.ToString());
                Console.WriteLine("查看客户信息：");
                Console.WriteLine("账户为" + c.ZH + "的余额是" + (c.CMoney + Bank.
                Balance * c.CMoney));
                Console.WriteLine("输入要修改的密码：");
                c.PWord=Console.ReadLine();
                Console.Write("停业?(Y/N):");
                str=Console.ReadLine();
                if (str.ToUpper().Equals("N"))
                    bank.IsOpen=true;
                else
                    bank.IsOpen=false;
            } while (bank.IsOpen);
            Console.ReadLine();
        }
    }
}
```

该例只是利用现有知识进行一个小的练习，真正的管理系统要进行与数据库相关的开发。程序输出结果如图 5.2 所示。

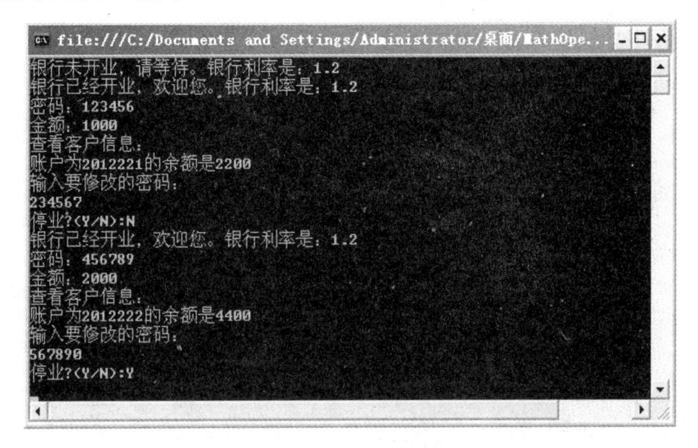

图 5.2 属性综合练习

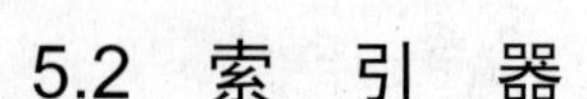

5.2 索 引 器

通过属性可以方便地访问类中的成员变量，而通过索引器则可以方便地访问类中的数组。索引器是C#的简单组件，为数组创建索引器后，可以通过从类对象指定索引来直接访问数组元素。可以用索引数组的方式索引对象，可以像访问数组一样访问类的成员。带一个参数的索引器定义语法格式如下。

```
[访问修饰符] 数据类型 this[数据类型 标识符]
{
    Get
    {
        Return 数组名[标识符];
    }
    Set
    {
        数组名[标识符]=value;
    }
}
```

【例5-4】定义银行类，包括顾客人数、是否开业、利率和顾客存款数组。要求使用索引器实现。

```
/***************************************
* Function:定义银行类
* Date: 2012.01
* */
using System;
namespace 索引器
{
    class Bank
    {
        private bool _isOpen;
        private int _number;
        private static double _balance;//利率是静态的,因为所有账户获得的利息相同
        private double[] Money=new double[20];

        public double this[int index]
        {
            get
            {
                if (index < 1||index > 20)
                {
                    Console.WriteLine("下标越界! ");
                    return 0;
                }
                else
```

```
            {
                return Money[index-1];
            }
        }

        set
        {
            if (value > 0&& index > 0 && index < 21)
            {
                Money[index-1]=value;
            }
        }
    }

    //构造函数初始化类成员
    public Bank(double balance)
    {
        _balance=balance;
    }

    public Bank(bool isOpen, int number, double balance)
    {
        this._isOpen=isOpen;
        this._number=number;
        _balance=balance;
    }

    public bool IsOpen
    {
        get
        {
            return _isOpen;
        }
        set
        {
            _isOpen=value;
        }
    }

    public int Number
    {
        get
        {
            return _number;
        }
        set
        {
```

```
                _number=value;
            }
        }

        public static double Balance // 只读
        {
            get
            {
                return _balance;
            }
        }
    }

    class Class1
    {
        static void Main(string[] args)
        {
            Bank bank=new Bank(1.2);
            bank.IsOpen=true;
            if (bank.IsOpen)
            {
                Console.WriteLine("请输入存储金额: ");
                string str=Console.ReadLine();
                while (str !="")
                {
                    bank.Number++;
                    bank[bank.Number]=Convert.ToDouble(str);//索引器的调用
                    Console.WriteLine("客户{1}利息是: {0}", Bank.Balance * bank
                    [bank.Number], bank.Number);//索引器的调用
                    Console.WriteLine("还有客户继续存吗? 有, 请输入其存储金额, 否则
                    直接按回车键结束: ");
                    str=Console.ReadLine();
                }
            }
        }
    }
}
```

程序输出结果如图 5.3 所示。

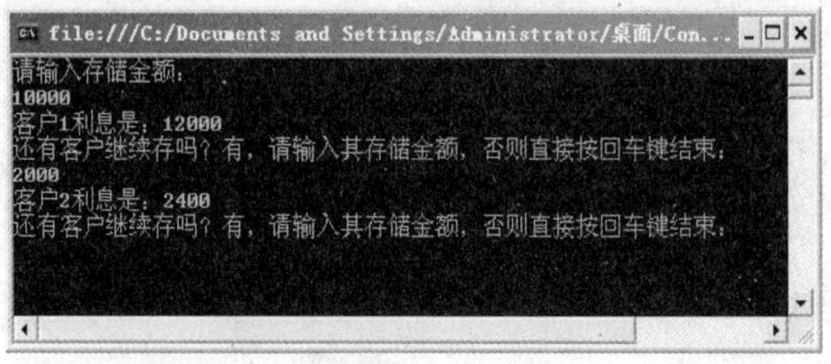

图 5.3　索引器练习

索引器可以看做特殊的属性，但是属性和索引器之间存在很多差别。

(1) 类的每一个属性都必须拥有唯一的名称，而类里定义的每一个索引器都必须拥有唯一的签名(signature)或者参数列表(这样就可以实现索引器的重载)。

(2) 属性可以是static(静态的)，而索引器则必须是实例成员。

(3) 属性的get访问器没有参数，索引器的get访问器具有与索引器相同的形式参数表。

(4) 属性的set访问器包含隐式value参数。除了value参数外，索引器的set访问器还具有与索引器相同的形式参数表。

使用索引器就像在类外直接使用数组，但是要注意以下几点。

(1) 索引器不指向内存位置，可以通过get(或者set)函数，使数组访问更容易接受，见例5-5。

【例5-5】使用索引器访问数组，下标从1～3，数组元素值在-100～+100之间。

```
/**********************************************************************
* Function：访问数组,下标从1～3,数组元素值在-100～+100之间
* Date: 2012.01
* */
using System;
class A
{
    int[] iArray=new int [3];
    public int this[int index]
    {
        get//下标有效范围为1～3
        {
            if (index < 1 || index > 3)
            {
                Console.WriteLine("数组下标越界！");
                return 0;
            }
            else
                return iArray[index-1];
        }
        set
        {
            if (index < 1 || index > 3)
            {
                Console.WriteLine("数组下标越界！");
            }
            else
            {
                if (value <= -100 || value >= 100)
                {
                    Console.WriteLine("数组值越界！");
                }
            else
```

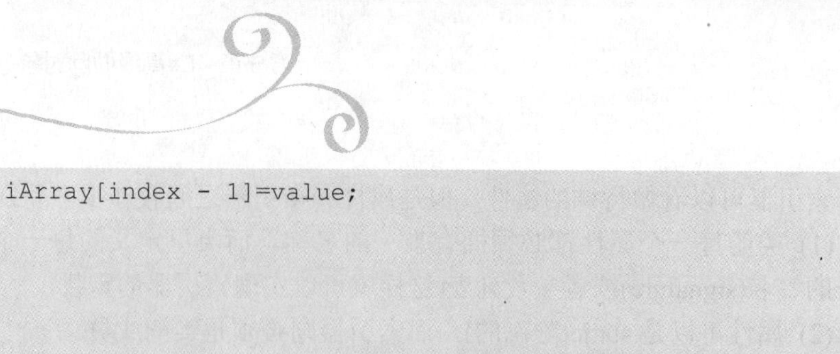

```
                iArray[index - 1]=value;
            }
        }
    }
}
class B
{
    public static void Main()
    {
        A a=new A();
        a[0]=1;
        a[1]=1000;
        for(int i=1; i < 4; i++)
        {
            a[i]=i;
        }
        for(int i=1;i<4;i++)
        {
            Console.WriteLine("第{0}个元素值：{1}",i,a[i]);
        }
        Console.ReadLine();
    }
}
```

程序输出结果如图 5.4 所示。

```
file:///C:/Documents and Sett...
数组下标越界!
数组值越界!
第1个元素值：1
第2个元素值：2
第3个元素值：3
```

图 5.4　索引器取值范围练习

(2) 索引器可以有非整数的下标(索引)，即可以定义其他类型的索引器参数，见例 5-6。

【例 5-6】使用“名字[北京]=010”形式访问地区电话号数组。

```
/******************************
* Function:索引器的其他类型下标
* Date: 2012.01
* */
using System;
class A
{
    string[] areaCode=new string[3];
    public string this[string name]
```

```
    {
        get
        {
            switch (name)
            {
                case "BeiJing": return areaCode[0]; break;
                case "ShangHai": return areaCode[1]; break;
                case "JiLin": return areaCode[2]; break;
                default: return null;
            }
        }
        set
        {
            switch (name)
            {
                case "BeiJing": areaCode[0]=value; break;
                case "ShangHai": areaCode[1]=value; break;
                case "JiLin": areaCode[2]=value; break;
                default: break;
            }
        }
    }
}

class B
{
    public static void Main()
    {
        string[] Name={ "BeiJing", "ShangHai", "JiLin" };
        string[] code={ "010","021","0432"};

        A a=new A();
        for (int i=0; i < 3; i++)
        {
            a[Name[i]]=code[i];
        }
        for (int i=0; i < 3; i++)
        {
            Console.WriteLine("{0}的地区编码是：{1}", Name[i], a[Name[i]]);
        }

        Console.ReadLine();
    }
}
```

程序输出结果如图 5.5 所示。

图 5.5　其他类型索引器参数

(3) 索引器可以定义多个参数，多维数组可以直接使用多个参数的索引器访问。

【例 5-7】使用“名字[北京,1]=010”形式访问电话地区号数组。

```
/**************************
* Function:索引器有多个参数
* Date: 2012.01
* */
using System;
class A
{
    string[] areaCode=new string[3];

    public string this[string name, int index]
    {
        get
        {
            if (name.Equals("BeiJing")||name.Equals("ShangHai")|| name.
               Equals("JiLin"))return areaCode[index];
            else
               return null;
        }
        set
        {
            if (name.Equals("BeiJing")||name.Equals("ShangHai")|| name.
            Equals("JiLin"))
            areaCode[index]=value;
        }
    }
}
class B
{
    public static void Main()
    {
        string[] Name ={ "BeiJing", "ShangHai", "JiLin" };
        string[] code ={ "010","021","0432"};

        A a=new A();
        for (int i=0; i < 3; i++)
        {
```

```
            a[Name[i], i]=code[i];
        }

        for (int i=0; i < 3; i++)
        {
            Console.WriteLine("{0}的地区编码是: {1}", Name[i], a[Name[i], i]);
        }

        Console.ReadLine();
    }
}
```

程序输出结果如图 5.6 所示。

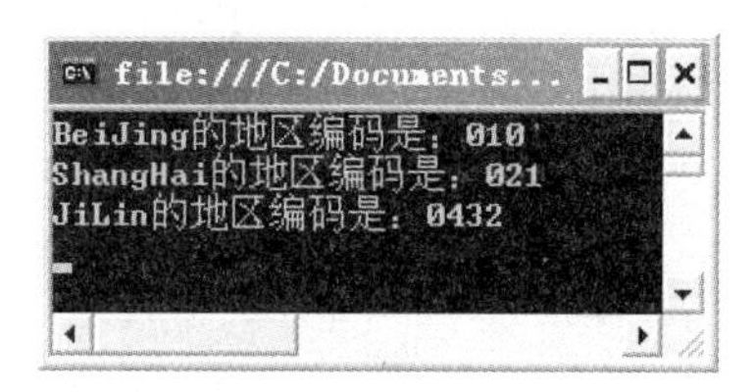

图 5.6 多个参数的索引器练习

【例 5-8】利用索引器访问多维数组，分析下列代码。

```
/***************************
* Function: 索引器访问多维数组
* Date: 2012.01
*/
using System;
class A
{
    int[,] iMuti=new int[3, 3];
    public int this[int i, int j]
    {
        get
        {
            return iMuti[i, j];
        }
        set
        {
            iMuti[i, j]=value;
        }
    }
}
class B
{
    public static void Main()
    {
        A a=new A();
        for(int i=0; i<3; i++)
```

```
        {
            for(int j=0; j<3; j++)
                a[i, j]=i*3 + j + 1;
        }
        for(int i=0; i<3; i++)
        {
            for(int j=0; j<3; j++)
            {
                if(j + 1==3)
                    Console.WriteLine(a[i, j]);
                else
                {
                    Console.Write(a[i, j]);
                    Console.Write(' ');
                }
            }
        }
        Console.ReadLine();
    }
}
```

程序输出结果如图 5.7 所示。

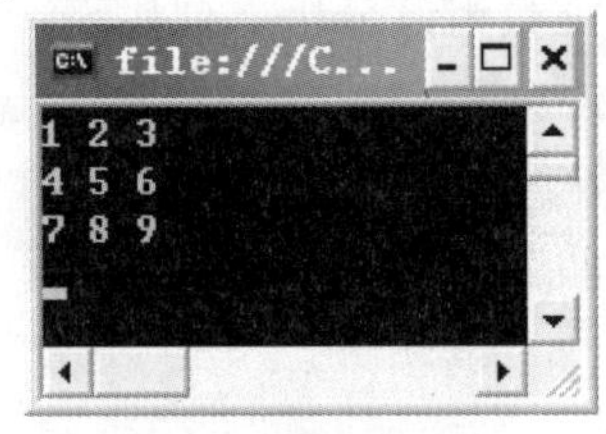

图 5.7　与多维数组绑定练习

(4) 通过索引器参数的个数和类型，可以重载索引器，见例 5-9。

【例 5-9】利用索引器重载分析如下代码。

```
/********************
* Function: 索引器重载
* Date: 2012.01
*/
using System;
class A
{
    int[] iArray=new int[3];
    public int this[int index]
    {
        get//下标有效范围为1～3
        {
            if (index < 1 || index > 3)
            {
                Console.WriteLine("数组下标越界！");
                return 0;
```

```
            }
            else
            {
                return iArray[index - 1];
            }
        }
        set
        {
            if (index < 1 || index > 3)
            {
                Console.WriteLine("数组下标越界！");
            }
            else
            {
                if (value <= -100 || value >= 100)
                {
                    Console.WriteLine("数组值越界！");
                }
                else
                    iArray[index - 1]=value;
                }
            }
        }

        int [,] iMuti=new int [3,3];
        public int this[int i, int j]
        {
        get
        {
            return iMuti[i, j];
        }
        set
        {
            iMuti[i, j]=value;
        }
    }

    string [] iAddress=new string [3];
    public string this[string name]
    {
        get
        {
            switch (name)
            {
                case "BeiJing" : return iAddress[0]; break;
                case "ShangHai": return iAddress[1]; break;
                case "JiLin":    return iAddress[2]; break;
                default: return null;
            }
```

```
        }
        set
        {
            switch (value)
            {
                case "BeiJing" : iAddress[0]=value; break;
                case "ShangHai": iAddress[1]=value; break;
                case "JiLin":   iAddress[2]=value ; break;
                default: break;
            }
        }
    }

        public string this[string name, int index]
        {
            get
            {
                if(name.Equals("BeiJing")||name.Equals("ShangHai") || name.
                Equals("JiLin"))
                    return iAddress[index];
                else
                    return null;
            }
            set
            {
                if(value.Equals("BeiJing")||value.Equals("ShangHai") || value.
                Equals("JiLin"))
                    iAddress[index]=value;
            }
        }
}

class B
{
    public static void Main()
    {
        Console.WriteLine("索引器有一个整型参数：");
        A a=new A();
        a[0]=1;
        a[1]=1000;
        for (int i=1; i < 4; i++)
        {
            a[i]=i;
        }
        for (int i=1; i < 4; i++)
        {
            Console.WriteLine("第{0}个元素值：{1}", i, a[i]);
```

```
        }
        Console.WriteLine();

        Console.WriteLine("索引器有一个字符串参数：");
        string[] Name ={ "BeiJing", "ShangHai", "JiLin" };
        for (int i=0; i < 3; i++)
        {
            a[Name[i]]=Name[i];
        }
          for (int i=0; i < 3; i++)
        {
            Console.WriteLine("第{0}个地址是：{1}", i + 1, a[Name[i]]);
        }
        Console.WriteLine();

        Console.WriteLine("索引器有多个不同类型的参数：");
        for (int i=0; i < 3; i++)
        {
            a[Name[i], i]=Name[i];
        }
        for (int i=0; i < 3; i++)
        {
            Console.WriteLine("第{0}个地址是：{1}", i + 1, a[Name[i], i]);
        }
        Console.WriteLine();

        Console.WriteLine("多维数组的索引器：");
        for (int i=0; i < 3; i++)
        {
            for (int j=0; j < 3; j++)
                a[i, j]=i*3+j+1;
        }
        for (int i=0; i < 3; i++)
        {
            for (int j=0; j < 3; j++)
            {
                if (j + 1 == 3)
                    Console.WriteLine(a[i, j]);
                else
                {
                    Console.Write(a[i, j]);
                    Console.Write(' ');
                }
            }
        }
        Console.ReadLine();
    }
}
```

程序输出结果如图 5.8 所示。

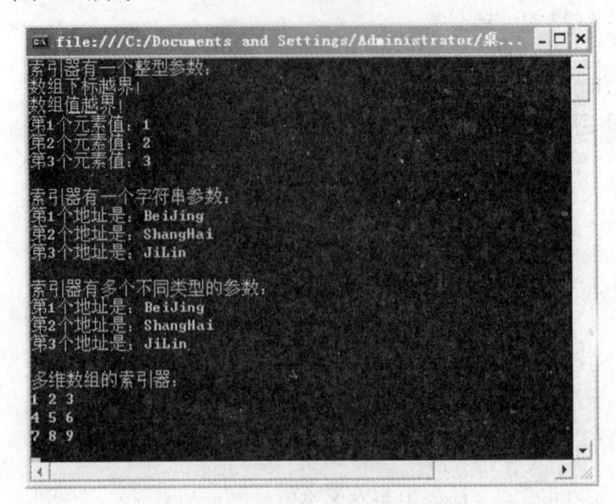

图 5.8　索引器重载练习

例 5-9 是索引器指向不同的数组，索引器也可以指向相同的数组，见例 5-10。

【例 5-10】 为方便灵活地访问地区电话编码，允许直接使用整型下标访问数组、使用地址名称字符串访问数组以及整型下标和地址名称一起访问数组(模拟 Hash table)。

```
/*****************************************
* Function:多个索引器指向同一个数组
* Date: 2012.01
* */
using System;
class A
{
    string[] areaCode=new string[3];

    public string this[int index]
    {
        get
        {
            if (index < 1 || index > 3)
            {
                Console.WriteLine("下标越界！");
                return null;
            }
            else
            {
                return areaCode[index-1];
            }
        }
        set
        {
            if (index < 1 || index > 3)
```

```
            {
                Console.WriteLine("下标越界！");
            }
            else
                areaCode[index - 1]=value;
        }
    }

    public string this[string name]
    {
        get
        {
            switch (name)
            {
                case "BeiJing": return areaCode[0]; break;
                case "ShangHai": return areaCode[1]; break;
                case "JiLin": return areaCode[2]; break;
                default: Console.WriteLine("索引不在有效范围内！"); return null;
            }
        }
          set
        {
            switch (name)
            {
                case "BeiJing": areaCode[0]=value; break;
                case "ShangHai": areaCode[1]=value; break;
                case "JiLin": areaCode[2]=value; break;
                default: break;
            }
        }
    }

    public string this[string name, int index]
    {
        get
        {
            if ((name.Equals("BeiJing")||name.Equals("ShangHai")||name.
            Equals("JiLin")) && (index>0 && index<4))
            return areaCode[index-1];
            else
            {
                Console.WriteLine("索引不在有效范围内！");
                return null;
            }
        }
        set
        {
```

```
            if ((name.Equals("BeiJing")||name.Equals("ShangHai")|| name.
               Equals("JiLin")) && (index>0 && index<4))
               areaCode[index]=value;
            else
            {
               Console.WriteLine("索引不在有效范围内！");
            }
        }
    }
}

class B
{
    public static void Main()
    {
       string[] Name ={ "BeiJing", "ShangHai", "JiLin" };
       string[] code ={ "010", "021", "0432" };

       Console.WriteLine("为数组赋值。");
        A a=new A();
        for (int i=1; i < 4; i++)
        {
           a[i]=code[i-1];
        }
        Console.WriteLine();

        Console.WriteLine("显示数组：");
        for (int i=1; i < 4; i++)
        {
            Console.WriteLine("{0}的地区编码是：{1}", Name[i-1], a[Name[i-1], i]);

        }
        Console.WriteLine();

        Console.WriteLine("查找元素：");
        Console.Write("请输入城市名称：");
        Console.WriteLine(a[Console.ReadLine()]);
        Console.WriteLine();

        Console.WriteLine("删除元素，为保险起见，请同时输入城市名称和序号：");
        Console.Write("城市名称：");
        string str1=Console.ReadLine();
        Console.Write("序号：");
        string str2=Console.ReadLine();
        if (a[str1, int.Parse (str2)]==null)
        {
           Console.WriteLine("没有找到该元素！");
```

```
            }
            else
            {
                a[str1, int.Parse(str2)]=null;
                Console.WriteLine("删除成功！");
            }

            Console.ReadLine();
        }
    }
```

程序输出结果如图 5.9 所示。

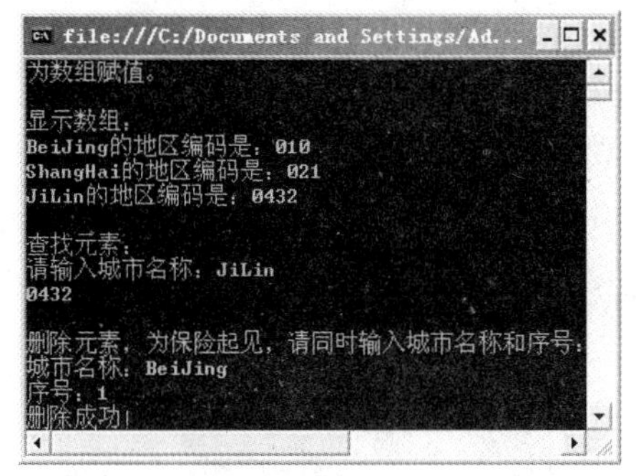

(a) 成功索引

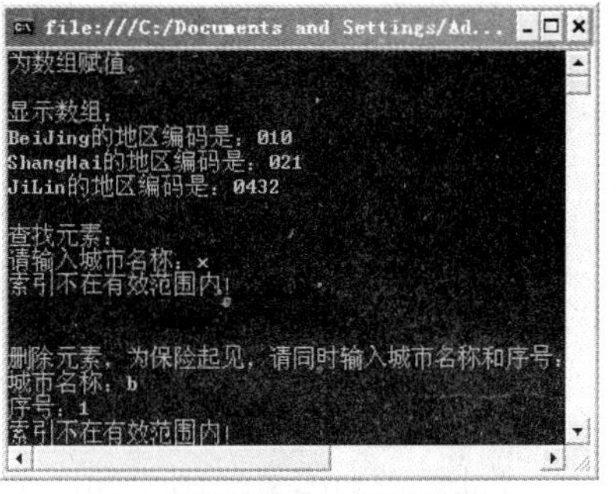

(b) 索引值不在有效范围

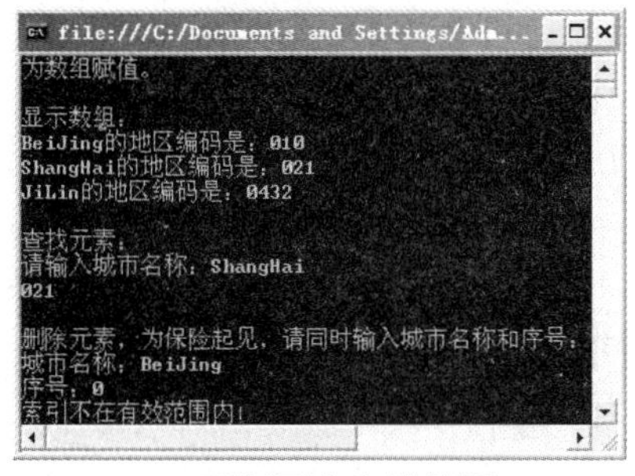

(c) 下标不在有效范围

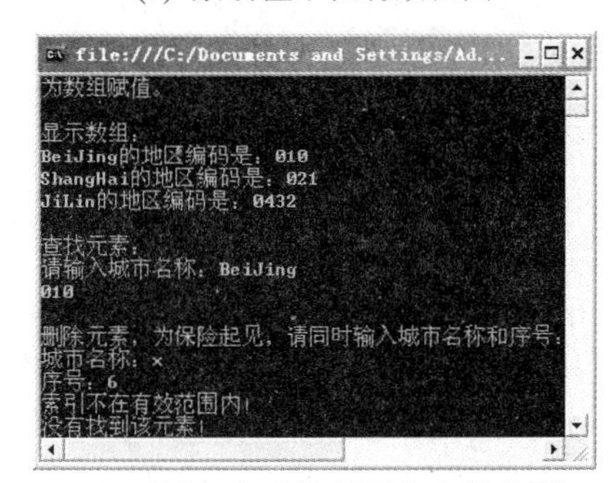

(d) 下标和索引值都不在有效范围

图 5.9 多个索引器指向同一个数组练习

5.3 委　托

有时，同一个类中有这样一些函数，它们除了函数名称和函数体的定义不同以外，其他完全相同。这时可以借助委托来决定在运行时确定调用哪种方法。委托可以看做特殊的类，其操作步骤为定义委托、实例化委托、使用委托。定义委托的语法格式如下。

```
[访问修饰符] delegate 返回类型 委托名();
```

实例化委托的语法格式如下。

```
委托名 委托对象=new 委托(方法名称);
```

使用委托的语法格式如下。

```
委托对象名(方法参数列表);
```

【例 5-11】使用委托调用加、减、乘、除 4 个函数(两个整数操作数)。

```
/********************
* Function:委托练习
* Date: 2012.01
* */
using System;
namespace 委托
{
   public delegate int Call(int num1, int num2);//定义委托

   class Math
   {
      public int Multiply(int num1, int num2)
      {
         return num1 * num2;
      }

      public int Divide(int num1, int num2)
      {
         try
         {
            return num1 / num2;
         }
         catch (Exception ex)
         {
            Console.WriteLine(ex.Message);
            return 0;
         }
      }
   }

   class TestDelegates
   {
      static void Main()
      {
         Math objMath=new Math();
         Call  objCall=new Call(objMath.Multiply);//用乘法函数实例化委托
         double result=objCall(3, 5);              //使用委托
         Console.WriteLine("乘法:{0}", result);
         objCall=new Call(objMath.Divide);         //用除法函数实例化委托
         result=objCall(4, 5);                     //使用委托
         Console.WriteLine("除法:{0}", result);
         Console.ReadLine();
```

```
        }
    }
}
```

程序输出结果如图 5.10 所示。

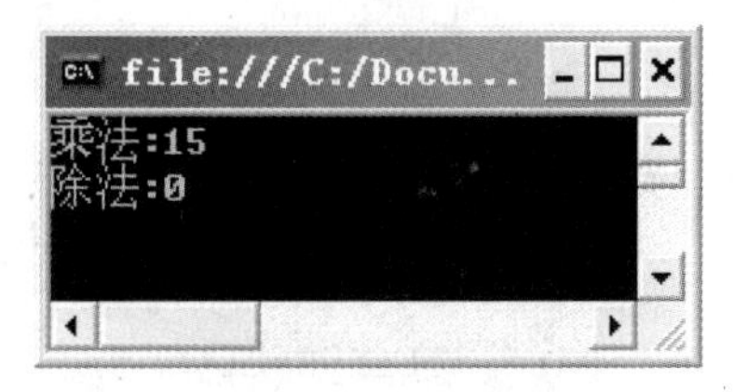

图 5.10 委托练习

5.4 事　　件

事件触发机制是指程序在运行过程中方法的调用是由当时触发的事件决定的。下面以现实生活中学校上课和下课的铃声为例。

一般情况下，学校上课和下课是由其铃声决定的。当拉铃人(事件的发布者，也是事件源)打铃后(把事件通知给订阅者)，一个事件即被启动，正在上课的老师和学生(事件订阅者)在教学过程中，听到下课铃声，则下课休息(事件绑定的方法)，而正在自习的同学(没有订阅事件者)和没有上课任务的老师则不必在意此铃声，继续自己的事情。因此，事件系统为定义事件、为对象订阅该事件、将发生的事件通知给订阅人。定义事件的语法格式如下。

```
[访问修饰符] event 委托名 事件名;
```

定义事件系统语如下。

```
public delegate void delegateMe();//定义委托
private event delegateMe eventMe; //定义事件
```

订阅事件语法如下。

```
eventMe += new  delegateMe(objA.Method);
eventMe += new  delegateMe(objB.Method);
```

通知订阅对象语法如下。

```
if(condition)
{
   eventMe();//调用订阅特定事件的对象的所有委托
}
```

【例 5-12】模拟知识竞赛抢答现场，当主持人宣布开始抢答后，参赛者按铃答题，先按铃者有资格答题。

```
/*********************
* Function:事件练习
* Date: 2012.01
```

```
* */
using System;
namespace 事件
{
    class MessageCount
    {
        //定义委托
        public delegate void MeDelegate();

        //定义事件
        public event MeDelegate NotifyEveryOne;

        //通知订阅对象
        public void Notify()
        {
            //如果事件不为null
            if (NotifyEveryOne != null)
            {
                Console.WriteLine("调用委托：");
                //调用委托
                NotifyEveryOne();
            }
        }
    }

    class TestEvents
    {
        //抢答者1
        class ClassA
        {
            public void DispMethod()
            {
                Console.WriteLine("Class A 答题！");
            }

            public int Ring()
            {
                Console.WriteLine("A几秒后按铃：");
                return Convert.ToInt32(Console.ReadLine());
            }
        }

        //抢答者2
        class ClassB
        {
            public void DispMethod()
            {
```

```
            Console.WriteLine("Class B 答题!  ");
        }

        public int Ring()
        {
            Console.WriteLine("B几秒后按铃: ");
            return Convert.ToInt32(Console.ReadLine());
        }
    }

    static void Main(string[] args)
    {
        //委托的对象
        MessageCount Count=new MessageCount();
        //ClassA的对象
        ClassA objClassA=new ClassA();
        //ClassB的对象
        ClassB objClassB=new ClassB();

        Console.WriteLine("主持人宣布: 开始抢答!");//发布事件

        Console.WriteLine("触发事件, 谁先按铃, A or B ? ");
        if (objClassA.Ring() < objClassB.Ring())
        {
            Count.NotifyEveryOne += new MessageCount.MeDelegate(objClassA.
            DispMethod);
        }
        else
        {
            Count.NotifyEveryOne += new MessageCount.MeDelegate(objClassB.
            DispMethod);
        }
        Count.Notify();

        Console.ReadLine();
    }
  }
}
```

程序输出结果如图 5.11 所示。

图 5.11　事件练习

小　结

属性通过使用访问器读取和写入类中的字段，对字段进行保护。属性分为以下不同的类型：只读属性、只写属性和可读可写属性。可以在类中定义索引器，允许使用下标对该类的对象中的数据进行访问。索引器必须总是命名为 this，因为对它们的访问是通过其所属的对象进行的。委托包含对方法而不是方法名称的引用。

C#中的事件允许一个对象将发生的事件或修改通知其他对象。

课　后　题

一、选择题

1．属性分为(　　)。

A．只读属性和读写属性　　B．只读属性、只写属性和可读可写属性。

C．读属性　　D．写属性

2．索引器的参数可以有(　　)个。

A．只能有一个　　B．可以有多个

C．必须与所绑定数组的维数一致　　D．以上全不对

3．事件的定义包含了事件源、事件订阅者和(　　)。

A．委托的定义　　B．事件绑定的方法

C．事件的定义　　D．委托指定的方法

二、填空题

1．属性的读是通过定义________实现的，写是通过定义________实现的。

2．属性是为了方便在类外访问类中的普通成员，索引器是为了方便访问类的________。

3．委托是返回类型和参数个数与类型相同的一类函数的________。

三、简答题

1．简述属性的类型。

2．简述索引器的类型。

3．简述事件的原理。

四、程序设计题

1．开发一个企业员工管理系统，使用属性等知识和控制台应用程序模板。

2．使用属性和索引器知识开发一个小型银行管理系统，利率是公共属性，要求记录银行当天开业后的顾客信息。

数组和集合对象★

知识结构图

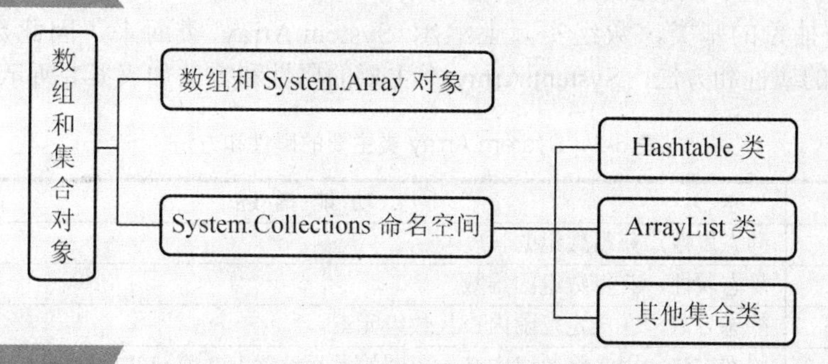

学习目标

(1) 了解 System.Array 类的属性和方法。
(2) 掌握 System.Collections 命名空间。
(3) 掌握 ArrayList 类的主要内容。

C#类库定义了许多功能类，如 Array 抽象数组操作类、ArrayList 动态数组操作类、Hathtable 类、Stack 堆栈类和 Queue 队列类等。使用这些类可以使程序开发达到事半功倍的效果。

6.1 数组和 System.Array 对象

在数组的术语中，元素表示数组中存储的值，数组长度指数组中存储的值的总数，数组秩指数组的总维数。

许多属性都可以通过定义好的数组直接得到，如数组长度。但是要想轻松地实现数组的存储、检索、排序和反转操作，需要借助 System.Array 类。

Array 是抽象的基类，数组实际上继承 System.Array 类而来，因此数组可以使用 System.Array 的属性和方法。System.Array 类主要的属性和方法如表 6-1 所示。

表 6-1 System.Array 类主要的属性和方法

名　称	功能描述
Length	静态属性，获得数组的长度
Rank	静态属性，获得数组的维数
BinarySearch	静态方法，在一定范围内查找数组元素
Clear	静态方法，用来将数组中某一范围的元素设置为 0 或 null
Copy	静态方法，复制数组
CreateInstance	静态方法，创建数组，如 Array obj=Array.CreateInstance(typeof(string),10);
Clone	静态方法，复制数组的内容到一个新数组实体
Find	静态方法，在数组中查找某一元素
IndexOf	静态方法，返回数组值中符合指定的参数值，且为第一次出现的值
Reverse	静态方法，反转一维数组
Sort	静态方法，用来排序数组中的元素
GetLength	动态方法，用来返回 System.Array 指定维数的长度
GetLowerBound	动态方法，获取 System.Array 中指定维度下限
GetUpperBound	动态方法，获取 System.Array 中指定维度上限
GetValue	动态方法
LastIndexOf	动态方法
SetValue	动态方法

【例 6-1】普通数组使用 Array 抽象类中的函数。

```
/***********************************************
* Function:普通数组使用继承Array类中的函数练习
* Date: 2012.01
* */
using System;
namespace _1数组
{
    class Class1
    {
```

```
        static void Main(string[] args)
        {
            int[] A=new int[5];
            int[] B=new int[5];
            for (int i=0; i < A.Length; i++)          //不同的数组赋值方式
            {
                A[i]=i;
                B.SetValue(i * 2, i);
            }
            for (int i=0; i < B.GetLength(0); i++)//不同的数组访问方式
            {
                Console.Write("数组A第{0}个元素: {1} ",i+1,A.GetValue(i));
                Console.Write( "数组B第{0}个元素: {1} ",i+1,B[i]);
                Console.WriteLine();
            }
            Console.ReadLine();
        }
    }
}
```

程序输出结果如图 6.1 所示。

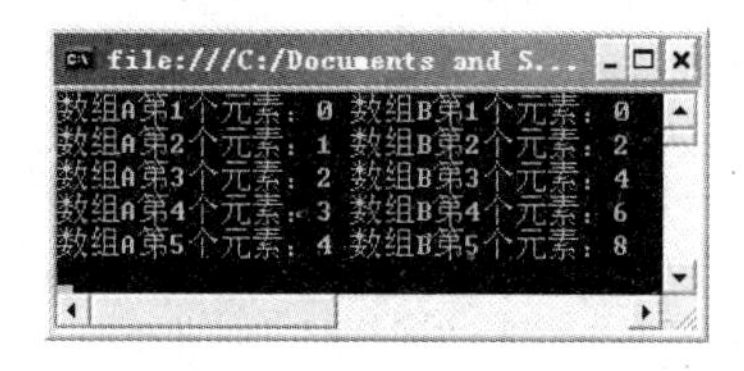

图 6.1 普通数组使用继承 Array 类中的函数练习

【例 6-2】使数组有值的方法有很多，分析如下代码。

```
/*******************************
* Function:数组赋值集中练习
* Date: 2012.01
* */

using System;
namespace array
{
    class Class1
    {
        static void Main(string[] args)
        {
            #region Array.CreateInstance()

            Console.WriteLine("使用Array.CreateInstance()定义A: ");
            Array A=Array.CreateInstance(1.GetType(),5);
            //或者 Array A=Array.CreateInstance(typeof(int),5);
            Console.WriteLine("请输入数组元素: 共五个");
```

```
for(int i=0;i<5;i++)
{
      A.SetValue(Convert.ToInt32(Console.ReadLine()),i);
}
for(int i=0;i<5;i++)
{
      Console.WriteLine("A中元素{0}: {1}",i+1,A.GetValue(i));
}
Console.WriteLine();
#endregion

#region 使用copy类命令
Console.WriteLine("使用copy命令为Array对象B赋值: ");
Array B=Array.CreateInstance(typeof(int),5);
Array.Copy(A,0,B,0,5);
for(int i=0;i<5;i++)
{
      Console.WriteLine("B中元素{0}: {1}",i+1,B.GetValue(i));
      //或者用Console.WriteLine(B[i]);
}
Console.WriteLine();

Console.WriteLine("使用clone名为Array 对象C赋值: ");
Array C =(Array)A.Clone();
for(int i=0;i<5;i++)
{
      Console.WriteLine("C中元素{0}: {1}",i+1,C.GetValue(i));
}
Console.WriteLine();

Console.WriteLine("使用copyTo为Array D对象赋值: ");
Array D=Array.CreateInstance(typeof(int),5);
A.CopyTo(D,0);
for(int i=0;i<5;i++)
{
      Console.WriteLine("D中元素{0}: {1}",i+1,D.GetValue(i));
}
Console.WriteLine();

Console.WriteLine("普通数组与Array类对象: ");
Console.WriteLine("对象A的值CopyTo到普通数组E:");
int [] E=new int[5];
A.CopyTo(E,0);
for(int i=0;i<5;i++)
{
      Console.WriteLine("E中元素{0}: {1}",i+1,E.GetValue(i));
}
Console.WriteLine();
```

```
                Console.WriteLine("对象A的值Clone到E:");
                E=(int[])A.Clone();
                for(int i=0;i<5;i++)
                {
                    Console.WriteLine("E中元素{0}: {1}",i+1,E[i]);
                }
                Console.WriteLine ();
                #endregion

                #region 用普通数组赋值
                Console.WriteLine("普通数组F直接赋值给Array对象G: ");
                int [] F={2,3,4,5,6,7};
                Array G=F;
                for(int i=0;i<5;i++)
                {
                    Console.WriteLine("G中元素{0}的值: {1}",i+1,G.GetValue(i));
                    //Console.WriteLine(G[i]);
                    Console.WriteLine("普通数组元素{0}的值: {1}",i+1,F[i]);
                }
                #endregion

                Console.ReadLine();
            }
        }
    }
```

注意

#region 与#endregion 之间的代码可以收起，收起时左侧显示为“+”号。单击“+”按钮后，收起的代码会展开，“+” 变为 “-”。

代码收起效果如图 6.2 所示，程序输出结果如图 6.3 所示。

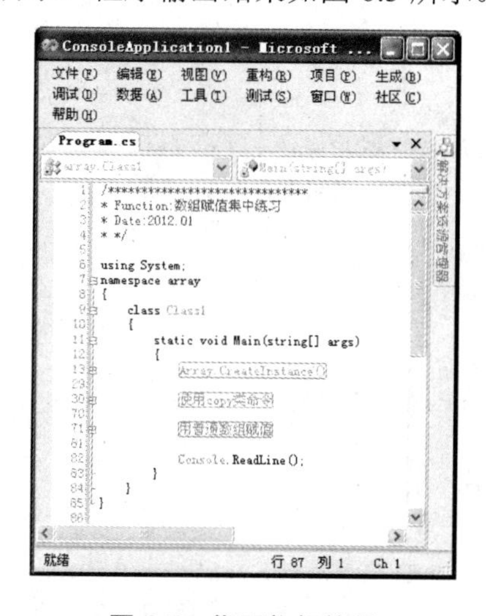

图 6.2　代码收起效果

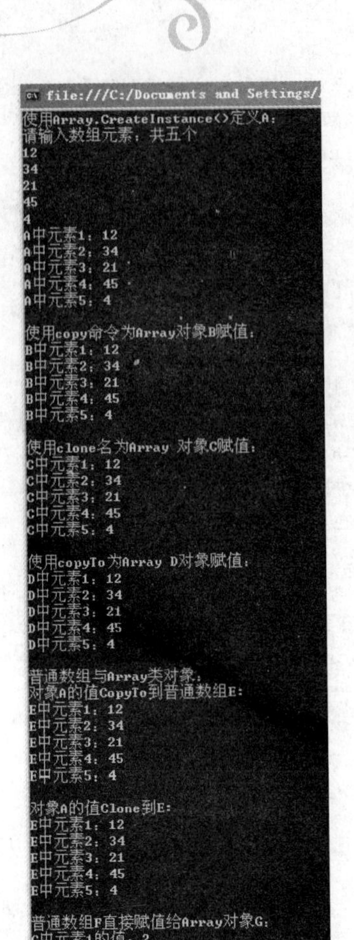

图 6.3　数组赋值集中练习

【例 6-3】 创建偶数序列：0 2 4 6 8，对其输出，给出查找值的下标，若不存在，则给出比它大一些的元素下标。

```
/****************************************
* Function:在偶数列数组中实现显示和查找
* Array数组迭代器的应用
* Date: 2012.01
* */
using System;
public class SamplesArray
{
    public static void Main()
    {
        Console.WriteLine("创建偶数序列: 0 2 4 6 8");
        Array myIntArray=Array.CreateInstance(typeof(Int32), 5);
```

```
    for (int i=myIntArray.GetLowerBound(0); i <= myIntArray.
    GetUpperBound(0); i++)
        myIntArray.SetValue(i * 2, i);

    Console.WriteLine("显示该偶数序列：");
    PrintValues(myIntArray);
    Console.WriteLine();

    Console.WriteLine("在序列中查找3，找不到，显示比3大的最小的序列值下标：");
    Object myObjectOdd=3;
    FindMyObject(myIntArray, myObjectOdd);

    Console.WriteLine("在序列中查找6，找不到，显示比6大的最小的序列值下标：");
    Object myObjectEven=6;
    FindMyObject(myIntArray, myObjectEven);
    Console.ReadLine();
}

public static void FindMyObject(Array myArr, Object myObject)
{
    int myIndex=Array.BinarySearch(myArr, myObject);
    if (myIndex < 0)
        Console.WriteLine("The object to search for ({0}) is not found.
        The next larger object is at index {1}.", myObject, ~myIndex);
    else
        Console.WriteLine("The object to search for ({0}) is at index {1}.",
        myObject, myIndex);
}


public static void PrintValues(Array myArr)
{
    System.Collections.IEnumerator myEnumerator=myArr.GetEnumerator();
    //用Array对象的GetEnumerator()为迭代器对象赋值
    int i=0;
    int cols=myArr.GetLength(myArr.Rank - 1);
    while (myEnumerator.MoveNext())//迭代器的MoveNext()函数向下移动一个值
    {
        if (i < cols)
        {
            i++;
        }
        else
        {
            Console.WriteLine();
            i=1;
        }
```

```
            Console.Write("\t{0}", myEnumerator.Current);//获取迭代器中当前值
        }
    }
}
```

注意

Array 数组的 BinarySearch()查找函数，要求数组参数对象中的元素值是有序排列的。所谓迭代器，即存储序列的对象，一般情况下存储有序序列，结合自身的查找函数使用。

程序输出结果如图 6.4 所示。

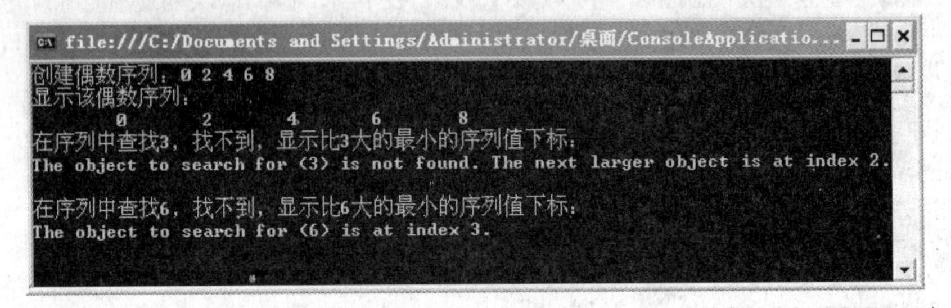

图 6.4 Array 数组的迭代器练习

【例 6-4】使用 Array 现有方法实现一个字符串数组的反序和一个整型数组的排序。

```
/****************************************
* Function:Array数组的排序和反序函数练习
* Date: 2012.01
* */
using System;
namespace Array方法
{
    class Class1
    {
        static void Main(string[] args)
        {
            #region  反序等
            //构建objNames数组
            Array objNames=Array.CreateInstance(typeof(string), 5);
            //初始化值
            objNames.SetValue("A", 0);
            objNames.SetValue("B", 1);
            objNames.SetValue("C", 2);
            objNames.SetValue("D", 3);
            objNames.SetValue("E", 4);

            Console.WriteLine("数组值");
```

```
            for (int ctr=0; ctr < 5; ctr++)
            {
                Console.Write("{0}\t", objNames.GetValue(ctr));
            }

            Console.WriteLine("\n数组中元素的总数是{0}", objNames.Length.
            ToString());
            Console.WriteLine("\n数组秩是 {0}", objNames.Rank.ToString());

            //反转数组并输出
            Array.Reverse(objNames);
            Console.WriteLine("\n反转数组后");
            for (int ctr=0; ctr < 5; ctr++)
            {
                Console.Write("{0}\t",objNames.GetValue(ctr));
            }
            Console.WriteLine();
            #endregion

            #region 排序等
            int[] B=new int[5];
            Console.WriteLine("请输入整数元素:");
            for (int i=0; i < 5; i++)
            {
                B[i]=Convert.ToInt32(Console.ReadLine());
            }
            Console.WriteLine("原序输出: ");
            for (int i=0; i < 5; i++)
            {
                Console.Write("{0}\t",B[i]);
            }
            Console.WriteLine();
            Console.WriteLine("排序: ");
            Array.Sort(B);
            Console.WriteLine("排序后: ");
            for (int i=0; i < 5; i++)
            {
                Console.Write("{0}\t",B[i]);
            }
            Console.ReadLine();
            #endregion
        }
    }
}
```

程序输出结果如图 6.5 所示。

图 6.5 Array 排序和反序函数练习

6.2 System.Collections 命名空间

System.Collections 命名空间主要定义了集合操作，具体如表 6-2 所示。类的主要功能如表 6-3 所示。

表 6-2 System.Collections 命名空间的主要内容

类(classes)	接口(interfaces)	结构体(structures)
Hashtable ArrayList Stack Queue SortedList	ICollection IEnumerator IList	DictionaryEntry

表 6-3 System.Collections 中的类及其功能

类	功 能
ArrayList	使用大小可按需动态增加的数组实现 IList 接口
Hashtable	表示键/值对的集合，这些键/值对根据键的哈希代码进行组织
Queue	表示对象的先进先出集合
SortedList	表示键/值对的集合，这些键和值按键排序并可按照键和索引访问
Stack	表示对象简单的后进先出集合

6.2.1 Hashtable 类

Hashtable 类的主要成员如表 6-4 所示。

表 6-4 Hashtable 类的主要成员

属 性	方 法
Count	Add
Keys 键	Remove
Values 值	GetEnumerator

【例 6-5】分析如下代码。

```
/*********************************************
* Function: Hashtable学习
* Date: 2012.01
* */
using System;
using System.Collections;
namespace MSPress.CSharpCoreRef.ElementHashtable
{
    class HashtableApp
    {
        struct Element
        {
            public Element(string itsName, string itsSymbol)
            {
                Name=itsName;
                Symbol=itsSymbol;
            }
            public string Name;
            public string Symbol;
        }

        static void Main(string[] args)
        {
            Hashtable elements=new Hashtable(118, 1.0f);
            Element sodium=new Element("Sodium", "Na");
            Element lead=new Element("Lead", "Pb");
            Element gold=new Element("Gold", "Au");
            elements.Add(sodium.Symbol, sodium);
            elements.Add(lead.Symbol, lead);
            elements.Add(gold.Symbol, gold);

            Element anElement=(Element)elements["Na"];
            Console.WriteLine(anElement.Name);
            foreach (DictionaryEntry entry in elements)
            {
                string symbol=(string)entry.Key;
                Element elem=(Element)entry.Value;
                Console.WriteLine("{0} - {1}", symbol, elem.Name);
            }

            foreach (object key in elements.Keys)
            {
                Element e=(Element)elements[key];
                Console.WriteLine(e.Name);
            }
```

```
            Console.WriteLine("Done");
            Console.ReadLine();
        }
    }
}
```

程序输出结果如图 6.6 所示。

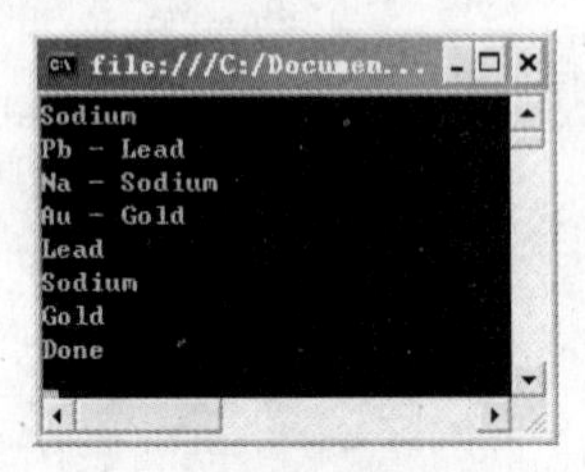

图 6.6　Hashtable 练习

6.2.2　ArrayList 类

Array 类和 ArrayList 类的区别：Array 类的容量或元素数是固定的，而 ArrayList 类的容量可以根据需要动态扩展，通过设置 ArrayList.Capacity 的值可以重新分配内存和复制元素；使用 ArrayList 提供的方法可以同时添加、插入或移除一个范围内的元素；Array 可以设置数组的下界，但 ArrayList 下界始终为 0；Array 数组可以有多个维，但 ArrayList 只有一个维；许多需要使用数组的实例都可以使用 ArrayList，支持 Array 的大多数方法。ArrayList 类的主要内容如表 6-5 所示。

表 6-5　ArrayList 类的主要内容

属　性	方　法
Capacity	Add
Count	Contains
	Insert
	Remove
	RemoveAt
	TrimToSize

【例 6-6】分析如下代码。

```
/***********************************************
* Function:ArrayList学习
* Date: 2012.01
* */
using System;
using System.Collections;
namespace ArrayListi
{
    class Class1
    {
        static void Main(string[] args)
        {
```

```
        ArrayList List=new ArrayList();
        //给数组增加10个Int元素
        Console.WriteLine("给数组增加10个Int元素");
        for (int i=0; i < 10; i++)
        {
            List.Add(i);
        }
        Console.WriteLine("输出: ");
        for (int i=0; i < 10; i++)
        {
            Console.WriteLine("第{0}个元素:{1}", i + 1, List[i]);
        }
        Console.WriteLine();


        //程序做一些处理
        //将第6个元素移除
        Console.WriteLine("程序做一些处理,将第6个元素移除");
        List.RemoveAt(5);

        Console.WriteLine("输出: ");
        for (int i=0; i < List.Count; i++)
        {
            Console.WriteLine("第{0}个元素:{1}", i + 1, List[i]);
        }
        Console.WriteLine();

        //再增加3个元素
        Console.WriteLine("再增加3个元素:");
        for (int i=0; i < 3; i++)
        {
            List.Add(i + 20);
        }

        Console.WriteLine("输出: ");
        for (int i=0; i < List.Count; i++)
        {
            Console.WriteLine("第{0}个元素:{1}", i + 1, List[i]);
        }
        Console.WriteLine();

        //返回ArrayList包含的数组
        Int32[] Values=(Int32[])List. ToArray(typeof(Int32));
        Console.WriteLine("新的数组输出: ");
        for (int i=0; i < Values.Length; i++)
        {
            Console.WriteLine("第{0}个元素:{1}", i + 1, Values[i]);
        }
        Console.ReadLine();
    }
}
```

```
}
```

程序输出结果如图 6.7 所示。

```
file:///C:/Documents an...
给数组增加10个Int元素
输出:
第1个元素:0
第2个元素:1
第3个元素:2
第4个元素:3
第5个元素:4
第6个元素:5
第7个元素:6
第8个元素:7
第9个元素:8
第10个元素:9

程序做一些处理,将第6个元素移除
输出:
第1个元素:0
第2个元素:1
第3个元素:2
第4个元素:3
第5个元素:4
第6个元素:6
第7个元素:7
第8个元素:8
第9个元素:9

再增加3个元素:
输出:
第1个元素:0
第2个元素:1
第3个元素:2
第4个元素:3
第5个元素:4
第6个元素:6
第7个元素:7
第8个元素:8
第9个元素:9
第10个元素:20
第11个元素:21
第12个元素:22

新的数组输出:
第1个元素:0
第2个元素:1
第3个元素:2
第4个元素:3
第5个元素:4
第6个元素:6
第7个元素:7
第8个元素:8
第9个元素:9
第10个元素:20
第11个元素:21
第12个元素:22
```

图 6.7　ArrayList 类练习

6.2.3　其他集合类

其他集合类包括先进后出的栈 Stack，以及先进先出的队列 Queue 等。这些类充分体现了数据结构算法，而且可以处理任何类型的数据。

【例 6-7】堆栈练习，将颜色字符串入栈，再将它们出栈，分析如下代码。

```
/*********************************************
* Function:堆栈练习
* Date: 2012.01
* */
using System;
using System.Collections;
namespace MSPress.CSharpCoreRef.ColorStack
{
    class StackApp
```

```
    {
        static void Main(string[] args)
        {
            Stack colorStack=new Stack();

            colorStack.Push("Red");
            colorStack.Push("Green");
            colorStack.Push("Blue");
            colorStack.Push("Yellow");
            colorStack.Push("Orange");

            Console.WriteLine("Contents of stack...");
            foreach (string color in colorStack)
            {
                Console.WriteLine(color);
            }

            while (colorStack.Count > 0)
            {
                string color=(string)colorStack.Pop();
                Console.WriteLine("Popping {0}", color);
            }
            Console.WriteLine("Done");
            Console.ReadLine();
        }
    }
}
```

程序输出结果如图 6.8 所示。

图 6.8　堆栈练习

小　　结

多数编程语言都提供数组这种数据结构，用以存储属于相同类型的多个数据元素。可以使用 Array 类的 CreateInstance 方法来创建 Array 对象，也可以直接定义数组对象。集合

可用于管理在运行时动态创建的元素项。System.Collections 命名空间提供一组接口和类，让用户可以对一组数据元素执行各种集合操作。用户可以通过 Hashtable 类将数据、键值作为一组来存储，这些数据是根据键值进行组织的。Array 类属于 System 命名空间，而 ArrayList 类属于 System.Collections 命名空间。ArrayList 在 Array 的基础上提供了动态的特性。

课 后 题

1. 熟悉 Array 类的各函数，尤其是二进制查找函数。
2. 了解 ArrayList 属性和函数，将窗体内的 4 个文本框的所有值显示在 ListBox 列表中。
3. 开发 Windows 应用程序，功能如下：①每单击按钮 1 一次，就将文本框 1 中的数据添加到 ListBox 中；②在 ListBox 中查找文本框 2 中的文本值。
4. 了解 Hashtable 属性和函数。
5. 熟悉队列的使用。

C#中的文件处理

知识结构图

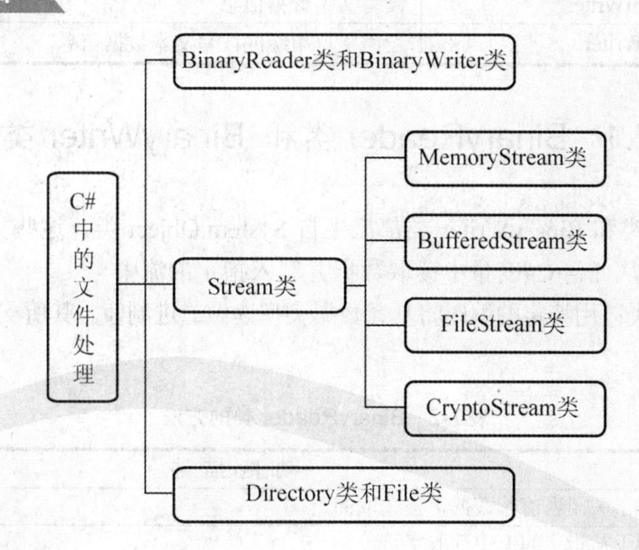

学习目标

(1) 了解 System.IO 命名空间。

(2) 掌握 BinaryReader 类和 BinaryWriter 类的使用方法。

(3) 掌握 Stream 类及其派生类。

(4) 掌握 Directory 类和 File 类。

System.IO 命名空间包含便于在数据流和文件中读取和写入数据的类，如表 7-1 所示。

表 7-1　System.IO 中类的示例

类　名	功能和用途
BinaryReader、BinaryWriter	读写二进制数据
Directory、File、DirectoryInfo、FileInfo	目录和文件管理，通过属性获取特定目录和文件的相关信息
FileStream	以随机方式访问文件
MemoryStream	访问存储在内存中的数据
NetworkStream	用于通过网络发送和接收数据，位于 System.Net.Sockets 命名空间中。Read、ReadByte、Write 和 WriteByte 方法用于通过网络在流和缓冲区中进行读写操作
StreamReader、StreamWriter	读写文本数据信息
StringReader、StringWriter	运用字符串缓冲读写文本数据信息

7.1　BinaryReader 类和 BinaryWriter 类

BinaryReader 类和 BinaryWriter 类都派生自 System.Object 类。这些类用于设置二进制数据的格式，可以从任何 C#变量中读取数据并写入指定的流中。

BinaryReader 类：用特定的编码将基元数据类型读做二进制值。其所支持的方法如表 7-2 所示。

表 7-2　BinaryReader 类的方法

方　法	功 能 描 述
Close	用于关闭当前其数据正被读取的流
Read	用于从指定的流中读取字符
ReadDecimal	从指定的流中读取十进制值
ReadByte	从指定的流中读取字节值。流中的位置将被前移 1 字节

BinaryWriter 类：用于将二进制数据从 C#变量中写入指定的流中，该类最常用的方法是 Close 和 Write 方法。Close 方法用于关闭当前二进制数据要写入的流以及当前的 BinaryWriter。

【例 7-1】将一个字符串和一个整数写进二进制文件中并读取出来显示在屏幕上。

```
/****************************************
* Function:BinaryStream 练习
* Date: 2012.01
* */
using System;
using System.IO;
namespace bwr
{
    class Class1
    {
        static void Main(string[] args)
```

```
        {
            BinaryWriter bw = new BinaryWriter(File.Create("c:\\Mybinary.
            bin"));
            Byte b = 1;
            string s = "历史是成长的老师。";
            bw.Write(b);
            bw.Write(s);
            bw.Close();

            BinaryReader br = new BinaryReader(File.OpenRead("c:\\Mybinary.
            bin"));
            Byte b2 = br.ReadByte();
            string s2 = br.ReadString();
            Console.WriteLine(b2);
            Console.WriteLine(s2);
            br.Close();

            Console.ReadLine();
        }
    }
}
```

程序输出结果如图 7.1 所示。

图 7.1　BinaryStream 类练习

7.2　Stream 类

Stream 类是派生出各种类的抽象类，其中的一些派生类包括 MemoryStream、Buffered Stream、FileStream 和 CryptoStream。

7.2.1　MemoryStream 类

MemoryStream 类用于从内存中读取数据和将数据写入内存中。其主要方法有 Read、ReadByte、Write、WriteByte 和 WriteTo。

【例 7-2】请将屏幕上的整数序列存到字节数组中输出。

```
/***************************************
* Function:MemoryStream类练习
* Date: 2012.01
* */
```

```
using System;
using System.IO;
namespace MBStream
{
    class Class1
    {
        static void Main(string[] args)
        {
            MemoryStream memstr = new MemoryStream();
            string str;
            do
            {
                Console.Write("输入写入内存中的值：");
                string s = Console.ReadLine();
                memstr.WriteByte(Convert.ToByte(s));
                Console.WriteLine("是否继续：Y/N？");
                str = Console.ReadLine();
                str.ToUpper();
            }while(str=="Y");
            byte []b=new byte [memstr.Length];
            b =(byte[])(memstr.ToArray());
            Console.WriteLine("输出该数组值：");
            foreach (byte x in b)
            {
                Console.Write("{0}\t",x);
            }
            Console.ReadLine();
        }
    }
}
```

程序输出结果如图 7.2 所示。

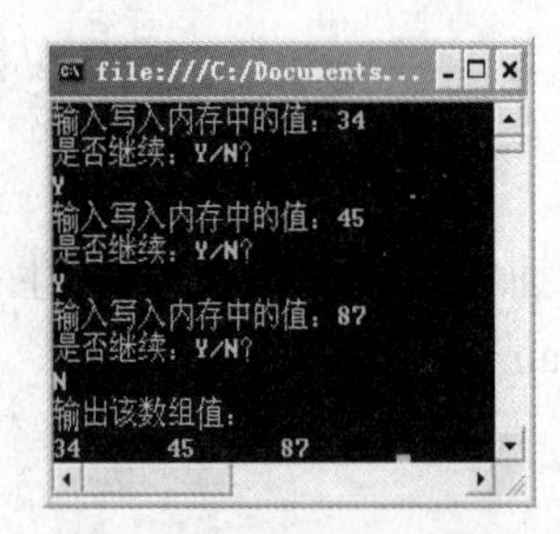

图 7.2　MemoryStream 类练习

7.2.2　BufferedStream 类

BufferedStream 类用于在缓冲区中读取和写入，它有两个重载的构造函数，其语法格式如下。

```
public BufferedStream(Stream StName)
public BufferedStream(Stream StName, int  bsize)
```

【例 7-3】请在局域网范围内打开一个英文字符文本文件，并在屏幕上显示内容。

```
/****************************************
* Function:BufferedStream类练习
* Date: 2012.01
* */
using System;
using System.IO;
using System.Windows.Forms;
namespace BF
{
    class Class1
    {
        static void Main(string[] args)
        {
            Byte[] bytes = null;
            //启用WinForm,弹出"文件"对话框
            System.Windows.Forms.OpenFileDialog open = new OpenFileDialog();
            if (open.ShowDialog() == DialogResult.OK)
            {
                //string filepath=open.FileName;
                BufferedStream bufferedstream = new BufferedStream(open.Open
                File());

                bytes = new byte[(int)bufferedstream.Length];
                bufferedstream.Read(bytes, 0,bytes.Length-1 );

            }
            for (int i = 0; i < bytes.Length; i++)
            {
                Console.Write(Convert.ToChar(bytes[i]));
            }
            Console.WriteLine("\n文件长度: {0}", bytes.Length);

            Console.ReadLine();
        }
    }
}
```

待打开的文本文件 test.txt 如图 7.3 所示。程序输出结果如图 7.4 所示。

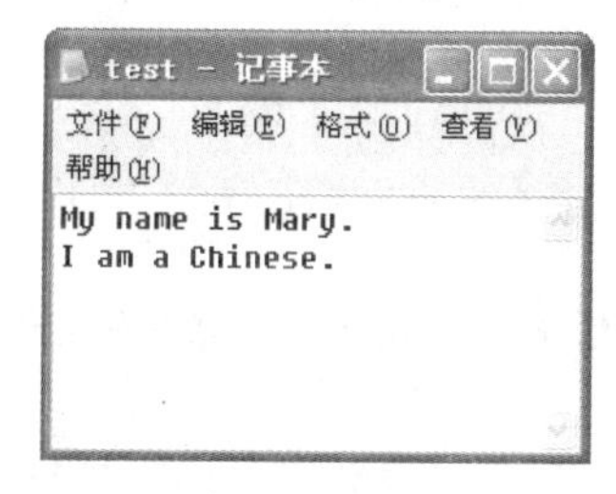

图 7.3 待打开的文本文件

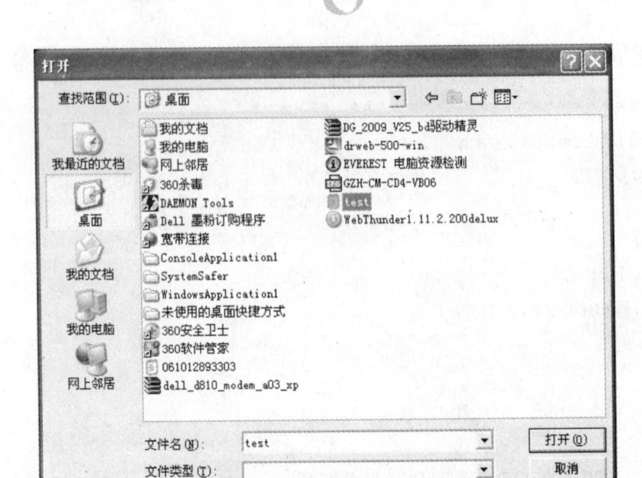

(a) 中间结果

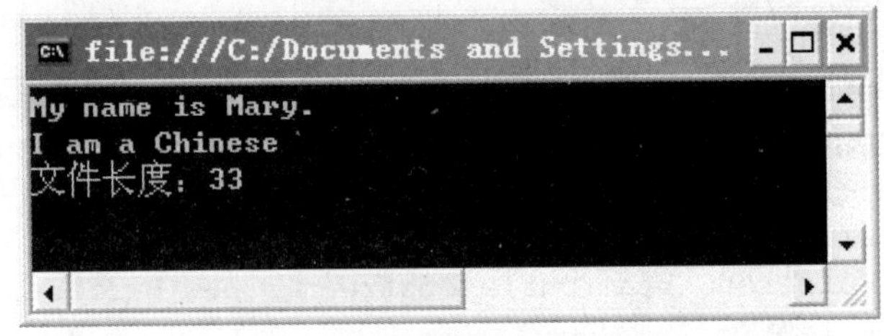

(b) 最终结果

图 7.4　BufferedStream 类练习

7.2.3　FileStream 类

FileStream 类用于对文件执行读写操作。

【例 7-4】创建文件，保存 1～100 个自然数到文本文件中，并打开文件把数字显示在屏幕上。

```
/****************************************
* Function:FileStream类练习
* Date: 2012.01
* */
using System;
using System.IO;
namespace FS
{
    class Class1
    {
        static void Main(string[] args)
        {
            Console.WriteLine("请输入保存数字的文件名：");
            string fileName = Console.ReadLine();
            FileStream fstream = new FileStream(fileName,System.IO.FileMode.
            OpenOrCreate);
```

```
        BinaryWriter bw = new BinaryWriter(fstream);
        for (int i = 1; i < 101; i++)
        {
            bw.Write(i);
        }
        bw.Close();
        fstream.Close();

        FileStream fileRead = new FileStream(fileName,System.IO.FileMode.
        Open,FileAccess.Read);
        BinaryReader br = new BinaryReader(fileRead);
        for (int i = 1; i < 101; i++)
        {
            if (i % 10 != 0)
            {
                Console.Write("{0}\t", br.ReadInt32());
            }
            else
                Console.WriteLine(br.ReadInt32());
        }

            Console.ReadLine();
        }
    }
}
```

程序输出结果如图 7.5 所示。

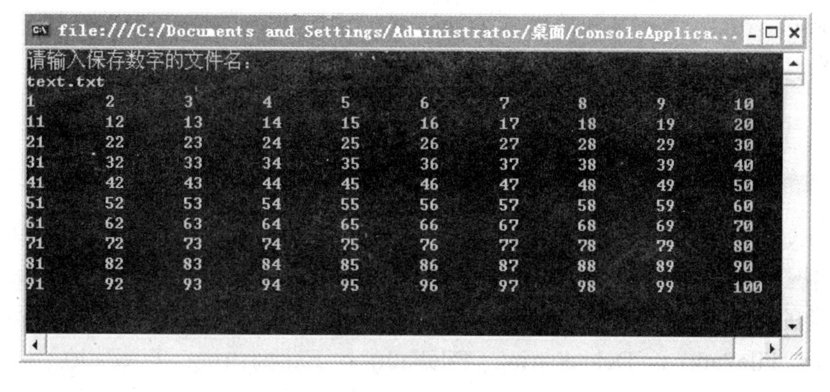

图 7.5　FileStream 类练习

7.2.4　CryptoStream 类

CryptoStream 类位于 System.Security.Cryptography 命名空间中，用于链接数据流与加密对象，以便进行数据加密。

【例 7-5】每次执行该程序并打开文件 Test1.cs 时，其中的数据都以不同的形式加密，如图 7.6 所示。

```
using System;
using System.IO;
using System.Security.Cryptography;
public class StreamTest
{
    public static void Main()
    {
        MemoryStream memstr = new MemoryStream();
        memstr.WriteByte((byte)1);
        memstr.Position = 0;
        FileStream desfile = new FileStream("Test1.cs",
        FileMode.OpenOrCreate, FileAccess.Write);
        desfile.SetLength(0);
        SymmetricAlgorithm des = SymmetricAlgorithm.Create();
        byte[] bin = new byte[4096];
        long readlen = 8;
        long totallen = (long) memstr.Length;
        int len;
        CryptoStream encStream = new CryptoStream(desfile,
        des.CreateEncryptor(),  CryptoStreamMode.Write);
        Console.WriteLine("正在加密...");
        while(readlen < totallen)
        {
            len = memstr.Read(bin, 0, 4096);
               encStream.Write(bin, 0, len);
            readlen = (readlen + ((len / des.BlockSize) *
            des.BlockSize));
        }
        encStream.Close();
    }
}
```

(a) 程序代码

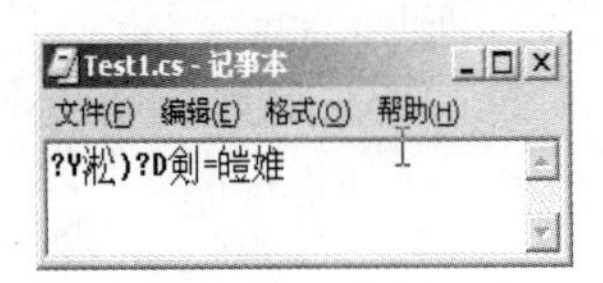

(b) 输出结果

图 7.6 文件加密练习

7.3 Directory 类和 File 类

Directory 类包含可用于处理目录和子目录的静态方法，该类的静态方法可以在没有目录实例的情况下调用。File 类包含可用于处理文件的静态方法，它还用于创建 FileStream 类。

File 类的方法有以下几种：Copy(string SourceFilePath, string DestinationFilePath)、Create(string FilePath)、Delete(string FilePath)、Exists(string FilePath)、Move(string SourceFilePath, string DestinationFilePath)。

【例 7-6】使用 Directory 类在当前路径下创建一个名为“C#”的目录，使用 File 类将文件 Test1.cs 的内容复制到文件 Test2.cs 中。

```
using System;
using System.IO;
class Test
{
   static void Main(string[] args)
```

```
    {
        Directory.CreateDirectory("C#");
        File.Copy("Test1.cs","C#\\Test2.cs");
        Console.WriteLine("已复制文件内容");
    }
}
```

另外还有如下类。

(1) FileSystemInfo 类是派生出 FileInfo 和 DirectoryInfo 类的抽象类。

(2) DirectoryInfo 类包含可用于处理目录和子目录的方法。

(3) FileInfo 类包含可用于处理文件的方法。

(4) TextReader 类是 StreamReader 和 StringReader 类的抽象基类，这些类可以用来读取一串有序的字符。StreamReader 从字节流中读取字符并将它转换为指定的编码，StringReader 类用于从输入字符串中读取数据。

(5) TextWriter 类是可用于写入有序字符的类的抽象基类，是 StreamWriter 和 StringWriter 类的基类。StreamWriter 以指定的编码方式向流中写入字符，StringWriter 类用于向字符串中写入数据。

【例 7-7】分析如下各功能代码段。

```
/*******************************************
* Function:File、Dectionary、FileInfo等类的练习
* Date: 2012.01
* */
using System;
using System.IO;

#region StreamReader类和StreamWriter类

//(1)建立一个文本文件
public class FileClassTest
{
    public static void test()
    {
        WriteToFile();

        ReadFromFile(@"MyTextFile.txt");

        AppendToFile();
    }
    static void WriteToFile()
    {
        StreamWriter SW;
        SW=File.CreateText(@"MyTextFile.txt");
        SW.WriteLine("God is greatest of them all");
        SW.WriteLine("This is second line");
```

```
        SW.Close();
        Console.WriteLine("File Created SucacessFully");
    }

    //(2)读文件
    static void ReadFromFile(string filename)
    {
        StreamReader SR;
        string S;
        SR=File.OpenText(filename);
        S=SR.ReadLine();
        while(S!=null)
        {
            Console.WriteLine(S);
            S=SR.ReadLine();
        }
        SR.Close();
    }
    //(3)追加操作
    static void AppendToFile()
    {
        StreamWriter SW;
        SW=File.AppendText(@"MyTextFile.txt");
        SW.WriteLine("This Line Is Appended");
        SW.Close();
        Console.WriteLine("Text Appended Successfully");
    }
}
#endregion

#region DirectoryInfo
public class DirectoryInfoTest
{
    public static void test()
    {
        /* DirectoryInfo类提供了创建、删除和移动目录等方法* */
        DirectoryInfo dir0 = new DirectoryInfo(@".");
        Console.WriteLine("Full Name is : {0}", dir0.FullName);
        Console.WriteLine("Attributes are : {0}", dir0.Attributes.ToString());

        /*运用DirectoryInfo类的对象可以轻松地实现对目录以及和目录中的文件相关的操作,
        若要获得某个目录C:\Pictures下的所有BMP文件,可以通过下面的代码实现该功能目
        录下的文件操作.上面的代码中首先创建了一个DirectoryInfo对象，然后通过调用该
        对象的GetFiles()方法获取目录C:\Pictures下的所有以.bmp为扩展名的文件,该方法
        返回的值是一个FileInfo类型的数组,每个元素代表一个文件,最后,程序还列举了每个
```

```
        BMP文件的相关属性
        */
        DirectoryInfo dir = new DirectoryInfo(@".");
        FileInfo[] bmpfiles = dir.GetFiles("*.bmp");
        Console.WriteLine("Total number of bmp files", bmpfiles.Length);
        foreach( FileInfo f in bmpfiles)
        {
            Console.WriteLine("Name is : {0}", f.Name);
            Console.WriteLine("Length of the file is : {0}", f.Length);
            Console.WriteLine("Creation time is : {0}", f.CreationTime);
            Console.WriteLine("Attributes of the file are : {0}",
            f.Attributes.ToString());
        }

        /*创建子目录*/
        DirectoryInfo dir1 = new DirectoryInfo(@".");
        try
        {
            dir1.CreateSubdirectory("Sub");
            dir1.CreateSubdirectory(@"Sub\MySub");
        }
        catch (IOException e)
        {
            Console.WriteLine(e.Message);
        }

    }
        static void WriteToFile()
        {
         StreamWriter SW;
         SW=File.CreateText(@"MyTextFile.txt");
         SW.WriteLine("God is greatest of them all");
         SW.WriteLine("This is second line");
         SW.Close();
         Console.WriteLine("File Created SucacessFully");
    }
}
#endregion

#region FileInfo类
/* 通过FileInfo类可以方便地创建出文件,并可以访问文件的属性,同时还可以对文件进行打开、
关闭、读写等基本的操作.下面的代码显示了如何创建一个文本文件并且去访问其创建时间、文件的绝对
路径以及文件属性等文件信息,最后,程序还给出了删除文件的方法*/
class FileInfoTest
{
    public static void test()
```

```
    {
        FileInfo fi = new FileInfo(@"Myprogram.txt");
        FileStream fs = fi.Create();
        Console.WriteLine("Creation Time: {0}", fi.CreationTime);
        Console.WriteLine("Full Name: {0}", fi.FullName);
        Console.WriteLine("FileAttributes: {0}", fi.Attributes.ToString());
        Console.WriteLine("Press any key to delete the file");
        Console.Read();
        fs.Close();
        fi.Delete();
    }
}

#endregion

class A
{
    public static void Main()
    {
        FileClassTest.test();
        DirectoryInfoTest.test();
        FileInfoTest.test();
        Console.ReadLine();
    }
}
```

程序输出结果如图 7.7 所示。

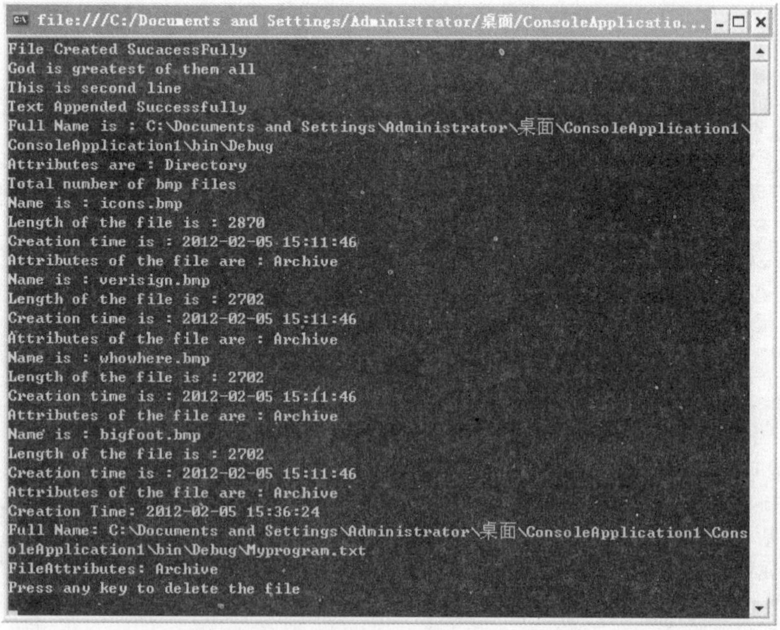

```
file:///C:/Documents and Settings/Administrator/桌面/ConsoleApplicatio...
File Created SucacessFully
God is greatest of them all
This is second line
Text Appended Successfully
Full Name is : C:\Documents and Settings\Administrator\桌面\ConsoleApplication1\
ConsoleApplication1\bin\Debug
Attributes are : Directory
Total number of bmp files
Name is : icons.bmp
Length of the file is : 2870
Creation time is : 2012-02-05 15:11:46
Attributes of the file are : Archive
Name is : verisign.bmp
Length of the file is : 2702
Creation time is : 2012-02-05 15:11:46
Attributes of the file are : Archive
Name is : whowhere.bmp
Length of the file is : 2702
Creation time is : 2012-02-05 15:11:46
Attributes of the file are : Archive
Name is : bigfoot.bmp
Length of the file is : 2702
Creation time is : 2012-02-05 15:11:46
Attributes of the file are : Archive
Creation Time: 2012-02-05 15:36:24
Full Name: C:\Documents and Settings\Administrator\桌面\ConsoleApplication1\Cons
oleApplication1\bin\Debug\Myprogram.txt
FileAttributes: Archive
Press any key to delete the file
```

图 7.7　File、Dectionary、Fileinfo 等类的练习

小　　结

System.IO 命名空间包含便于在数据流和文件中读取和写入数据的类。BinaryReader 类和 BinaryWriter 类派生自 System.Object。Stream 类是派生出 FileStream 和 MemoryStream 等类的抽象类。FileSystemInfo 类是派生出 FileInfo 和 DirectoryInfo 类的抽象类。TextReader 是 StreamReader 和 StringReader 类的抽象基类。

课 后 题

一、选择题

1．C#中文件处理的命名空间是(　　)。

A．System.Web.WebService　　B．System.WebService

C．System.Net.WebService　　D．System.IO

2．BinaryReader 类和 BinaryWriter 类都派生自(　　)，这些类用于设置二进制数据的格式，可以从任何 C#变量中读取数据并写入指定的流中。

A．System.Object　　B．System.Binary

C．System.Reader　　D．System.Writer

3．Stream 类派生出的派生类包括 MemoryStream、BufferedStream、FileStream 和(　　)。

A．System.Object　　B．stringStream

C．System.Reader　　D．CryptoStream

二、简答题

简述 System.IO 命名空间中的主要类及其功能。

三、程序设计题

请将任意的 10 个整数及其和存入文件中并显示在屏幕上。效果如图 7.8 所示。

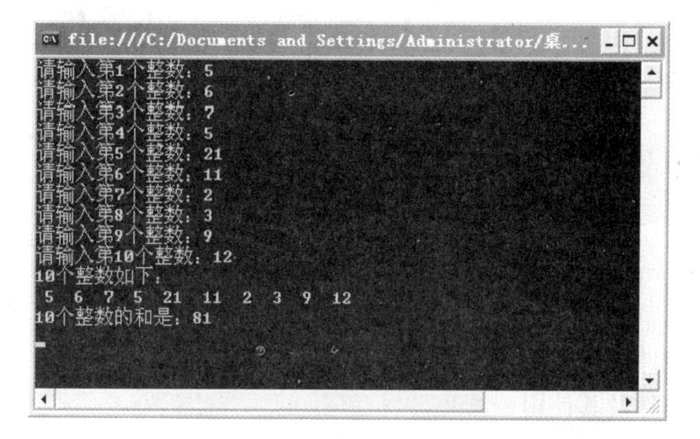

图 7.8　文件流练习题效果图

WinForms 基础知识

知识结构图

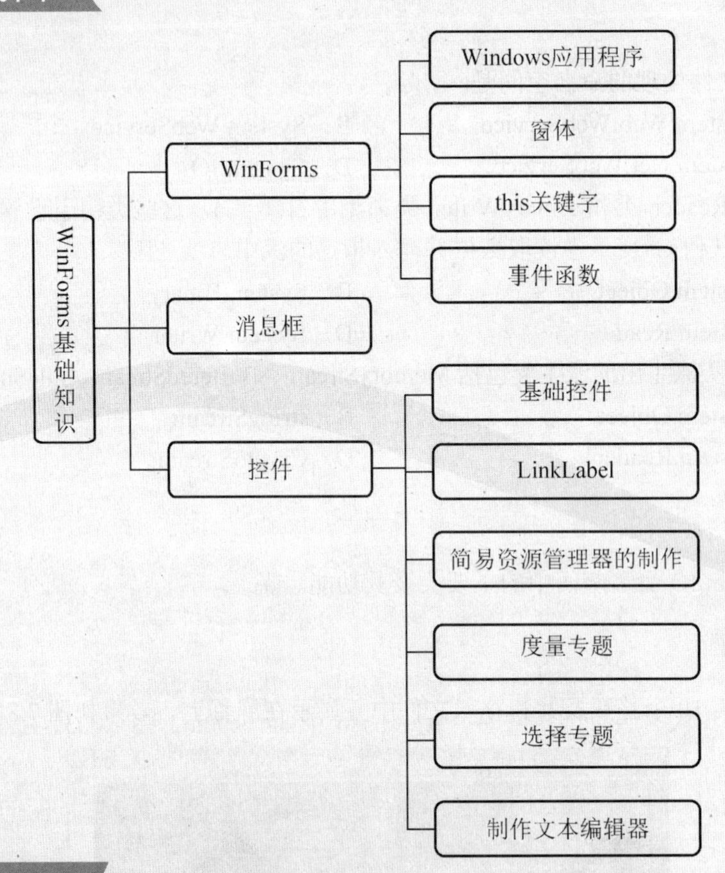

学习目标

(1) 认识 WinForms。
(2) 认识消息框。
(3) 掌握基础控件及其使用。
(4) 认识高级控件及其使用。

WinForms 即 Windows 窗体，是一组用于构建客户端 Windows 图形用户界面应用程序的类。它是 Microsoft 为了应对应用程序开发难度不断提高的状况，于 2002 年年初发行的.NET 框架的一部分。WinForms 是一个窗口化工具包，倾向于构建更多基于 HTML 的应用程序，或者能够与业务对象或数据库服务器通信的应用程序，而不是仅仅基于文档的应用程序。图 8.1 所示为 Windows 操作系统的“显示属性”窗体。它可由 WinForms 知识快速开发。

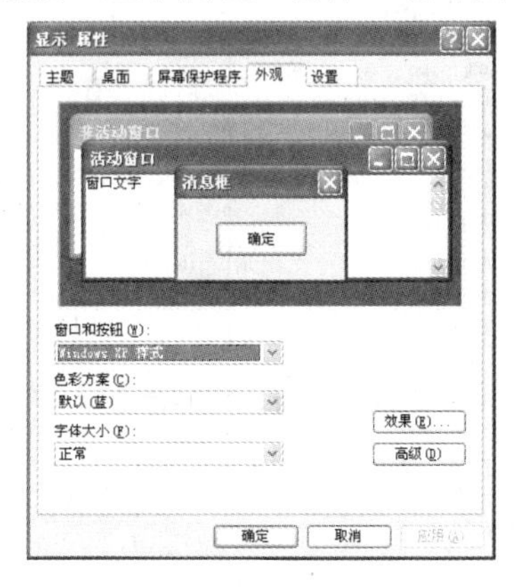

图 8.1 “显示属性”窗体

.NET Windows 应用程序中一切图形元素都是对象，所有对象都属于某一类型，这些类型包含在命名空间 System.Windows.Forms 中。对象包含属性、方法和事件 3 个基本要素，这将是学习使用这些对象的要点。

8.1 WinForms

System.Windows.Forms 命名空间包含用于创建基于 Windows 的应用程序的类，以充分利用 Windows 操作系统中提供的丰富的用户界面功能。

8.1.1 Windows 应用程序

Windows 应用程序基本的单元为窗体。窗体为向用户输出信息和为用户输入信息提供用户界面。一个应用程序可以有多个窗体。创建一个 Windows 应用程序过程如下。

(1) 执行“开始”→“程序”→“Microsoft Visual Studio.NET 2003”命令，进入起始页面，如图 8.2 所示，弹出“新建项目”对话框。

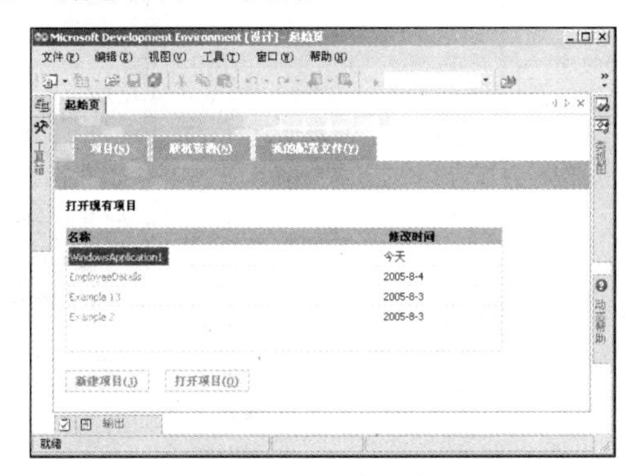

图 8.2 起始页面

(2) 执行“文件”→“新建”→“项目”命令，如图 8.3 所示，弹出“新建项目”对话框。

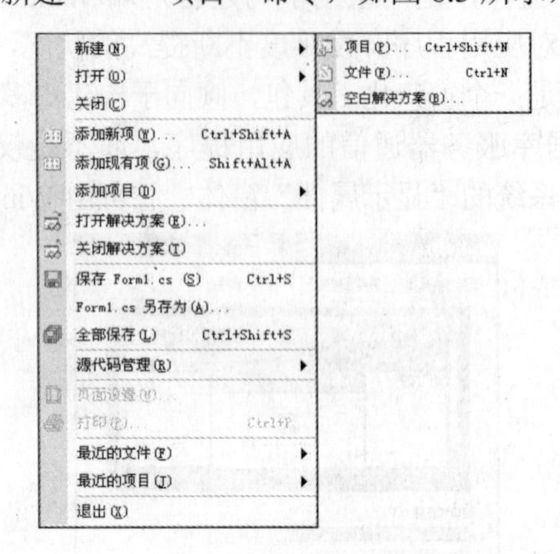

图 8.3　所执行的命令

(3) 在“项目类型”选项组中选择“Visual C#项目”，在“模板”选项组中选择“Windows 应用程序”选项，如图 8.4 所示。

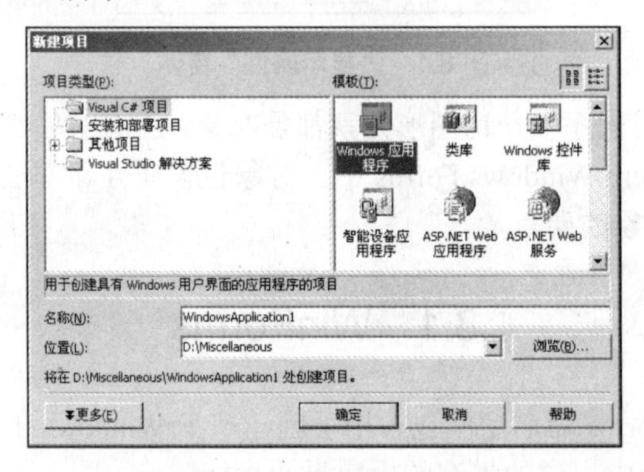

图 8.4　“新建项目”对话框

Windows 应用程序首个默认窗体的设计版式如图 8.5 所示。

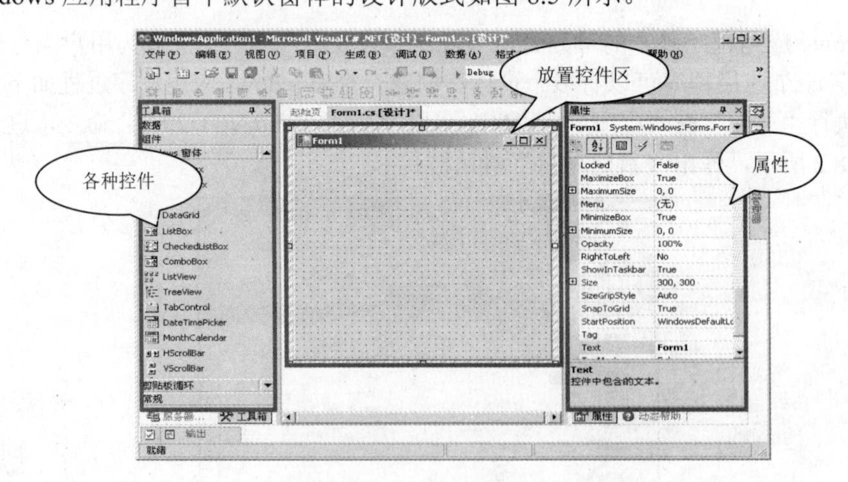

图 8.5　设计版式

Windows 窗体的代码模式如图 8.6 所示。

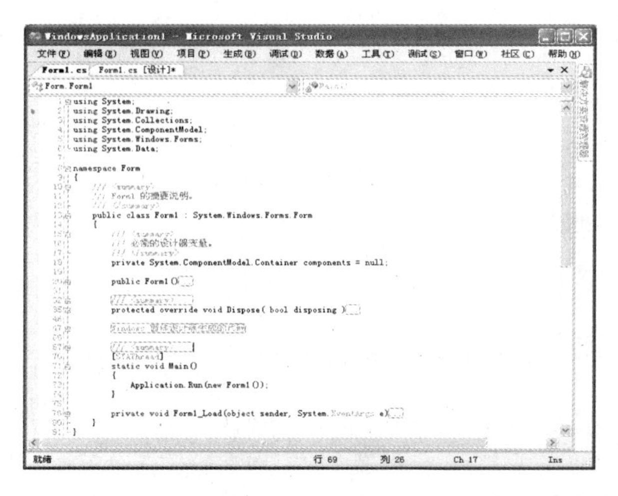

图 8.6 代码模式

【例 8-1】新建一个 Windows 应用程序，分析 Form1.cs 文件代码。

```
using System;                                   //基础核心命名空间
using System.Drawing;                           //提供了大量绘图工具的访问权限
using System.Collections;                       //集合
using System.ComponentModel;                    //控件模板
using System.Windows.Forms;                     //大量窗体和控件
using System.Data;                              //数据访问
namespace Form
{
    /// <summary>
    /// Form1的摘要说明
    /// </summary>
    public class Form1 : System.Windows.Forms.Form  //继承窗体类
    {
        /// <summary>
        /// 必需的设计器变量
        /// </summary>
        private System.ComponentModel.Container components=null;
        public Form1()
        {   //
            // Windows 窗体设计器支持所必需的
            //
            InitializeComponent();
            //
            //TODO：在调用InitializeComponent后添加任何构造函数代码
            //
        }
        /// <summary>
        /// 清理所有正在使用的资源
        /// </summary>
```

```
        protected override void Dispose( bool disposing )//释放资源
        {
            if( disposing )
            {
                if (components != null)
                {
                    components.Dispose();
                }
            }
            base.Dispose( disposing );
        }
        #region Windows 窗体设计器生成的代码

        /// <summary>
        /// 设计器支持所需的方法,不要使用代码编辑器修改
        /// 此方法的内容
        /// </summary>
        private void InitializeComponent() //窗体容器初始化函数
        {   //
            // Form1
            //
            this.components=new Container ();
            this.AutoScaleBaseSize=new System.Drawing.Size(6, 14);
            this.ClientSize=new System.Drawing.Size(292, 273);
            this.Name="Form1";
            this.Text="Form1";
        }
        #endregion
        /// <summary>
        /// 应用程序的主入口点
        /// </summary>
        [STAThread]
        static void Main()
        {
            Application.Run(new Form1());
        }
    }
}
```

窗体对象默认名称为 Form1，可以修改。

8.1.2 窗体

每个窗体都是抽象 Form 类的对象。把 Form 类中的静态属性和方法称为共享属性和方法，把动态属性和方法称为实例化属性和方法，具体如表 8-1 所示。

表 8-1　窗体类的主要属性、方法和事件

名　　称	功 能 描 述
ActiveForm	共享属性，获得对当前活动窗体的引用
CancelButton	属性，接收或设置按 Esc 键的控件对象
ControlBox	属性，在窗体的标题栏中是否显示控件框
Enabled	属性，是否与用户交互做出响应，默认为 true
FormBorderStyle	属性，获取或设置窗体的边框样式
HelpButton	属性，是否在窗体的标题框中显示“帮助”按钮
KeyPreview	属性，在将键事件传递到具有焦点的控件前，窗体是否将接收此键事件，默认为 false
MainMenu	属性，窗体主菜单对象
Modal	属性，窗体是否有模式的显示
ShowInTaskbar	属性，是否在 Windows 任务栏中显示窗体
WindowState	属性，窗体的窗口状态
Text	属性，显示的字符串
BackColor	属性，背景色
ForeColor	属性，字体前景色
Font	属性，字体设置
MaximumSize	属性，窗体可调整到的最大大小
MinimumSize	属性，窗体可调整到的最小大小
Size	属性，控件大小
Activate	方法，激活窗体并给它焦点
close	方法，关闭
LayoutMdi	方法，在父窗体内显示排列子窗体
ShowDialog	方法，显示模式窗体
Activated	事件，每当窗体被激活时发生
Load	事件，每当用户加载窗体时发生

在 VS.NET 的快速集成开发环境中，属性、方法和事件的功能如图 8.7 所示，它们很容易学习到。

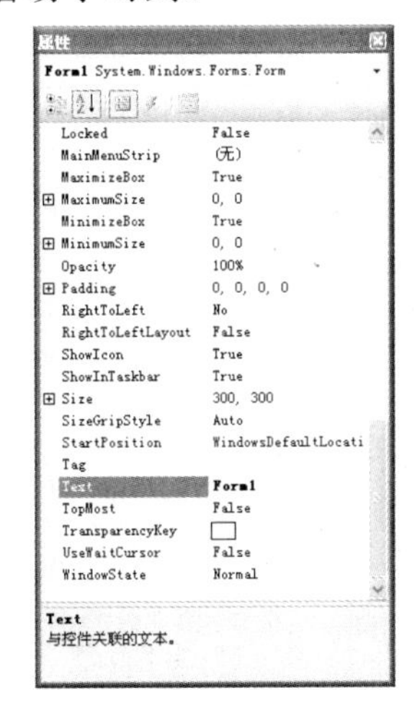

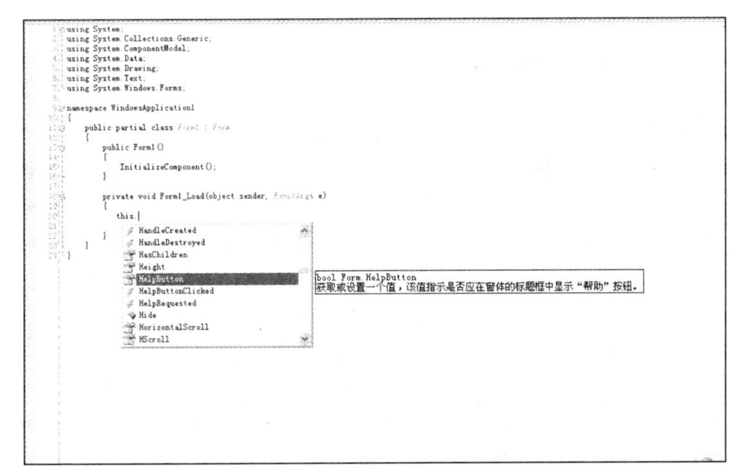

图 8.7　获得窗体的属性、方法和事件的功能说明的方法

窗体对象像画布一样，允许在上面放置各种控件，称为窗体容器，如图 8.8 所示。

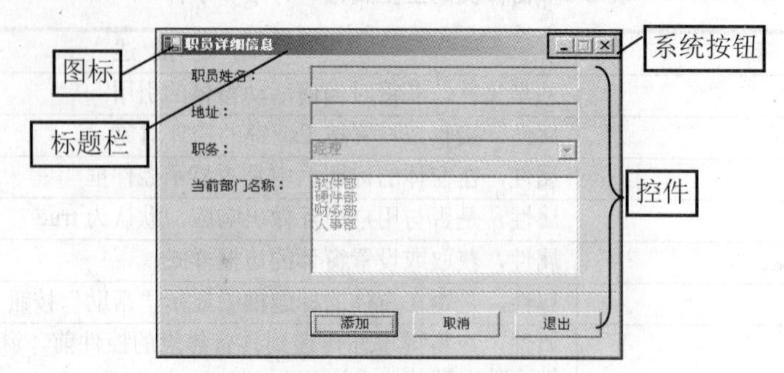

图 8.8　窗体容器示例

窗体分为多文档界面(MDI)和单文档界面(SDI)。多文档界面应用程序可以同时显示多个文档，每个文档显示在各自的窗口中。例如，Word 应用程序窗体中可以同时打开若干个文档文件。单文档界面应用程序一次只可以操作一个文档文件，如记事本。8.3 节将对其做详细学习。在窗体 A 中显示另一个窗体 B 的语法如下。

```
[被调用的窗体类] B=new [被调用的窗体类]();
B.Show();              //无模式显示窗体,窗体A和窗体B可以随意切换为当前被激活的窗体
B.ShowDialog();        //有模式显示窗口,窗体B必须始终处于被激活状态,直到被关闭为止

private void cmdShow_Click(object sender    , System.EventArgs e)
{
    frmA B=new frmA();
    B.Show();
}
```

对于多文档应用程序，所有打开的文档都在此应用程序中，不能脱离应用程序的窗口，所以称应用程序窗体为父窗体，里面的文档窗体为子窗体。

父窗体的属性设置为 IsMidContainer=true;，打开子窗体时的设置，示例代码段如下。

```
Form2 f2=new Form2();
f2.MdiParent=this;
f2.Show();
```

【例 8-2】设置当前窗体中的控件不可用。

分析：当前窗体是指目前正在活动的窗体，所以通过 ActiveForm 属性获取。

```
public void DisableActiveFormControls()
{
    Form currentForm=Form.ActiveForm;
    for (int i=0; i < currentForm.Controls.Count; i++)//遍历窗体容器中的控件
    {
        currentForm.Controls[i].Enabled=false;
    }
}
```

由于学习内容尚少，所以本节可以通过阅读程序和观察程序运行效果来掌握窗体的属性和事件。

8.1.3 this 关键字

this 关键字可以指代当前运行的类的对象，通常在类定义过程中使用。由于窗体中涉及的控件对象较多，所以可以使用 this 代表当前的活动窗体对象，利用 VS.NET 集成开发环境的代码提示功能，可以方便地访问该窗体的所有实例属性、方法、事件及其控件成员。this 关键字的语法格式如下。

```
this.[Control Name].[property name]
```

【例 8-3】“this 练习”界面如图 8.9 所示。当单击“修改颜色”按钮时，窗体颜色变为 white，两个按钮颜色全部变成 red。当单击“修改边框显示样式”按钮，窗体的边框显示样式为 Fix3D。窗体控件的描述如表 8-2 所示，关键代码如下。

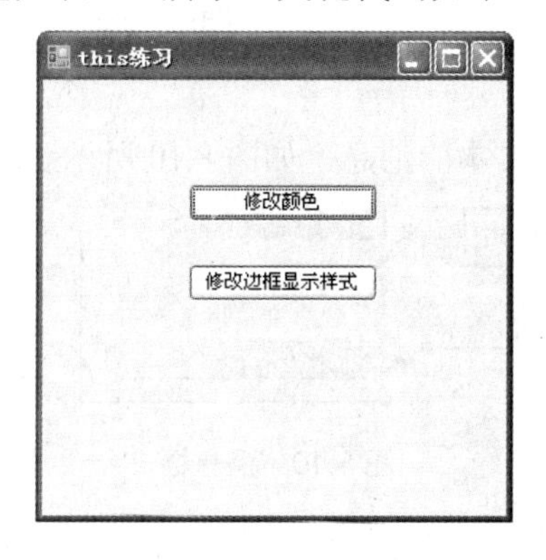

图 8.9 “this 练习”界面

表 8-2 例 8-3 程序窗体界面描述

对　　象	类　　型	功 能 描 述
form1	Form	text=“this 练习”;
button1	Button	text=“修改颜色”;
button2	Button	text=“修改边框显示样式”;

```
private void button1_Click(object sender, EventArgs e)
{
    this.BackColor=Color.White;
    this.button1.BackColor=Color.Red;
    this.button2.BackColor=Color.Red;
}

private void button2_Click(object sender, EventArgs e)
{
    this.FormBorderStyle=FormBorderStyle.Fixed3D;
}
```

8.1.4 事件函数

.NET 平台为窗体和控件定义了若干事件，用户只要把对应的事件函数填充完整，即可实现相应的功能。

每个事件处理程序提供两个使得以正确处理事件的参数：第一个参数 sender 提供对引发事件的对象的引用；第二个参数 e 传递针对要处理的事件的对象。

例如：

```
private void Form1_Load(object sender, EventArgs e)//每当用户加载窗体时发生
{
    MessageBox.Show(sender.ToString());      //描述引发此事件的当前窗体对象
    MessageBox.Show(e.ToString ());          //描述当前事件
}
```

8.2 消　息　框

消息框窗口显示具有指定文本的消息，如图 8.10 所示。

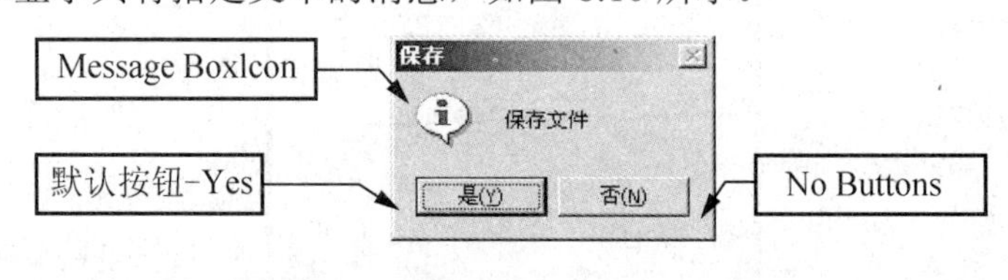

图 8.10　消息框

消息框的显示由 MessageBox.Show()函数实现。它是一个重载函数，具体如表 8-3 所示。

表 8-3　MessageBox.Show()函数重载

序　号	重 载 函 数
1	Show(string text);
2	Show(string text, string caption);
3	Show(string text, string caption, MessageBoxButtons buttons);
4	Show(string text, string caption, MessageBoxButtons buttons, MessageBoxIcon icon);
5	Show(string text, string caption, MessageBoxButtons buttons, MessageBoxIcon icon, MessageBoxDefaultButton);
6	Show(string text, string caption, MessageBoxButtons buttons, MessageBoxIcon icon, MessageBoxDefaultButton, MessageBoxOptions);
7	Show(IWin32Window w,string text, string caption, MessageBoxButtons buttons, MessageBoxIcon icon, MessageBoxDefaultButton, MessageBoxOptions);

参数 0 IWin32Window w：指定对象，不单独出现，消息框显示在此对象前，默认为当前窗体。

参数 1 string text：要显示的内容。

参数 2 string caption：标题。

参数 3 MessageBoxButtons buttons：消息框要显示的按钮，是枚举值。它的按钮有 Abort、

Cancel、Ignore、No、None、Ok、Retry 和 Yes。枚举值是对这些按钮的组合。

参数 4 MessageBoxIcon Icon：图标，有如下枚举值。

(1) MessageBoxIcon.Asterisk：圈 i。

(2) MessageBoxIcon.Error：错误。

(3) MessageBoxIcon.Exclamation：警示。

(4) MessageBoxIcon.Hand：红牌。

(5) MessageBoxIcon.Information：通知。

(6) MessageBoxIcon.None：无，默认值。

(7) MessageBoxIcon.Question：问号。

(8) MessageBoxIcon.Stop：终止。

(9) MessageBoxIcon.Warning：警告。

参数 5 MessageBoxDefaultButton：默认按钮，有如下枚举值。

(1) MessageBoxDefaultButton.Button1：消息框上的第一个按钮是默认按钮。

(2) MessageBoxDefaultButton.Button2：消息框上的第二个按钮是默认按钮。

(3) MessageBoxDefaultButton.Button3：消息框上的第三个按钮是默认按钮。

参数 6 MessageBoxOptions：选项，有如下枚举值。

(1) MessageBoxOptions.DefaultDesktopOnly：显示在默认活动桌面上。

(2) MessageBoxOptions.RightAlign：文本右对齐。

(3) MessageBoxOptions.RtlReading：文本按照从右到左的阅读顺序显示。

(4) MessageBoxOptions.ServiceNotification：显示在活动桌面上。

MessageBox.Show()函数的返回值类型是 DialogResult。返回值有 Abort、Cancel、Ignore、No、None、Ok、Retry 和 Yes。其返回的是用户按键结果，事实上任何一种类型的对话框对象在执行其打开的显示函数后，都会返回这些值。

【例 8-4】给出如图 8.6 所示的消息对话框的代码。单击“是”按钮，弹出“保存成功！”对话框后关闭窗体，否则只关闭窗体。

```
private void MessgeTest()
{
    string message="保存文件";
    string caption="保存";
    MessageBoxButtons buttons=MessageBoxButtons.YesNo;
    DialogResult result;
     result=MessageBox.Show(this, message, caption, buttons,
     MessageBoxIcon.Asterisk);
     if(result == DialogResult.Yes)
     {
         MessgeBox.Show("保存成功");
         this.Close();
      }
      else
         This.Close();
}
```

【例 8-5】例 8-5 程序界面如图 8.11 所示。当文本框有内容时，单击“button1”按钮，弹出的对话框显示文本长度，否则显示警示对话框。界面控件描述如表 8-4 所示。

图 8.11 例 8-5 程序界面

表 8-4 例 8-5 程序窗体界面描述

对 象	类 型	功 能 描 述
form1	Form	text= “对话框练习”;
button1	Button	text= “ ”;

关键代码如下，输出结果如图 8.12 所示。

```
private void button1_Click(object sender, System.EventArgs e)
{
    if (this.textBox1.Text.Length == 0)
    {
        string message="You did not enter a server name. Cancel this operation?";
        string caption="No Server Name Specified";
        MessageBoxButtons buttons=MessageBoxButtons.YesNo;
        DialogResult result;
        result=MessageBox.Show(this, message, caption, buttons);
        if (result == DialogResult.Yes)
        {
            this.Close();
        }
    }
     else
         MessageBox.Show("文本长度是: "+this.textBox1.Text.Length.ToString ());
}
```

(a) 在文本框输入内容

(b) 显示文本长度

图 8.12 对话框练习

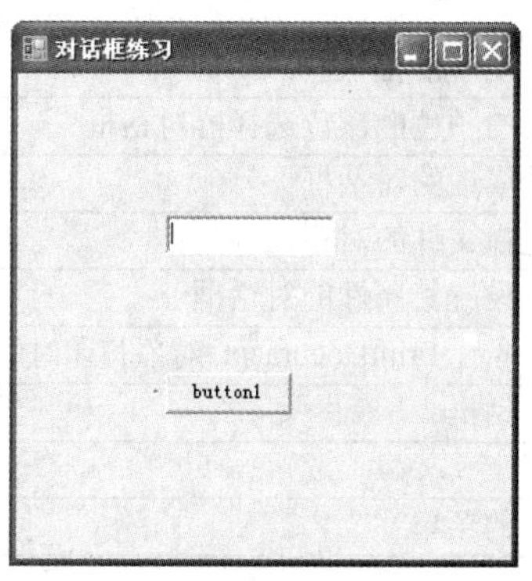

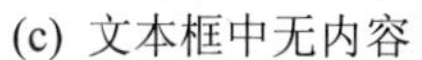
(c) 文本框中无内容

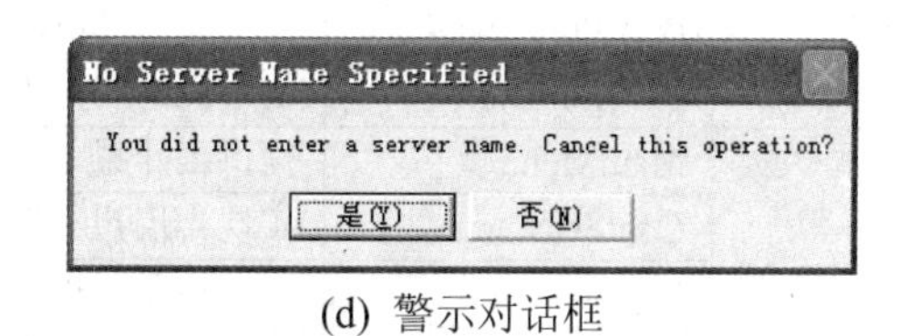

(d) 警示对话框

图 8.12　对话框练习(续)

8.3　控　　件

可视化界面组件统称为控件，其继承自 System.Windows.Forms.Control。WinForms 中的常用控件按类型分如表 8-5 所示。

表 8-5　WinForms 中的控件

功　　能	控　　件	功 能 描 述
文本编辑	TextBox	显示设计时输入的文本，它可由用户在运行时编辑或以编程方式更改
	RichTextBox	使文本能够以纯文本或 RTF 格式显示
文本显示	Label	显示用户无法直接编辑的文本
	LinkLabel	将文本显示为 Web 样式的链接，并在用户单击该特殊文本时触发事件。该文本通常是到另一个窗口或 Web 站点的链接
	StatusBar	通常在父窗体的底部使用有框架窗口，显示该应用程序的当前状态信息
从列表中选择	CheckedListBox	显示一个可滚动的项列表，每项左侧都有一个复选框
	ComboBox	显示一个下拉式项列表
	DomainUpDown	显示用户可用向上和向下按钮滚动的文本项列表
	ListBox	显示一个文本项和图形项(图标)列表
	ListView	在 4 个不同视图之一中显示项
	NumericUpDown	显示用户可用向上和向下按钮滚动的数字列表
	TreeView	显示一个节点对象的分层集合，这些节点对象由带有复选框或图标的文本组成
图形显示	PictureBox	在一个框架中显示图形文件(如位图和图标)
图形存储	ImageList	用做图像的储存库。ImageList 控件及其包含的图像能够在应用程序之间重复使用
值的设置	CheckBox	显示一个复选框和一个文本标签，通常用来设置选项
	CheckedListBox	显示一个可滚动的项列表，每项左侧都有一个复选框
	RadioButton	显示一个可打开或关闭的按钮
	TrackBar	允许用户通过沿标尺移动缩略图来设置标尺上的值
数据的设置	DateTimePicker	显示一个图形日历以允许用户选择日期或时间
	MonthCalendar	显示一个图形日历以允许用户选择日期范围

续表

功　能	控　件	功能描述
对话框	ColorDialog	显示允许用户设置界面元素的颜色的颜色选择器对话框
	FontDialog	显示允许用户设置字体及其属性的对话框
	OpenFileDialog	显示允许用户定位文件和选择文件的对话框
	PrintDialog	显示允许用户选择打印机并设置其属性的对话框
	PrintPreviewDialog	显示一个对话框，该对话框显示 PrintDocument 对象打印时的状态
	SaveFileDialog	显示允许用户保存文件的对话框
菜单控件	MainMenu	提供创建菜单的设计时界面
	ContextMenu	实现当用户右击对象时弹出的菜单
	Button	用来启动、停止或中断进程
	LinkLabel	将文本显示为 Web 样式的链接
	NotifyIcon	在表示正在后台运行的应用程序的任务栏的状态通知区域中显示一个图标
	ToolBar	包含一个按钮(Button)控件的集合
将其他控件分组	Panel	将一组控件分组到未标记、可滚动的框架中
	GroupBox	将一组控件(如(RadioButton)分组到带标记、不可滚动的框架中
	TabControl	提供一个选项卡式页面以有效地组织和访问已分组对象

控件的一些通用属性和通用事件，分别如表 8-6 和表 8-7 所示。

表 8-6　控件通用属性

属　性	功能描述
BackColor	背景颜色
Enabled	是否可用
ForeColor	前景颜色
Name	名称
Text	文本
Visible	是否可见
CanFocus	获取一个值，该值指示控件是否可以接收焦点
BackgroundImage	获取或设置在控件中显示的背景图像
Cursor	获取或设置当鼠标指针位于控件上时显示的光标
Font	获取或设置控件显示的文字的字体
Height	获取或设置控件的高度
Width	获取或设置控件的宽度
Top	获取或设置控件的上边缘的 y 坐标(以像素为单位)
Left	获取或设置控件的左边缘的 x 坐标(以像素为单位)

表 8-7　控件通用事件

事　件	功能描述
Click	在单击控件时发生
DoubleClick	在双击控件时发生
MouseDown	当鼠标指针位于控件上并按键时发生
MouseEnter	在鼠标指针进入控件时发生

续表

事　　件	功 能 描 述
MouseHover	在鼠标指针悬停在控件上时发生
MouseLeave	在鼠标指针离开控件时发生
MouseMove	在鼠标指针移到控件上时发生
MouseUp	在鼠标指针在控件上并释放键时发生
MouseWheel	在移动鼠标轮并且控件有焦点时发生
KeyDown	在控件有焦点的情况下按键时发生
KeyUp	在控件有焦点的情况下释放键时发生
KeyPress	在控件有焦点的情况下按键时发生
GotFocus	在控件接收焦点时发生
LostFocus	当控件失去焦点时发生
Enter	进入控件时发生
Leave	在输入焦点离开控件时发生

8.3.1　基础控件

Label(标签)、TextBox(文本框)、Button(按钮)、ListBox(列表框)和 ComboBox(组合框)是五大基础控件，几乎所有的界面设计都要用到这几个基础控件。

Label、TextBox、ListBox、ComboBox 的主要属性、方法和事件如表 8-8～表 8-11 所示。另外，Button 的属性为 Enabled，功能是确定是否可以启用或禁用该控件；其方法为 Perform Click，它是 Button 控件的 Click 事件；事件为 Click，表示单击按钮时将触发该事件。

表 8-8　Label 的主要属性、方法和事件

名　　称	功 能 描 述
Text	属性，用于设置或获取与该控件关联的文本
Hide	方法，隐藏控件，调用该方法时，即使 Visible 属性设置为 True，控件也不可见
Show	方法，相当于将控件的 Visible 属性设置为 True 并显示控件
Click	事件，用户单击控件时将发生该事件

表 8-9　TextBox 的主要属性、方法和事件

名　　称	功 能 描 述
MaxLength	属性，可在文本框中输入的最大字符数
Multiline	属性，表示是否可在文本框中输入多行文本
Passwordchar	属性，机密和敏感数据，密码输入字符
ReadOnly	属性，文本框中的文本为只读
Text	属性，检索在控件中输入的文本
Clear	方法，删除现有的所有文本
KeyPress	事件，用户按一个键结束时将发生该事件

表 8-10　ListBox 的主要属性、方法和事件

名　称	功能描述
Items	属性，列表框中的项，存放列表框中字符串集合
SelectionMode	属性，指示列表框是单项选、多项选、还是不选
SelectedIndex	属性，当前选定项的索引
SelectedItem	属性，获取或者设置当前选定项
SelectedItems	属性，获取 ListBox 的所有选项
Text	属性，获取或搜索当前选定项的文本
ClearSelected	方法，取消选择 ListBox 中的所有项
SelectedIndexChanged	事件，ListIndes 索引值发生改变时发生

表 8-11　ComboBox 的主要属性和方法

名　称	功能描述
DropDownStyle	属性，ComboBox 控件的样式
MaxDropDownItems	属性，下拉区显示的最大项目数
Select	方法，在 ComboBox 控件上选定指定范围的文本

【例 8-6】利用基本控件开发 Windows 程序，程序界面如图 8.13 所示。单击“保存”按钮，弹出“保存成功”对话框。单击“清除”按钮，清除界面上所有编辑数据。

程序中还用到一个控件，即 CheckedListBox，其属性和方法如下：Items 属性表示所有选项集合；CheckedItems 属性表示所有被选中项的集合；GetItemChecked(int i)方法表示获取索引为 i 的被选中项；SetItemChecked(int i,bool b)方法表示将索引为 i 的选项的“是否被选中属性‘Checked’”设置为逻辑值 b。

图 8.13　程序界面

界面控件如表 8-12 所示。

表 8-12 界面控件

控件名称	控件显示值	类型	其他说明
FrmTravel	Travel	Form	AccepButton=btnSave CancleButton=btnExit AllowDrop=true ForeColor=SlateBlue FormBorderStyle=FixDialog
lblHeading	环球旅游	Label	ForeColor=Brown
lblName	旅客姓名	Label	ForeColor=SlateBlue
lblAddress	游客地址	Label	ForeColor=SlateBlue
lblTraveltype	旅游类型	Label	ForeColor=SlateBlue
lblDuration	游客预期旅游时间	Label	ForeColor=SlateBlue
lblmode	预期旅游方式	Label	ForeColor=SlateBlue
btnSave	保存	Button	ForeColor=SlateBlue
btnClear	清除	Button	ForeColor=SlateBlue
btnExit	退出	Button	ForeColor=SlateBlue
txtName		TextBox	
txtAddress		TextBox	
cmbType		ComboBox	选项值：冒险、娱乐、观光、购物、其他
lstDuration		ListBox	选项值：10 天、5 天、7 天
chkMode		CheckedListBox	选项值：飞机、火车、轮船、私家车、其他

ListBox、ComboBox、CheckedListBox 添加字符串选项值的办法如图 8.14 所示，选中“属性”列表框中的“Items”，单击“Collection”(集合加载)按钮，在弹出的“字符串集合编辑器”对话框中录入选项字符串。

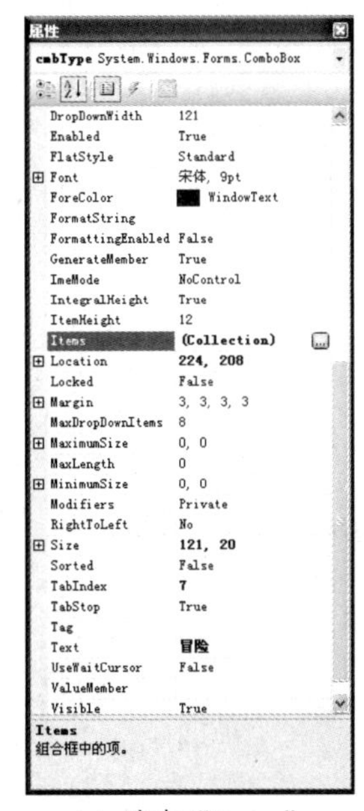

(a) 选中“Items”

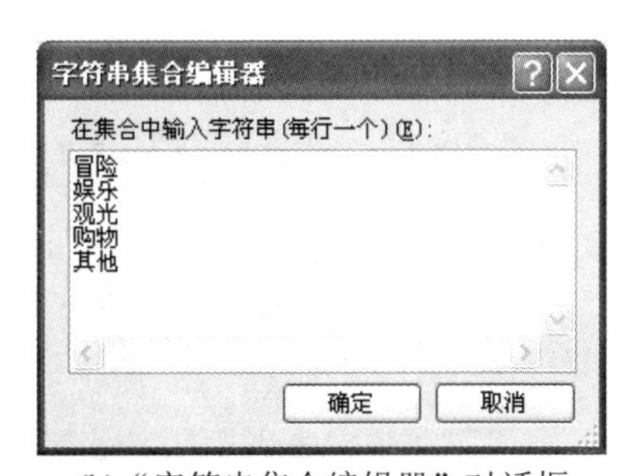

(b)“字符串集合编辑器”对话框

图 8.14 字符串选项值的手动录入

关键代码如下。

```
namespace 控件介绍
{
    public class FrmTravel : System.Windows.Forms.Form
    {
        …//自动生成代码已省略

        private void btnSave_Click(object sender, System.EventArgs e)//保存
                                                                     //按钮的Click
        {
            MessageBox.Show("数据已保存");
            btnExit.Focus();//退出按钮获得焦点
        }

        private void btnClear_Click(object sender, System.EventArgs e)//清
                                                                      //除按钮
        {
            this.txtAddress.Text=" ";
            this.txtName.Text=" ";
            this.cmbType.SelectedIndex=-1;
            for(int i=0;i<=this.chkMode.Items.Count-1;i++)
            {
                if(this.chkMode.GetItemChecked(i))
                {
                    this.chkMode.SetItemChecked(i,false);
                }
            }
            MessageBox.Show("数据已清除");
            btnExit.Focus();
        }

        private void btnExit_Click(object sender, System.EventArgs e)//退出
                                                                     //按钮的Click
        {
            this.Close();//关闭窗体
        }

        private void txtName_Leave(object sender, System.EventArgs e)
        {
            this.txtAddress.Focus();//txtAddress编辑框获得焦点
        }

        //不是当前活动控件时触发
        private void txtAddress_Leave(object sender, System.EventArgs e)
        {
            this.cmbType.Focus();
        }
```

```
        private void cmbType_Leave(object sender, System.EventArgs e)
        {
            this.lstDuration.Focus();
        }

        private void lstDuration_Leave(object sender, System.EventArgs e)
        {
            this.chkMode.Focus();
        }

        private void chkMode_Leave(object sender, System.EventArgs e)
        {
            this.btnExit.Focus();
        }
    }
}
```

程序运行结果如图 8.15 所示。

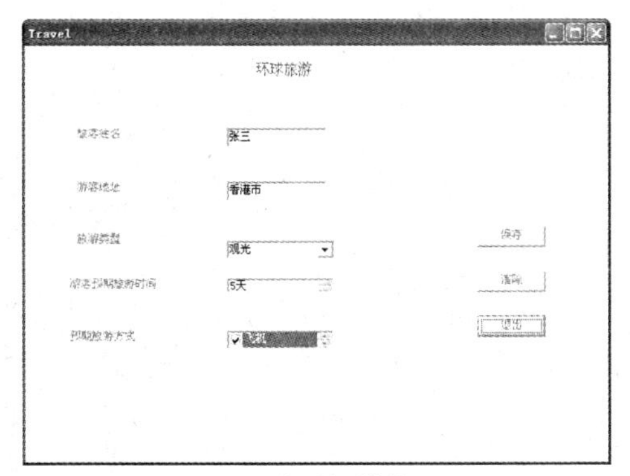

(a) 设置初始值

(b) 单击“保存”按钮

(c) 单击“确定”按钮

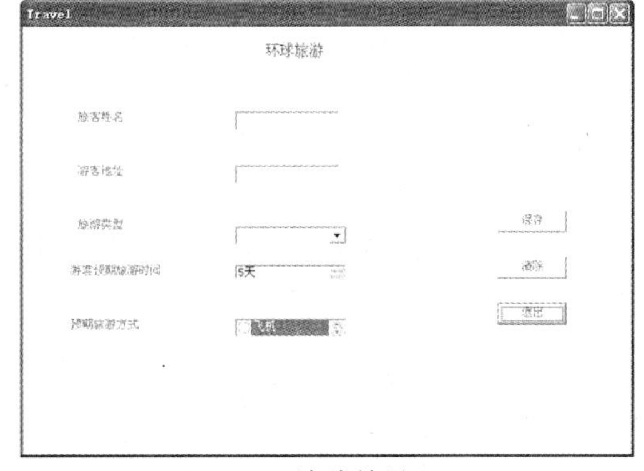

(d) 清除结果

图 8.15　例 8-6 程序运行结果

8.3.2　LinkLabel

Windows 窗体 LinkLabel 控件可以使用户在窗体上创建 Web 样式的链接。单击链接，可以更改链接的颜色来指示该链接已被访问。

(1) Text 属性：显示文本。

(2) LinkArea 属性：以确定将标题的哪一部分指示为链接。LinkArea 值是用包含两个数字的 LinkArea 对象表示的，这两个数字分别表示起始字符位置和字符数目。

(3) LinkColor、VisitedLinkColor 和 ActiveLinkColor 属性：设置链接的颜色。

(4) LinkClicked 事件：单击链接文本后激发。

(5) Links 属性：链接组成的集合。

(6) LinkData 属性：用来存储要显示文件的位置或 Web 站点的地址。

【例 8-7】在 WinFroms 窗体中，打开 Web 网页，如图 8.16 所示。

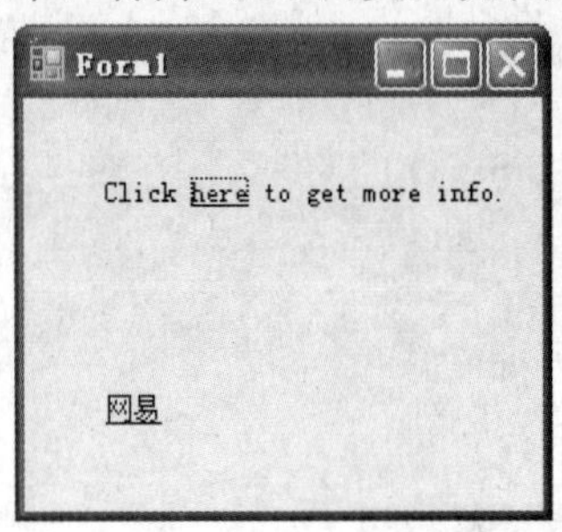

图 8.16　程序界面

关键代码如下。

```
namespace LinkLabel
{
    public class Form1 : System.Windows.Forms.Form
    {
        private System.Windows.Forms.LinkLabel linkLabel2;
        private System.Windows.Forms.LinkLabel linkLabel1;
        …
        …
        static void Main()
        {
            Application.Run(new Form1());
        }

        private void linkLabel1_LinkClicked(object sender, System.Windows.
        Forms.Link LabelLinkClickedEventArgs e)
        {
            System.Diagnostics.Process.Start(e.Link.LinkData.ToString());
        }

        private void Form1_Load(object sender, System.EventArgs e)
        {
            linkLabel1.Links.Add(6, 4, "www.163.com");
        }

        private void linkLabel2_LinkClicked(object sender, System.Windows.
        Forms.Link LabelLinkClickedEventArgs e)
        {
            try
```

```
            {
                VisitLink();
            }
            catch (Exception ex )
            {
                MessageBox.Show(ex.Message);
            }
        }

        private void VisitLink()
        {
            // 此设置使得单击链接可变色
            linkLabel1.LinkVisited=true;
            //直接打开网址
            System.Diagnostics.Process.Start("http://www.163.com");
        }
    }
}
```

若计算机能够正常上网，网易网页会顺利打开。

8.3.3　简易资源管理器的制作

案例涉及的主要控件有 TreeView、ListView 和 ImageList，具体如表 8-13～表 8-15 表示。

表 8-13　TreeView 控件的属性和事件

名　称	功 能 描 述
Nodes	属性，树视图中的顶级节点列表
SelectedNode	属性，当前选定节点
ImageList(ImageIndex)	属性，为树形节点提供可显图标(为树视图中的节点设置默认图像)
AfterSelect	事件，选定树节点后发生

表 8-14　ListView 控件的属性

属　性	功 能 描 述
View	视图模式，有 LargeIcon、SmallIcon、List 和 Details 四种
Items	控件所显示的项集合
SelectedItems	控件中当前选定项的集合
MultiSelect	指示用户是否可选择多项
Activation	确定用户必须采取何种操作以激活列表中的项，选项为 Standard、OneClick、TwoClick

表 8-15　ImageList 控件的属性

属　性	功 能 描 述
Images	包含相关联的控件将要使用的图片
ImageIndex	访问图像的索引值

ImageList 组件用于存储图像，这些图像随后可由控件显示。可以与图像列表相关联的

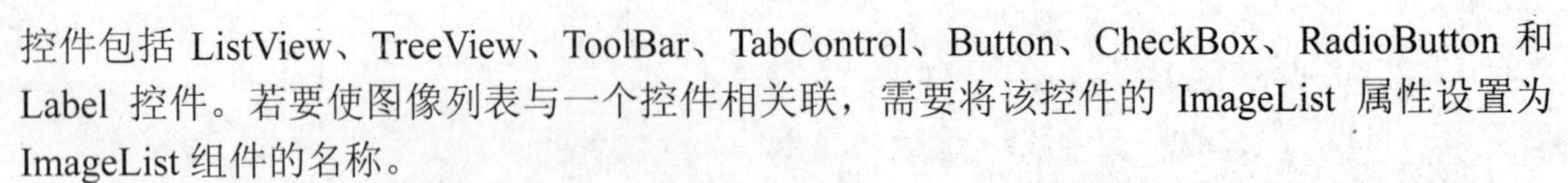

控件包括 ListView、TreeView、ToolBar、TabControl、Button、CheckBox、RadioButton 和 Label 控件。若要使图像列表与一个控件相关联，需要将该控件的 ImageList 属性设置为 ImageList 组件的名称。

【例 8-8】制作简易资源管理器，显示“桌面”上的“我的文档”和“我的电脑”。“我的电脑”检索到磁盘 C 和磁盘 D。视图显示有 4 种模式：大图标、小图标、列表显示和详细信息。当选中“我的文档”、“本地磁盘 C”或者“本地磁盘 D”时，右侧按视图模式显示其中的一级文件夹，程序界面如图 8.17 所示。界面控件使用情况如表 8-16 所示。

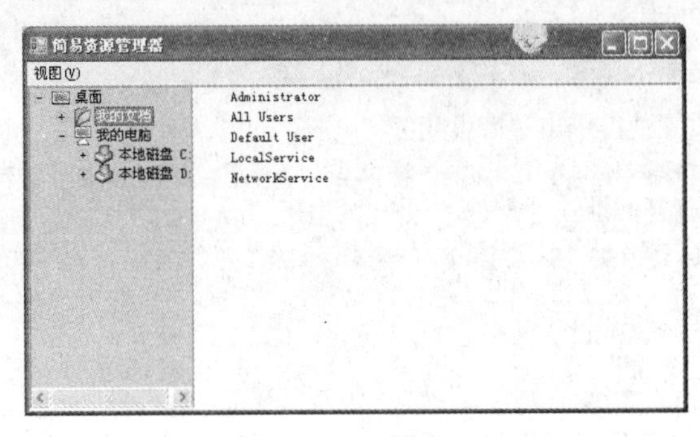

图 8.17　程序界面

表 8-16　界面控件

Name 属性	Text 属性	类　型	其 他 说 明
Form1	简易资源管理器	Form	
mainMenu1		MainMenu	设置如图 8.14 所示
imageList1		ImageList	设置如图 8.15 所示
treeView1		treeViewList1	BackColor：LightSkyBlue BorderStyle：Fixed3D Anchor：Top,Left Font：宋体，9 号 ForeColor：WindowText ImageList：imageList1 ImageIndex：0 SelectedImageIndex：0 设置如图 8.16 所示
listView1		ListView	设置如图 8.17 所示

main Menu1 的设置如图 8.18 所示。image List1 设置过程如下。

(1) 在“属性”任务窗格中选中“Images”，单击“Collection”右侧的按钮，如图 8.19 所示。

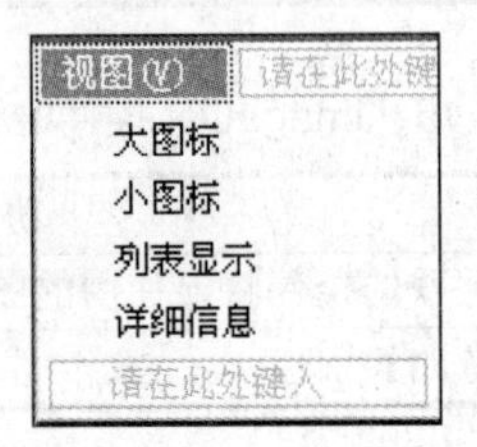

图 8.18　mainMenu1 设置

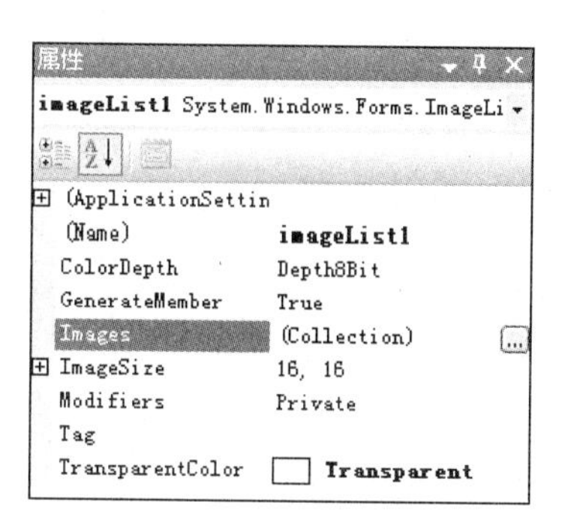

图 8.19 选中 Images

(2) 弹出“图像集合编辑器”对话框，选中第 3 个成员，单击“添加”按钮，如图 8.20 所示。

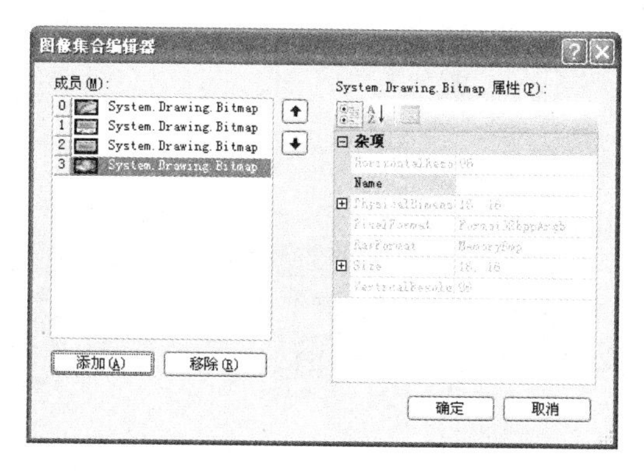

图 8.20 “图像编辑器”对话框

(3) 弹出“打开”对话框，选择需要添加的图片，如图 8.21 所示。

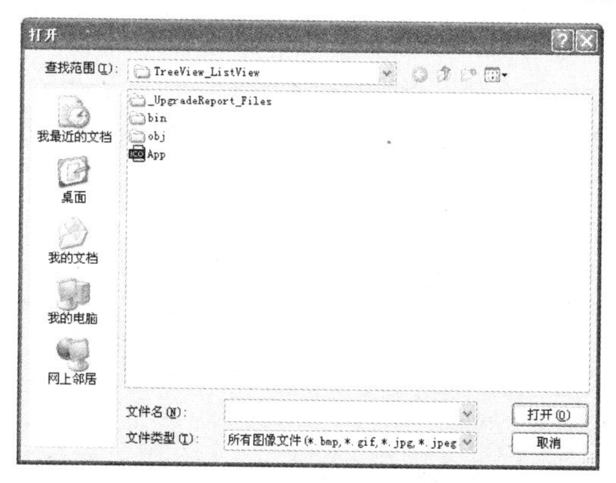

图 8.21 “打开”对话框

Tree View List1 设置如下。

(1) 在“属性”任务窗格中选中“Nodes”，单击“Collection”右侧的按钮，如图 8.22 所示。

(2) 弹出“Tree Node 编辑器”对话框，通过单击左侧的“添加根”和“添加子级”按钮录入节点，通过右侧“属性”选项组设置相应节点，其主要设置节点左侧图标。未单击“Image Index”节点时，为图标序号(在 Image List1 中选择)；选中“Selected ImageIndex”

节点时，为左侧图标，如图 8.23 所示。

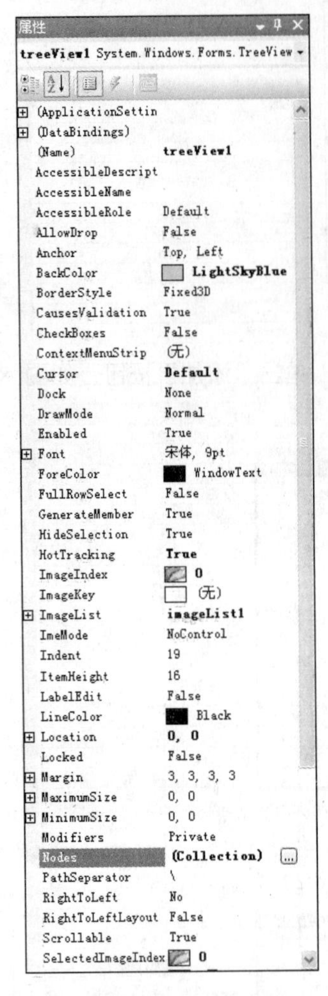

图 8.22　选中“Nodes”

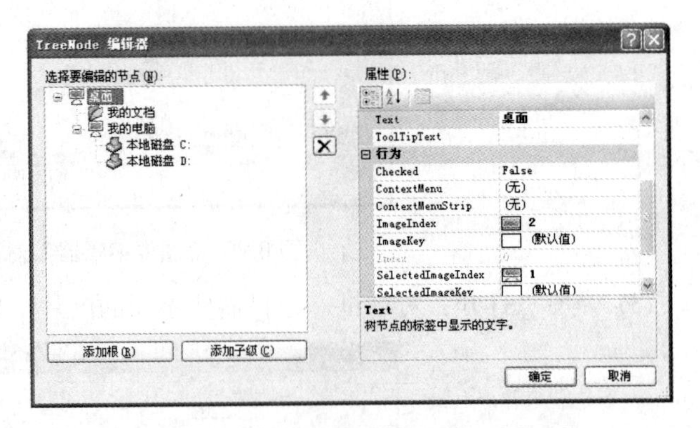

图 8.23　“Tree Node 编辑器”对话框

主要代码如下。

```
using System;
using System.Drawing;
using System.Collections;
using System.ComponentModel;
using System.Windows.Forms;
using System.Data;
using System.IO;

namespace TreeView_ListView
{
    /// <summary>
    /// Form1的摘要说明
    /// </summary>
    public class Form1 : System.Windows.Forms.Form
```

```
{
    private System.Windows.Forms.TreeView treeView1;
    private System.Windows.Forms.ListView listView1;
    private System.Windows.Forms.MainMenu mainMenu1;
    private System.Windows.Forms.MenuItem menuItem3;

    private System.IO.DirectoryInfo dir;
    private System.IO.FileSystemInfo[] fdir;
    private System.Windows.Forms.ImageList imageList1;
    private System.ComponentModel.IContainer components;
    private System.Windows.Forms.MenuItem menuItem11;
    private System.Windows.Forms.MenuItem menuItem12;
    private System.Windows.Forms.MenuItem menuItem13;
    private System.Windows.Forms.MenuItem menuItem14;

    private string path;

    public Form1()
    {
      //
      // Windows窗体设计器支持所必需的
      //
      InitializeComponent();
      //
      // TODO:在 InitializeComponent 调用后添加任何构造函数代码
      //
    }

   /// <summary>
   /// 清理所有正在使用的资源
   /// </summary>
   protected override void Dispose( bool disposing )
   {
      if( disposing )
      {
      if (components != null)
         {
            components.Dispose();
         }
      }
      base.Dispose( disposing );
   }

   #region Windows窗体设计器生成的代码
   /// <summary>
   /// 设计器支持所需的方法,不要使用代码编辑器修改
   /// 此方法的内容
```

```
/// </summary>
private void InitializeComponent()
{
    this.components=new System.ComponentModel.Container();
    System.Windows.Forms.TreeNode treeNode6=new System.Windows.
    Forms.TreeNode("我的文档", 0, 0);
    System.Windows.Forms.TreeNode treeNode7=new System.Windows.
    Forms.TreeNode("本地磁盘 C:", 3, 3);
    System.Windows.Forms.TreeNode treeNode8=new System.Windows.
    Forms.TreeNode("本地磁盘 D:", 3, 3);
    System.Windows.Forms.TreeNode treeNode9=new System.Windows.
    Forms.TreeNode("我的电脑", 1, 1, new System.Windows.Forms.Tree
    Node[] {
    treeNode7,
    treeNode8});
    System.Windows.Forms.TreeNode treeNode10=new System.Windows.
    Forms.TreeNode("桌面 ", 2, 1, new System.Windows.Forms.TreeNode[] {
    treeNode6,
    treeNode9});
    System.ComponentModel.ComponentResourceManager resources=new System.
    ComponentModel.ComponentResourceManager(typeof(Form1));
    this.treeView1=new System.Windows.Forms.TreeView();
    this.imageList1=new System.Windows.Forms.ImageList(this.components);
    this.listView1=new System.Windows.Forms.ListView();
    this.mainMenu1=new System.Windows.Forms.MainMenu(this.components);
    this.menuItem3=new System.Windows.Forms.MenuItem();
    this.menuItem11=new System.Windows.Forms.MenuItem();
    this.menuItem12=new System.Windows.Forms.MenuItem();
    this.menuItem13=new System.Windows.Forms.MenuItem();
    this.menuItem14=new System.Windows.Forms.MenuItem();
    this.SuspendLayout();
    //
    // treeView1
    //
    this.treeView1.BackColor=System.Drawing.Color.LightSkyBlue;
    this.treeView1.Cursor=System.Windows.Forms.Cursors.Default;
    this.treeView1.HotTracking=true;
    this.treeView1.ImageIndex=0;
    this.treeView1.ImageList=this.imageList1;
    this.treeView1.Location=new System.Drawing.Point(0, 0);
    this.treeView1.Name="treeView1";
    treeNode6.ImageIndex=0;
    treeNode6.Name="";
    treeNode6.SelectedImageIndex=0;
    treeNode6.Text="我的文档";
    treeNode7.ImageIndex=3;
    treeNode7.Name="";
```

```
treeNode7.SelectedImageIndex=3;
treeNode7.Text="本地磁盘 C:";
treeNode8.ImageIndex=3;
treeNode8.Name="";
treeNode8.SelectedImageIndex=3;
treeNode8.Text="本地磁盘 D:";
treeNode9.ImageIndex=1;
treeNode9.Name="";
treeNode9.SelectedImageIndex=1;
treeNode9.Text="我的电脑";
treeNode10.ImageIndex=2;
treeNode10.Name="";
treeNode10.SelectedImageIndex=1;
treeNode10.Text="桌面 ";
this.treeView1.Nodes.AddRange(newSystem.Windows.Forms.TreeNode[] {
treeNode10});
this.treeView1.SelectedImageIndex=0;
this.treeView1.Size=new System.Drawing.Size(145, 272);
this.treeView1.TabIndex=0;
this.treeView1.AfterSelect += new System.Windows.Forms.TreeView
EventHandler(this.treeView1_AfterSelect);
//
// imageList1
//
this.imageList1.ImageStream=((System.Windows.Forms.ImageList
Streamer)(resources.GetObject("imageList1.ImageStream")));
this.imageList1.TransparentColor=System.Drawing.Color.Transparent;
this.imageList1.Images.SetKeyName(0, "");
this.imageList1.Images.SetKeyName(1, "");
this.imageList1.Images.SetKeyName(2, "");
this.imageList1.Images.SetKeyName(3, "");
//
// listView1
//
this.listView1.BackColor=System.Drawing.Color.Azure;
this.listView1.Location=new System.Drawing.Point(143, 0);
this.listView1.Name="listView1";
this.listView1.Size=new System.Drawing.Size(425, 272);
this.listView1.Sorting=System.Windows.Forms.SortOrder.Ascending;
this.listView1.TabIndex=1;
this.listView1.UseCompatibleStateImageBehavior=false;
this.listView1.SelectedIndexChanged += new System.EventHandler (this.
listView1_SelectedIndexChanged);
//
// mainMenu1
//
this.mainMenu1.MenuItems.AddRange(new System.Windows.Forms.Menu
```

```
Item[] {
this.menuItem3});
//
// menuItem3
//
this.menuItem3.Index=0;
this.menuItem3.MenuItems.AddRange(new System.Windows.Forms.Menu
Item[] {
this.menuItem11,
this.menuItem12,
this.menuItem13,
this.menuItem14});
this.menuItem3.Text="视图(&V)";
//
// menuItem11
//
this.menuItem11.Index=0;
this.menuItem11.Text="大图标";
this.menuItem11.Click += new System.EventHandler(this.menuItem11
_Click);
//
// menuItem12
//
this.menuItem12.Index=1;
this.menuItem12.Text="小图标";
this.menuItem12.Click += new System.EventHandler(this.menuItem12
_Click);
//
// menuItem13
//
this.menuItem13.Index=2;
this.menuItem13.Text="列表显示";
this.menuItem13.Click += new System.EventHandler(this.menuItem13
_Click);
//
// menuItem14
//
this.menuItem14.Index=3;
this.menuItem14.Text="详细信息";
this.menuItem14.Click += new System.EventHandler(this.menuItem14
_Click);
//
// Form1
//
this.AutoScaleBaseSize=new System.Drawing.Size(6, 14);
this.ClientSize=new System.Drawing.Size(568, 273);
this.Controls.Add(this.listView1);
this.Controls.Add(this.treeView1);
```

```
        this.Menu=this.mainMenu1;
        this.Name="Form1";
        this.Text="简易资源管理器";
        this.ResumeLayout(false);
        }
        #endregion

        /// <summary>
        /// 应用程序的主入口点
        /// </summary>
         [STAThread]
        static void Main()
        {
            Application.Run(new Form1());
        }

        public void myMethod(string path,System.Windows.Forms.TreeView
        EventArgs e)
        {
            dir=new System.IO.DirectoryInfo(path);
            fdir=dir.GetDirectories("*");
            this.listView1.Clear();
            foreach (DirectoryInfo diNext in fdir)
        {
            listView1.Items.Add(diNext.ToString());
            e.Node.Nodes.Add(diNext.ToString());
        }
    }

    private void treeView1_AfterSelect(object sender, System. Windows.Forms.
    TreeViewEventArgs e)
    {
        try
        {
            switch(e.Node.Text.ToString())
            {
                case "我的文档":
                {
                    this.path=@"C:\Documents and Settings\";
                    this.myMethod(path,e);
                    break;
                }
            case "本地磁盘 C:":
            {
                this.path=@"C:\";
                this.myMethod(path,e);
                break;
            }
```

```
            case "本地磁盘 D:":
            {
                this.path=@"D:\";
                this.myMethod(path,e);
                break;
            }
            default:

                break;
        }
        }
        catch(System.NullReferenceException ee)
        {
            MessageBox.Show(ee.Message);
        }
    }

    private void listView1_SelectedIndexChanged(object sender, System.
    EventArgs e)
    {

    }

    private void menuItem12_Click(object sender, System.EventArgs e)
    {
        this.listView1.View=View.SmallIcon;
    }

    private void menuItem11_Click(object sender, System.EventArgs e)
    {
        this.listView1.View=View.LargeIcon;
    }

    private void menuItem13_Click(object sender, System.EventArgs e)
    {
        this.listView1.View=View.List;
    }

    private void menuItem14_Click(object sender, System.EventArgs e)
    {
    this.listView1.View=View.Details;
    }
  }
}
```

8.3.4 度量专题

在程序界面功能设计过程中，很多时候需要直观地获取范围内的某数据值。常用的控件有 NumericUpDown、DomainUpDown、DateTimePicker、MonthCalender、TrackBar、Timer 和 ProgressBar。由于取值细致，它们随数值变化的事件也常用。

NumericUpDown 控件显示并设置选择列表中的单个数值，其主要的属性和方法如表 8-17 所示。

表 8-17　NumericUpDown 控件的属性和方法

名　称	功 能 描 述
Value	属性，设置或者显示该控件中选定的当前数字
Maximum	属性，控件选定的最大值(默认值为 100)
Minimum	属性，控件选定的最小值(默认值为 0)
Increment	属性，设置用户单击向上或向下按钮时值的调整量(默认值为 1)
UpButton	方法，增一个值
DownButton	方法，减一个值

DomainUpDown 控件显示并设置选择列表中的文本字符串，其主要的属性和方法如表 8-18 所示。

表 8-18　DomainUpDown 控件的属性和方法

名　称	功 能 描 述
Sorted	属性，是否排序该列表
Items	属性，文本字符串集合
Wrap	属性，如果 Wrap 设置为 true，则滚过最后一项后将到达列表的第一项，反之亦然
UpButton	方法，增一个值
DownButton	方法，减一个值

DateTimePicker 控件使用户得以从日期或时间列表中选择单个项，它显示为两部分：包含以文本形式显示的日期或时间的下拉列表和单击下拉箭头时出现的网格。它的 Format 属性用来显示格式，ValueChanged 事件指 Value 值发生变化时发生。

MonthCalendar 控件为用户查看和设置日期信息提供了一个直观的图形界面，该控件显示一个网格，该网格包含月份的编号日期，这些日期排列在周一到周日下的 7 个列中。它一般将控件直接拖放到指定位置即可使用。

TrackBar 控件用于在大量信息中进行浏览，或用于以可视形式调整数字设置，如表 8-19 所示。

表 8-19　TrackBar 控件的属性和事件

名　称	功 能 描 述
Value	属性，获取或者设置当前值
Minimum	属性，下限值
Maximum	属性，上限值
SmallChange	属性，响应键盘箭头事件而移动的最大数值
LargeChange	属性，响应键盘箭头事件而移动的最小数值
Scroll	事件，在移动 TrackBar 滑块时发生

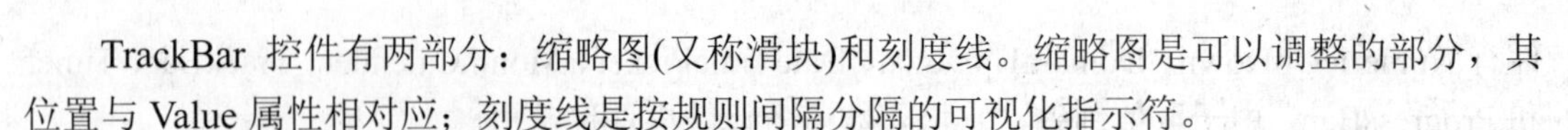

TrackBar 控件有两部分：缩略图(又称滑块)和刻度线。缩略图是可以调整的部分，其位置与 Value 属性相对应；刻度线是按规则间隔分隔的可视化指示符。

Timer 是按标准时间间隔引发事件的组件，如表 8-20 所示。

表 8-20　Timer 组件的属性、方法和事件

名　　称	功 能 描 述
Interval	属性，时间间隔的长度，其值以毫秒为单位
Start	方法，启动计时器
Stop	方法，关闭计时器
Tick	事件，启用组件后，则每个时间间隔引发一个 Tick 事件

ProgressBar 控件通过在水平条中显示适当数目的矩形来指示进程的进度，如表 8-21 所示。

表 8-21　ProgressBar 控件的属性和方法

名　　称	功 能 描 述
Value	属性，表示操作的进度
Minimum	属性，设置进度栏可以显示的最小值
Maximum	属性，设置进度栏可以显示的最大值
Step	属性，用于指定一个按其递增 Value 属性的值
PerformStep	方法，递增值
Increment	方法，更改递增值

【例 8-9】度量控件练习。0～100 的整数鼠标选择、整数一到十的字符串循环鼠标选择、控制条的自动循环滚动，直到程序结束、滑块的手动控制，滑块的位置决定了当前窗体的透明度、电子表、日历。功能界面如图 8.24 所示。界面控件用如表 8-22 所示。

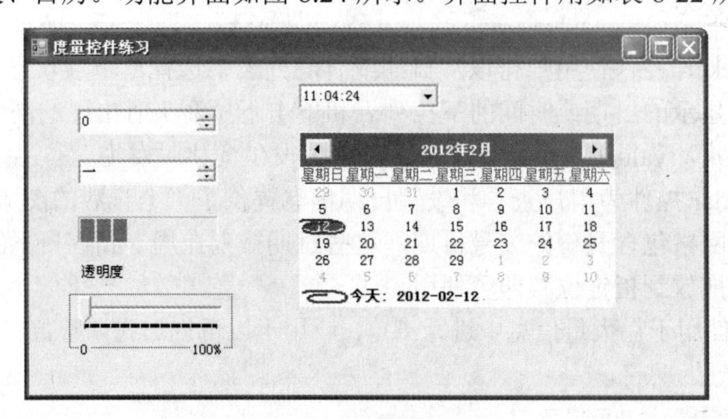

图 8.24　度量控件练习

表 8-22　界面控件

控 件 名 称	控件显示值	类　　型	说　　明
Form1	度量控件练习	Form	Opacity：100%
progressBar1		ProgressBar	下限为 0，上限为 100，　Marquee AnimationSpeed(字符动画的速度，以毫秒为单位)：100

续表

控 件 名 称	控件显示值	类 型	说 明
trackBar1		TrackBar	下限为 0，上限为 100，当前值为 0，TickFrequency(刻度线间的位置数)：1
dateTimePicker1		DateTimePicker	Format：Time，最小日期：1753-01-01，最大日期：9998-12-31
monthCalendar1		MonthCalendar	
timer1		Timer	Interval(Elapsed 事件的频率，以毫秒为单位)：100
numericUpDown1		NumericUpDown	下限为 0，上限为 100，Increment：1
domainUpDown1	一	DomainUpDown	Items：{“一”，“二”，“三”，“四”，“五”,“六”,“七”,“八”,“九”,“十”}，Wrap：true
label1	0	Label	
label2	100%	Label	
label3	透明度	Label	

关键代码如下。

```
using System;
using System.Drawing;
using System.Collections;
using System.ComponentModel;
using System.Windows.Forms;
using System.Data;

namespace pringtDocument
{
    public class Form1 : System.Windows.Forms.Form
    {
        private System.Windows.Forms.ProgressBar progressBar1;
        private System.Windows.Forms.TrackBar trackBar1;
        private System.Windows.Forms.DateTimePicker dateTimePicker1;
        private System.Windows.Forms.MonthCalendar monthCalendar1;
        private System.Windows.Forms.Timer timer1;
        private NumericUpDown numericUpDown1;
        private DomainUpDown domainUpDown1;
        private Label label1;
        private Label label2;
        private Label label3;
        private System.ComponentModel.IContainer components;

        public Form1()
        {
            InitializeComponent();
            this.timer1.Start();
```

```
        }

        static void Main()
        {
            Application.Run(new Form1());
        }

        private void timer1_Tick(object sender, System.EventArgs e)
        {
            this.dateTimePicker1.Value=DateTime.Now;
            if (this.progressBar1.Value < 100)
            {
                this.progressBar1.Increment(1);
            }
            else
            {
                this.progressBar1.Value=0;
                this.progressBar1.Increment(1);
            }
        }

        private void trackBar1_Scroll(object sender, EventArgs e)
        {
            this.Opacity=(100-this.trackBar1.Value * 1.0 )/ 100;
        }
    }
}
```

8.3.5 选择专题

选择分为互斥的单项选择和可以并列选择的复选。其控件主要有 RadioButton、CheckBox 和 GroupBox。GroupBox 是很好的分组控件，并且可以带标题。RadioButton 控件为用户提供由两个或多个互斥选项组成的选项集，其介绍如表 8-23 所示。

表 8-23 RadioButton 控件的属性和事件

名 称	功 能 描 述
Checked	属性，选中按钮后，值为 true
Text	属性，显示文本
Appearance	属性，设置为 Appearance.Button，则 RadioButton 控件的外观可以像命令按钮一样
Click	事件，单击时触发

CheckBox 控件指示某特定条件是打开的还是关闭的，多个复选框可以使用 GroupBox 控件进行分组，其介绍如表 8-24 所示。

表 8-24　CheckBox 控件的属性和事件

名　称	功 能 描 述
Checked	属性，选中按钮后，值为 true
CheckState	属性，状态检查，枚举值：CheckState.Checked 、 CheckState.Unchecked 和 CheckState.Indeterminate
ThreeState	属性，为 true 时，CheckState 还可能返回 CheckState.Indeterminate
Click	事件，单击时触发

GroupBox 控件的属性为 Text，用来显示文本。选择专题使用非常普遍，如图 8.25 所示。

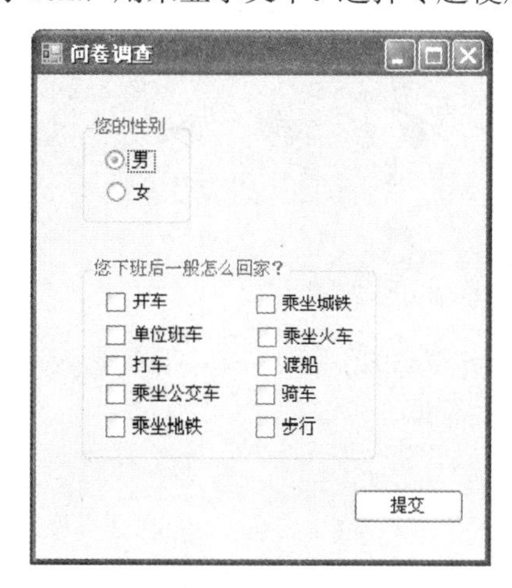

图 8.25　选择练习

8.3.6　制作文本编辑器*

制作文档编辑程序，功能类似于 Word 程序。它涉及的控件主要有主菜单(MainMenu)、打开文件对话框(OpenFileDialog)、保存文件对话框(SaveFileDialog)、字体对话框(FontDialog)、颜色对话框(ColorDialog)、编辑区(RichTextBox)、页面设置、打印、打印预览等。用户可以自己加上工具栏(或 Button 组合)。

值得强调的是，在下面的例题中，最重要的一个控件是 Windows 窗体的 RichTextBox 控件。它用于显示、输入和操作格式文本。RichTextBox 控件除了具有 TextBox 控件的功能之外，还可以显示字体、颜色和链接，从文件加载文本和嵌入的图像，撤销和重复编辑操作以及查找指定的字符。RichTextBox 控件通常用于提供类似文字处理程序(如 MicrosoftWord)的文本操作和显示功能。与 TextBox 控件一样，RichTextBox 控件也可以显示滚动条；但与 TextBox 控件不同的是，默认情况下，它既显示水平滚动条又显示垂直滚动条，并且有更多的滚动条设置。为了便于操作文件，LoadFile 和 SaveFile 方法可以显示和编写包括纯文本、Unicode 纯文本和 RTF 格式在内的多种文件格式。在 RichTextBox 控件中可以通过调用 Undo 和 Redo 方法撤销和重复大多数编辑操作。

如果要制作类似记事本的编辑器，可以使用 TextBox 控件。

【例 8-10】模拟 Word，制作富文本单文档应用程序。功能如图 8.26 所示。

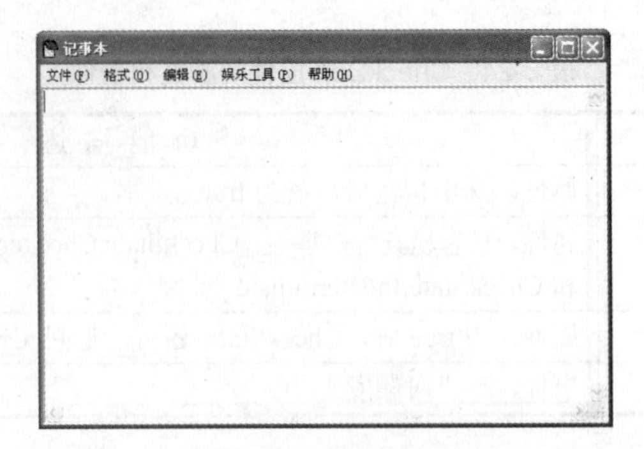

图 8.26 富文本编辑器

Form1.cs 代码文件如下。

```
using System;
using System.Drawing;
using System.Collections;
using System.ComponentModel;
using System.Windows.Forms;
using System.Data;
using System.IO;
using zhulingfa.SpeekSongPlay;

namespace textbook
{
    public class frm : System.Windows.Forms.Form
    {
        CSpeek speek=new CSpeek();
        private System.Windows.Forms.MainMenu mmenu;
        private System.Windows.Forms.MenuItem menuItem1;
        private System.Windows.Forms.MenuItem menuItem2;
        private System.Windows.Forms.MenuItem menuItem3;
        private System.Windows.Forms.MenuItem menuItem4;
        private System.Windows.Forms.MenuItem menuItem5;
        private System.Windows.Forms.MenuItem menuItem6;
        private System.Windows.Forms.MenuItem menuItem7;
        private System.Windows.Forms.MenuItem menuItem8;
        private System.Windows.Forms.MenuItem menuItem9;
        private System.Windows.Forms.MenuItem menuItem10;
        private System.Windows.Forms.MenuItem menuItem11;
        private System.Windows.Forms.MenuItem menuItem12;
        private System.Windows.Forms.MenuItem menuItem13;
        private System.Windows.Forms.MenuItem menuItem14;
        private System.Windows.Forms.MenuItem menuItem15;
        private System.Windows.Forms.MenuItem menuItem16;
        private System.Windows.Forms.MenuItem menuItem17;
        private System.Windows.Forms.MenuItem menuItem18;
        private System.Windows.Forms.MenuItem menuItem19;
        private System.Windows.Forms.MenuItem menuItem20;
```

```
private System.Windows.Forms.MenuItem menuItem21;
private System.Windows.Forms.MenuItem menuItem22;
private System.Windows.Forms.MenuItem menuItem23;
private System.Windows.Forms.MenuItem menuItem24;
private System.Windows.Forms.MenuItem menuItem25;
private System.Windows.Forms.MenuItem menuItem26;
private System.Windows.Forms.MenuItem menuItem27;
private System.Windows.Forms.MenuItem menuItem28;
private System.Windows.Forms.MenuItem menuItem29;
private System.Windows.Forms.MenuItem menuItem30;
private System.Windows.Forms.MenuItem menuItem31;
private System.Windows.Forms.RichTextBox rtb;/**/
private System.Windows.Forms.MenuItem menuItem32;
private System.Drawing.Printing.PrintDocument pdc;/**/
private System.Windows.Forms.PrintPreviewDialog pvd;/**/
/// <summary>
///必需的设计器变量
/// </summary>
private System.ComponentModel.Container components=null;
private System.Windows.Forms.PageSetupDialog pageSetupDialog1;/**/
private System.Windows.Forms.MenuItem menuItem33;
private System.Windows.Forms.MenuItem menuItem34;
private System.Windows.Forms.MenuItem menuItem35;
private System.Windows.Forms.ContextMenu contextMenu1;
private System.Windows.Forms.MenuItem menuItem36;
private System.Windows.Forms.MenuItem menuItem37;
private System.Windows.Forms.MenuItem menuItem38;
private System.Windows.Forms.MenuItem menuItem39;
private System.Windows.Forms.MenuItem menuItem40;
private System.Windows.Forms.MenuItem menuItem41;
private System.Windows.Forms.MenuItem menuItem42;
private System.Windows.Forms.MenuItem menuItem43;
private System.Windows.Forms.MenuItem menuItem44;
private System.Windows.Forms.MenuItem menuItem45;
public static frm f1;

public frm()
{
   InitializeComponent();
}

protected override void Dispose( bool disposing )
{
   if( disposing )
   {
      if (components != null)
      {
         components.Dispose();
      }
```

```
        }
        base.Dispose( disposing );
    }

    #region Windows 窗体设计器生成的代码
    /// <summary>
    /// 设计器支持所需的方法,不要使用代码编辑器修改
    /// 此方法的内容
    /// </summary>
    private void InitializeComponent()
    {
        System.Resources.ResourceManager resources=new System.Resources.
        ResourceManager(typeof(frm));
        this.mmenu=new System.Windows.Forms.MainMenu();
        this.menuItem1=new System.Windows.Forms.MenuItem();
        this.menuItem5=new System.Windows.Forms.MenuItem();
        this.menuItem6=new System.Windows.Forms.MenuItem();
        this.menuItem7=new System.Windows.Forms.MenuItem();
        this.menuItem8=new System.Windows.Forms.MenuItem();
        this.menuItem9=new System.Windows.Forms.MenuItem();
        this.menuItem10=new System.Windows.Forms.MenuItem();
        this.menuItem33=new System.Windows.Forms.MenuItem();
        this.menuItem11=new System.Windows.Forms.MenuItem();
        this.menuItem12=new System.Windows.Forms.MenuItem();
        this.menuItem13=new System.Windows.Forms.MenuItem();
        this.menuItem2=new System.Windows.Forms.MenuItem();
        this.menuItem14=new System.Windows.Forms.MenuItem();
        this.menuItem15=new System.Windows.Forms.MenuItem();
        this.menuItem16=new System.Windows.Forms.MenuItem();
        this.menuItem17=new System.Windows.Forms.MenuItem();
        this.menuItem18=new System.Windows.Forms.MenuItem();
        this.menuItem19=new System.Windows.Forms.MenuItem();
        this.menuItem20=new System.Windows.Forms.MenuItem();
        this.menuItem22=new System.Windows.Forms.MenuItem();
        this.menuItem21=new System.Windows.Forms.MenuItem();
        this.menuItem23=new System.Windows.Forms.MenuItem();
        this.menuItem24=new System.Windows.Forms.MenuItem();
        this.menuItem25=new System.Windows.Forms.MenuItem();
        this.menuItem26=new System.Windows.Forms.MenuItem();
        this.menuItem27=new System.Windows.Forms.MenuItem();
        this.menuItem3=new System.Windows.Forms.MenuItem();
        this.menuItem28=new System.Windows.Forms.MenuItem();
        this.menuItem29=new System.Windows.Forms.MenuItem();
        this.menuItem32=new System.Windows.Forms.MenuItem();
        this.menuItem34=new System.Windows.Forms.MenuItem();
        this.menuItem35=new System.Windows.Forms.MenuItem();
        this.menuItem44=new System.Windows.Forms.MenuItem();
        this.menuItem45=new System.Windows.Forms.MenuItem();
        this.menuItem4=new System.Windows.Forms.MenuItem();
```

```
this.menuItem30=new System.Windows.Forms.MenuItem();
this.menuItem31=new System.Windows.Forms.MenuItem();
this.rtb=new System.Windows.Forms.RichTextBox();
this.contextMenu1=new System.Windows.Forms.ContextMenu();
this.menuItem36=new System.Windows.Forms.MenuItem();
this.menuItem37=new System.Windows.Forms.MenuItem();
this.menuItem38=new System.Windows.Forms.MenuItem();
this.menuItem39=new System.Windows.Forms.MenuItem();
this.menuItem40=new System.Windows.Forms.MenuItem();
this.menuItem41=new System.Windows.Forms.MenuItem();
this.menuItem42=new System.Windows.Forms.MenuItem();
this.menuItem43=new System.Windows.Forms.MenuItem();
this.pdc=new System.Drawing.Printing.PrintDocument();
this.pvd=new System.Windows.Forms.PrintPreviewDialog();
this.pageSetupDialog1=new System.Windows.Forms.PageSetupDialog();
this.SuspendLayout();
//
// mmenu
//
this.mmenu.MenuItems.AddRange(new System.Windows.Forms.MenuItem[]
{

this.menuItem1,

this.menuItem2,

this.menuItem3,

this.menuItem34,

this.menuItem4});
//
// menuItem1
//
this.menuItem1.Index=0;
this.menuItem1.MenuItems.AddRange(new System.Windows.Forms.
MenuItem[] {

this.menuItem5,

this.menuItem6,

this.menuItem7,

this.menuItem8,

this.menuItem9,

this.menuItem10,
```

```
this.menuItem33,

this.menuItem11,

this.menuItem12,

this.menuItem13});
this.menuItem1.Text="文件(&F)";
//
// menuItem5
//
this.menuItem5.Index=0;
this.menuItem5.Shortcut=System.Windows.Forms.Shortcut.CtrlN;
this.menuItem5.Text="新建(&N)";
this.menuItem5.Click += new System.EventHandler(this.menuItem5
_Click);
//
// menuItem6
//
this.menuItem6.Index=1;
this.menuItem6.Shortcut=System.Windows.Forms.Shortcut.CtrlO;
this.menuItem6.Text="打开(&O)...";
this.menuItem6.Click += new System.EventHandler(this.menuItem6
_Click);
//
// menuItem7
//
this.menuItem7.Index=2;
this.menuItem7.Shortcut=System.Windows.Forms.Shortcut.CtrlS;
this.menuItem7.Text="保存(&S)";
this.menuItem7.Click += new System.EventHandler(this.menuItem7_
Click);
//
// menuItem8
//
this.menuItem8.Index=3;
this.menuItem8.Text="另存为(&A)...";
this.menuItem8.Click += new System.EventHandler(this.menuItem8
_Click);
//
// menuItem9
//
this.menuItem9.Index=4;
this.menuItem9.Text="-";
//
// menuItem10
//
this.menuItem10.Index=5;
```

```
this.menuItem10.Text="页面设置(&U)...";
this.menuItem10.Click += new System.EventHandler(this.menuItem10
_Click);
//
// menuItem33
//
this.menuItem33.Index=6;
this.menuItem33.Text="打印预览";
this.menuItem33.Click += new System.EventHandler(this.menuItem33
_Click);
//
// menuItem11
//
this.menuItem11.Index=7;
this.menuItem11.Shortcut=System.Windows.Forms.Shortcut.CtrlP;
this.menuItem11.Text="打印(&P)...";
this.menuItem11.Click += new System.EventHandler(this.menuItem11
_Click);
//
// menuItem12
//
this.menuItem12.Index=8;
this.menuItem12.Text="-";
//
// menuItem13
//
this.menuItem13.Index=9;
this.menuItem13.Text="退出(&X)";
this.menuItem13.Click += new System.EventHandler(this.menuItem13
_Click);
//
// menuItem2
//
this.menuItem2.Index=1;
this.menuItem2.MenuItems.AddRange(new System.Windows.Forms.MenuI
tem[] {

this.menuItem14,

this.menuItem15,

this.menuItem16,

this.menuItem17,

this.menuItem18,

this.menuItem19,
```

```
this.menuItem20,

this.menuItem22,

this.menuItem21,

this.menuItem23,

this.menuItem24,

this.menuItem25,

this.menuItem26,

this.menuItem27});
this.menuItem2.Text="编辑(&E)";
//
// menuItem14
//
this.menuItem14.Index=0;
this.menuItem14.Shortcut=System.Windows.Forms.Shortcut.CtrlZ;
this.menuItem14.Text="撤销(&U)";
this.menuItem14.Click += new System.EventHandler(this.menuItem14
_Click);
//
// menuItem15
//
this.menuItem15.Index=1;
this.menuItem15.Text="-";
//
// menuItem16
//
this.menuItem16.Index=2;
this.menuItem16.Shortcut=System.Windows.Forms.Shortcut.CtrlX;
this.menuItem16.Text="剪切(&T)";
this.menuItem16.Click += new System.EventHandler(this.menuItem16
_Click);
//
// menuItem17
//
this.menuItem17.Index=3;
this.menuItem17.Shortcut=System.Windows.Forms.Shortcut.CtrlC;
this.menuItem17.Text="复制(&C)";
this.menuItem17.Click += new System.EventHandler(this.menuItem17
_Click);
//
// menuItem18
//
this.menuItem18.Index=4;
```

```
this.menuItem18.Shortcut=System.Windows.Forms.Shortcut.CtrlV;
this.menuItem18.Text="粘贴(&P)";
this.menuItem18.Click += new System.EventHandler(this.menuItem18
_Click);
//
// menuItem19
//
this.menuItem19.Index=5;
this.menuItem19.Shortcut=System.Windows.Forms.Shortcut.Del;
this.menuItem19.Text="删除(&L)";
this.menuItem19.Click += new System.EventHandler(this.menuItem19
_Click);
//
// menuItem20
//
this.menuItem20.Index=6;
this.menuItem20.Text="-";
//
// menuItem22
//
this.menuItem22.Index=7;
this.menuItem22.Shortcut=System.Windows.Forms.Shortcut.CtrlF;
this.menuItem22.Text="查找(&F)...";
this.menuItem22.Click += new System.EventHandler(this.menuItem22
_Click);
//
// menuItem21
//
this.menuItem21.Index=8;
this.menuItem21.Shortcut=System.Windows.Forms.Shortcut.F3;
this.menuItem21.Text="查找下一个(&N)";
this.menuItem21.Click += new System.EventHandler(this.menuItem21
_Click);
//
// menuItem23
//
this.menuItem23.Index=9;
this.menuItem23.Shortcut=System.Windows.Forms.Shortcut.CtrlH;
this.menuItem23.Text="替换(&R)...";
this.menuItem23.Click += new System.EventHandler(this.menuItem23
_Click);
//
// menuItem24
//
this.menuItem24.Index=10;
this.menuItem24.Shortcut=System.Windows.Forms.Shortcut.CtrlG;
this.menuItem24.Text="转到(&G)...";
this.menuItem24.Click += new System.EventHandler(this.menuItem24
_Click);
```

```
//
// menuItem25
//
this.menuItem25.Index=11;
this.menuItem25.Text="-";
//
// menuItem26
//
this.menuItem26.Index=12;
this.menuItem26.Shortcut=System.Windows.Forms.Shortcut.CtrlA;
this.menuItem26.Text="全选(&A)";
this.menuItem26.Click += new System.EventHandler(this.menuItem26
_Click);
//
// menuItem27
//
this.menuItem27.Index=13;
this.menuItem27.Shortcut=System.Windows.Forms.Shortcut.F5;
this.menuItem27.Text="时间/日期(&D)";
this.menuItem27.Click += new System.EventHandler(this.menuItem27
_Click);
//
// menuItem3
//
this.menuItem3.Index=2;
this.menuItem3.MenuItems.AddRange(new System.Windows.Forms.Menu
Item[] {

this.menuItem28,

this.menuItem29,

this.menuItem32});
this.menuItem3.Text="格式(&O)";
//
// menuItem28
//
this.menuItem28.Index=0;
this.menuItem28.Text="自动换行(&W)";
this.menuItem28.Click += new System.EventHandler(this.menuItem28
_Click);
//
// menuItem29
//
this.menuItem29.Index=1;
this.menuItem29.Text="字体(&F)...";
this.menuItem29.Click += new System.EventHandler(this.menuItem29
_Click);
//
```

```
// menuItem32
//
this.menuItem32.Index=2;
this.menuItem32.Text="颜色";
this.menuItem32.Click += new System.EventHandler(this.menuItem32
_Click);
//
// menuItem34
//
this.menuItem34.Index=3;
this.menuItem34.MenuItems.AddRange(new System.Windows.Forms.
MenuItem[] {

this.menuItem35,

this.menuItem44,

this.menuItem45});
this.menuItem34.Text="娱乐工具(&P)";
//
// menuItem35
//
this.menuItem35.Index=0;
this.menuItem35.Text="播放电影";
this.menuItem35.Click += new System.EventHandler(this.menuItem35
_Click);
//
// menuItem44
//
this.menuItem44.Index=1;
this.menuItem44.Text="朗读声音";
this.menuItem44.Click += new System.EventHandler(this.menuItem44
_Click);
//
// menuItem45
//
this.menuItem45.Index=2;
this.menuItem45.Text="停止朗读";
//
// menuItem4
//
this.menuItem4.Index=4;
this.menuItem4.MenuItems.AddRange(new System.Windows.Forms.Menu.
Item[] {

this.menuItem30,

this.menuItem31});
this.menuItem4.Text="帮助(&H)";
```

```
//
// menuItem30
//
this.menuItem30.Index=0;
this.menuItem30.Text="帮助主题(&H)";
this.menuItem30.Click += new System.EventHandler(this.menuItem30
_Click);
//
// menuItem31
//
this.menuItem31.Index=1;
this.menuItem31.Text="关于记事本(&A)";
this.menuItem31.Click += new System.EventHandler(this.menuItem31
_Click);
//
// rtb
//
this.rtb.ContextMenu=this.contextMenu1;
this.rtb.Dock=System.Windows.Forms.DockStyle.Fill;
this.rtb.Font=new System.Drawing.Font("隶书", 12F, System.Drawing.
FontStyle.Regular, System.Drawing.GraphicsUnit.Point, ((System.
Byte)(134)));
this.rtb.Location=new System.Drawing.Point(0, 0);
this.rtb.Name="rtb";
this.rtb.ScrollBars=System.Windows.Forms.RichTextBoxScrollBars.
ForcedBoth;
this.rtb.Size=new System.Drawing.Size(520, 301);
this.rtb.TabIndex=0;
this.rtb.Text="";
this.rtb.WordWrap=false;
this.rtb.TextChanged += new System.EventHandler(this.rtb_Text
Changed);
this.rtb.LinkClicked += new System.Windows.Forms.LinkClicked Event
Handler(this.rtb_LinkClicked);
//
// contextMenu1
//
this.contextMenu1.MenuItems.AddRange(new System.Windows.Forms.
MenuItem[] {

this.menuItem36,

this.menuItem37,

this.menuItem38,

this.menuItem39,

this.menuItem40,
```

```
 this.menuItem41,

 this.menuItem42,

 this.menuItem43});
//
// menuItem36
//
this.menuItem36.Index=0;
this.menuItem36.Text="撤销(&U)";
this.menuItem36.Click += new System.EventHandler(this.menuItem14
_Click);
//
// menuItem37
//
this.menuItem37.Index=1;
this.menuItem37.Text="-";
//
// menuItem38
//
this.menuItem38.Index=2;
this.menuItem38.Text="剪切(&T)";
this.menuItem38.Click += new System.EventHandler(this.menuItem16
_Click);
//
// menuItem39
//
this.menuItem39.Index=3;
this.menuItem39.Text="复制(&C)";
this.menuItem39.Click += new System.EventHandler(this.menuItem17
_Click);
//
// menuItem40
//
this.menuItem40.Index=4;
this.menuItem40.Text="粘帖(&P)";
this.menuItem40.Click += new System.EventHandler(this.menuItem18
_Click);
//
// menuItem41
//
this.menuItem41.Index=5;
this.menuItem41.Text="删除(&D)";
this.menuItem41.Click += new System.EventHandler(this.menuItem19
_Click);
//
// menuItem42
//
```

```
        this.menuItem42.Index=6;
        this.menuItem42.Text="-";
        //
        // menuItem43
        //
        this.menuItem43.Index=7;
        this.menuItem43.Text="全选(&A)";
        this.menuItem43.Click += new System.EventHandler(this.menuItem26
        _Click);
        //
        // pdc
        //
        this.pdc.PrintPage += new System.Drawing.Printing.PrintPageEvent
        Handler(this.pdc_PrintPage);
        //
        // pvd
        //
        this.pvd.AutoScrollMargin=new System.Drawing.Size(0, 0);
        this.pvd.AutoScrollMinSize=new System.Drawing.Size(0, 0);
        this.pvd.ClientSize=new System.Drawing.Size(400, 300);
        this.pvd.Enabled=true;
        this.pvd.Icon=((System.Drawing.Icon)(resources.GetObject("pvd.
        Icon")));
        this.pvd.Location=new System.Drawing.Point(134, 15);
        this.pvd.MinimumSize=new System.Drawing.Size(375, 250);
        this.pvd.Name="pvd";
        this.pvd.TransparencyKey=System.Drawing.Color.Empty;
        this.pvd.Visible=false;
        //
        // frm
        //
        this.AutoScaleBaseSize=new System.Drawing.Size(6, 14);
        this.ClientSize=new System.Drawing.Size(520, 301);
        this.Controls.Add(this.rtb);
        this.Icon=((System.Drawing.Icon)(resources.GetObject("$this.
        Icon")));
        this.Menu=this.mmenu;
        this.Name="frm";
        this.StartPosition=System.Windows.Forms.FormStartPosition.Center
        Screen;
        this.Text="记事本";
        this.ResumeLayout(false);

    }
    #endregion

    /// <summary>
    /// 应用程序的主入口点
    /// </summary>
```

```
[STAThread]
static void Main()
{
    f1=new frm();
    Application.Run(f1);
}

private void menuItem5_Click(object sender, System.EventArgs e)
{
    if(this.rtb.TextLength!=0)
    {
        DialogResult dr=new DialogResult();
        dr=MessageBox.Show("文件的文字已经改变。\n\n想保存文件吗？","记事
        本",MessageBoxButtons.YesNoCancel,MessageBoxIcon.Warning);
        if(dr==DialogResult.Yes)
        {
            //保存文件的代码
        }
        else if(dr==DialogResult.No)
        {
            this.Text="未定标题-记事本";
            this.rtb.Clear();
        }
    }
    else
    {
        this.Text ="未定标题-记事本";
    }
}

private void menuItem28_Click(object sender, System.EventArgs e)
{
    if(this.rtb.WordWrap==true)
    {
        this.menuItem28.Checked=false;
        this.rtb.WordWrap=false;
    }
    else
    {
        this.menuItem28.Checked=true;
        this.rtb.WordWrap=true;
    }
}


private FontDialog fd=new FontDialog();    //定义字体对话框实例
private void menuItem29_Click(object sender, System.EventArgs e)
{
```

```
        //DialogResult dr=new DialogResult();
        if(fd.ShowDialog()==DialogResult.OK)
        {
            this.rtb.SelectionFont=fd.Font;
        }
    }

    private void menuItem13_Click(object sender, System.EventArgs e)
    {
        DialogResult dr=new DialogResult();
        dr=MessageBox.Show("文件的文字已经改变。\n\n想保存文件吗？","记事本
        ",MessageBoxButtons.YesNoCancel,MessageBoxIcon.Warning);
        if(dr==DialogResult.Yes)
        {
            if(savefile.FileName=="")
            {
                savefile.Filter="文本文件(*.txt)|*.txt";
                if(savefile.ShowDialog()==DialogResult.OK)
                {
                    StreamWriter sw=File.CreateText(savefile.FileName);
                    sw.Write(this.rtb.Text);
                    sw.Close();
                    //MessageBox.Show(savefile.FileName);
                }
            }
            else
            {
                StreamWriter sw=File.CreateText(savefile.FileName);
                sw.Write(this.rtb.Text);
                sw.Close();
            }
            Application.Exit();
        }
        else if(dr==DialogResult.No)
        {
            Application.Exit();
        }
    }


    private SaveFileDialog savefile=new SaveFileDialog();
    /// <summary>
    /// 文件保存事件的方法
    /// </summary>
    /// <param name="sender"></param>
    /// <param name="e"></param>

    private void menuItem7_Click(object sender, System.EventArgs e)
    {
```

```
    if(savefile.FileName=="")
    {
        savefile.Filter="文本文件(*.txt)|*.txt";
        if(savefile.ShowDialog()==DialogResult.OK)
        {
            StreamWriter sw=File.CreateText(savefile.FileName);
            sw.Write(this.rtb.Text);
            sw.Close();
            //rtb.SaveFile(savefile.FileName,System.Windows.Forms.
            //RichTextBoxStreamType.RichText);
        }
    }
    else
    {
        StreamWriter sw=File.CreateText(savefile.FileName);
        sw.Write(this.rtb.Text);
        sw.Close();
    }
}

private OpenFileDialog openfile=new OpenFileDialog();
private void menuItem6_Click(object sender, System.EventArgs e)
{
    openfile.Filter="文本文件(*.txt)|*.txt|所有文件(*.*)|*.*";
    if(openfile.ShowDialog()==DialogResult.OK)
    {
        StreamReader sr=new StreamReader(openfile.FileName,System.
        Text.Encoding.Default);
        //rtb.LoadFile(openfile.FileName,System.Windows.Forms.Rich
        TextBoxStreamType.RichText);

        this.rtb.Text=sr.ReadToEnd();
    }
}

private ColorDialog cd=new ColorDialog();
private void menuItem32_Click(object sender, System.EventArgs e)
{
    if(cd.ShowDialog()==DialogResult.OK)
    {
        this.rtb.SelectionColor=cd.Color;
    }
}


private void menuItem8_Click(object sender, System.EventArgs e)
{
    savefile.Filter="文本文件(*.txt)|*.txt";
    if(savefile.ShowDialog()==DialogResult.OK)
```

```
        {
            StreamWriter sw=File.CreateText(savefile.FileName);
            sw.Write(this.rtb.Text);
            sw.Close();
        }
    }

    private PrintDialog pd=new PrintDialog();
    private void menuItem11_Click(object sender, System.EventArgs e)
    {
        this.pd.Document=this.pdc; //PrintDocument自动代表当前活动的文档
        if(pd.ShowDialog()==DialogResult.OK)
        {
            this.pdc.Print();
        }
    }

    private void menuItem14_Click(object sender, System.EventArgs e)
    {
        this.rtb.Undo();
        //this.rtb.Redo();
    }

    private void menuItem26_Click(object sender, System.EventArgs e)
    {
        this.rtb.SelectAll();
    }

    private void menuItem27_Click(object sender, System.EventArgs e)
    {
        this.rtb.Text =DateTime.Now.ToString();
    }

    private void menuItem19_Click(object sender, System.EventArgs e)
    {
        if(this.rtb.SelectedText!=string.Empty)
        {
            string s=this.rtb.Text;
            int i=this.rtb.SelectionStart;
            int j=this.rtb.SelectionLength;
            s=s.Remove(i,j);
            //s=s.Replace(this.rtb.SelectedText,"");
            this.rtb.Text=s;
            //this.rtb.SelectedText=null;
        }
    }
    private void menuItem10_Click(object sender, System.EventArgs e)
    {
        //sr=new StreamReader("aaa.txt");          //读取当前活动的文档内容
```

```
    this.pageSetupDialog1.Document=this.pdc;
    if(this.pageSetupDialog1.ShowDialog()==DialogResult.OK)
    {
        this.pdc.DefaultPageSettings=this.pageSetupDialog1.Page
        Settings;
    }
}

private void menuItem16_Click(object sender, System.EventArgs e)
{
    if(this.rtb.SelectedText!="")
        this.rtb.Cut();
}

private void menuItem18_Click(object sender, System.EventArgs e)
{
    this.rtb.Paste();
}

private void menuItem17_Click(object sender, System.EventArgs e)
{
    if(this.rtb.SelectedText!="")
        this.rtb.Copy();
        //Clipboard
        //Clipboard.SetDataObject(this.rtb.SelectedText,true);
}


private void menuItem22_Click(object sender, System.EventArgs e)
{
    frms f=new frms();
    f.Show();
}

private void menuItem21_Click(object sender, System.EventArgs e)
{
    frms f=new frms();
    f.Show();
}

public void chazhao(string str,bool b)
{
    this.Activate();        //this.rtb.Lines;
    if(b==true)
    {
        int m=this.rtb.Text.IndexOf(str);
        this.rtb.Select(m,str.Length);
        //MessageBox.Show(m.ToString());
    }
```

```
            else
            {
                string a=this.rtb.Text.ToLower();
                string c=str.ToLower();
                int n=a.IndexOf(c);
                this.rtb.Select(n,str.Length);
                //MessageBox.Show(n.ToString());
            }
        }

        private void menuItem24_Click(object sender, System.EventArgs e)
        {
            frm4 f4=new frm4();
            f4.Show();
        }

        public bool zhuan(int i)
        {
            this.Activate();
            string[] str=this.rtb.Lines;
            if(i>this.rtb.Lines.Length)
            {
                return false;
            }
            int y=0;
            for(int x=1;x<i;x++)
            {
                y=y+str[x-1].Length+1;
            }
            this.rtb.Text=this.rtb.Text.Insert(y,"A");
            return true;
            //MessageBox.Show(str[0]);
        }

        private void menuItem33_Click(object sender, System.EventArgs e)
        {
            this.pvd.Document=this.pdc;
            this.pvd.ShowDialog();
        }

        private void pdc_PrintPage(object sender, System.Drawing.Printing.
        PrintPageEventArgs e)
        {
            Graphics g=e.Graphics;
            g.DrawString(this.rtb.Text,this.rtb.Font,new SolidBrush(this.rtb.
            ForeColor),e.MarginBounds);
        }

        private void menuItem35_Click(object sender, System.EventArgs e)
```

```
        {
            CPlay cp=new CPlay();
            cp.Show();
        }

        private void menuItem44_Click(object sender, System.EventArgs e)
        {
            speek.AnalyseSpeak(this.rtb.SelectedText);
        }

        private void rtb_TextChanged(object sender, System.EventArgs e)
        {

        }

        private void menuItem23_Click(object sender, System.EventArgs e)
        {
            this.rtb.SelectedText="xyz";
        }

        private void menuItem30_Click(object sender, System.EventArgs e)
        {
            System.Diagnostics.Process.Start("http://localhost//postinfo
            .html");
        }

        private void menuItem31_Click(object sender, System.EventArgs e)
        {

        }

        private void rtb_LinkClicked(object sender, System.Windows. Forms.
        LinkClickedEventArgs e)
        {
           System.Diagnostics.Process.Start("IExplore.exe", e.LinkText);
        }
    }
```

Form2.cs 代码文件如下。

```
using System;
using System.Drawing;
using System.Collections;
using System.ComponentModel;
using System.Windows.Forms;

namespace textbook
{
    /// <summary>
    ///Form2的摘要说明
```

```
    /// </summary>
    public class frms : System.Windows.Forms.Form
    {
       private System.Windows.Forms.Label label1;
       private System.Windows.Forms.TextBox txt;
       private System.Windows.Forms.Button butnext;
       private System.Windows.Forms.Button butexit;
       private System.Windows.Forms.CheckBox chbox;
       /// <summary>
       ///必需的设计器变量
       /// </summary>
       private System.ComponentModel.Container components=null;

       public frms()
       {
          //
          // Windows 窗体设计器支持所必需的
          //
          InitializeComponent();

          //
          // TODO:在调用InitializeComponent后添加任何构造函数代码
          //
       }

       /// <summary>
       ///清理所有正在使用的资源
       /// </summary>
       protected override void Dispose( bool disposing )
       {
          if( disposing )
          {
             if(components != null)
             {
                components.Dispose();
             }
          }
          base.Dispose( disposing );
       }

       #region Windows 窗体设计器生成的代码
       /// <summary>
       ///设计器支持所需的方法,不要使用代码编辑器修改
       ///此方法的内容
       /// </summary>
       private void InitializeComponent()
       {
          this.label1=new System.Windows.Forms.Label();
          this.txt=new System.Windows.Forms.TextBox();
```

```
this.butnext=new System.Windows.Forms.Button();
this.butexit=new System.Windows.Forms.Button();
this.chbox=new System.Windows.Forms.CheckBox();
this.SuspendLayout();
//
// label1
//
this.label1.Location=new System.Drawing.Point(16, 16);
this.label1.Name="label1";
this.label1.Size=new System.Drawing.Size(80, 16);
this.label1.TabIndex=0;
this.label1.Text="查找内容(&N):";
//
// txt
//
this.txt.Location=new System.Drawing.Point(104, 16);
this.txt.Name="txt";
this.txt.Size=new System.Drawing.Size(152, 21);
this.txt.TabIndex=1;
this.txt.Text="";
//
// butnext
//
this.butnext.Location=new System.Drawing.Point(272, 16);
this.butnext.Name="butnext";
this.butnext.Size=new System.Drawing.Size(104, 23);
this.butnext.TabIndex=2;
this.butnext.Text="查找下一个(&F)";
this.butnext.Click += new System.EventHandler(this.butnext_Click);
//
// butexit
//
this.butexit.Location=new System.Drawing.Point(272, 48);
this.butexit.Name="butexit";
this.butexit.Size=new System.Drawing.Size(104, 23);
this.butexit.TabIndex=3;
this.butexit.Text="取消";
this.butexit.Click += new System.EventHandler(this.butexit_Click);
//
// chbox
//
this.chbox.Location=new System.Drawing.Point(16, 56);
this.chbox.Name="chbox";
this.chbox.Size=new System.Drawing.Size(120, 32);
this.chbox.TabIndex=4;
this.chbox.Text="区分大小写(&C)";
//
// frms
//
```

```
            this.AutoScaleBaseSize=new System.Drawing.Size(6, 14);
            this.ClientSize=new System.Drawing.Size(386, 95);
            this.Controls.Add(this.chbox);
            this.Controls.Add(this.butexit);
            this.Controls.Add(this.butnext);
            this.Controls.Add(this.txt);
            this.Controls.Add(this.label1);
            this.FormBorderStyle=System.Windows.Forms.FormBorderStyle.Fixed
            Dialog;
            this.HelpButton=true;
            this.MaximizeBox=false;
            this.MinimizeBox=false;
            this.Name="frms";
            this.StartPosition=System.Windows.Forms.FormStartPosition.Center
            Screen;
            this.Text="查找";
            this.TopMost=true;
            this.Load += new System.EventHandler(this.frms_Load);
            this.ResumeLayout(false);

        }
        #endregion

        private void butexit_Click(object sender, System.EventArgs e)
        {

            this.Close();
        }

        private void butnext_Click(object sender, System.EventArgs e)
        {
            if(this.chbox.Checked==true)
            {
                frm.f1.chazhao(this.txt.Text,true);
            }
            else
            {
                frm.f1.chazhao(this.txt.Text,false);
            }
            //frm.f1.chazhao(this.txt.Text,true,1);
        }

        private void frms_Load(object sender, System.EventArgs e)
        {

        }
    }
}
```

Form4.cs 代码文件如下。

```
using System;
using System.Drawing;
using System.Collections;
using System.ComponentModel;
using System.Windows.Forms;

namespace textbook
{
    /// <summary>
    /// Form4的摘要说明
    /// </summary>
    public class frm4 : System.Windows.Forms.Form
    {
        private System.Windows.Forms.TextBox txtb;
        private System.Windows.Forms.Button butok;
        private System.Windows.Forms.Button butcancel;
        /// <summary>
        ///必需的设计器变量
        /// </summary>
        private System.ComponentModel.Container components=null;

        public frm4()
        {
            //
            // Windows 窗体设计器支持所必需的
            //
            InitializeComponent();

            //
            //TODO:在调用InitializeComponent后添加任何构造函数代码
            //
        }

        /// <summary>
        ///清理所有正在使用的资源
        /// </summary>
        protected override void Dispose( bool disposing )
        {
            if( disposing )
            {
                if(components != null)
                {
                    components.Dispose();
                }
            }
            base.Dispose( disposing );
        }
```

```
#region Windows 窗体设计器生成的代码
/// <summary>
///设计器支持所需的方法,不要使用代码编辑器修改
///此方法的内容
/// </summary>
private void InitializeComponent()
{
    this.txtb=new System.Windows.Forms.TextBox();
    this.butok=new System.Windows.Forms.Button();
    this.butcancel=new System.Windows.Forms.Button();
    this.SuspendLayout();
    //
    // txtb
    //
    this.txtb.Location=new System.Drawing.Point(16, 16);
    this.txtb.Name="txtb";
    this.txtb.TabIndex=0;
    this.txtb.Text="1";
    //
    // butok
    //
    this.butok.Location=new System.Drawing.Point(152, 16);
    this.butok.Name="butok";
    this.butok.TabIndex=1;
    this.butok.Text="确定";
    this.butok.Click += new System.EventHandler(this.butok_Click);
    //
    // butcancel
    //
    this.butcancel.Location=new System.Drawing.Point(152, 48);
    this.butcancel.Name="butcancel";
    this.butcancel.TabIndex=2;
    this.butcancel.Text="取消";
    this.butcancel.Click += new System.EventHandler(this.butcancel
    _Click);
    //
    // frm4
    //
    this.AutoScaleBaseSize=new System.Drawing.Size(6, 14);
    this.ClientSize=new System.Drawing.Size(242, 87);
    this.Controls.Add(this.butcancel);
    this.Controls.Add(this.butok);
    this.Controls.Add(this.txtb);
    this.FormBorderStyle=System.Windows.Forms.FormBorderStyle.Fixed
    Dialog;
    this.HelpButton=true;
    this.MaximizeBox=false;
    this.MinimizeBox=false;
    this.Name="frm4";
```

```
        this.StartPosition=System.Windows.Forms.FormStartPosition.
        Center Screen;
        this.Text="转到下列行";
        this.TopMost=true;
        this.Closing+=new System.ComponentModel.CancelEventHandler (this.
        frm4_Closing);
        this.Load += new System.EventHandler(this.frm4_Load);
        this.ResumeLayout(false);

    }
    #endregion

    private void butok_Click(object sender, System.EventArgs e)
    {
        if(!frm.f1.zhuan(int.Parse(this.txtb.Text)))
        {
            MessageBox.Show(this,"超出范围");
        }
    }

    private void butcancel_Click(object sender, System.EventArgs e)
    {
        this.Close();
    }

    private void frm4_Closing(object sender, System.ComponentModel.Cancel
    EventArgs e)
    {
        frm.f1.Activate();
    }

    private void frm4_Load(object sender, System.EventArgs e)
    {
        this.txtb.SelectAll();
    }
  }
}
```

小　　结

WinForms 可用于 Windows 窗体应用程序开发。Windows 窗体控件是从 System.Windows.Forms.Control 类派生的类。Label 控件用于显示用户不能编辑的文本或图像。Button 按钮控件提供用户与应用程序交互的最简便方法。ComboBox 控件是 ListBox 控件和 TextBox 控件的组合，用户可以输入文本，也可以从所提供的列表中选择项目。窗体提供了收集、显示和传送信息的界面，是图形用户界面(GUI)的重要元素。消息框显示消息，用于与用户交互。要掌握最基本控件的使用。

课 后 题

一、选择题

1．WinForms 窗体的(　　)属性用来设置其是否为多文档主窗体。

A．MDI　　B．MDIParan　　C．IsMdiContainer　　D．IsMDI

2．在 VS.NET 开发环境中为程序代码增加断点，快捷键为(　　)。

A．F2　　B．F5　　C．F8　　D．F9

3．WinForms 程序的入口点为(　　)。

A．静态方法 Main　　B．静态方法 Start

C．启动窗体的 Form_Load 事件　　D．Application_OnStart 事件

4．WinForms 窗体 A 中有退出按钮 B，如果在按 Esc 键的时候，相当于单击按钮 B 退出和关闭窗体 A，需要设置(　　)属性。

A．窗体 A 的 AcceptButton 属性　　B．窗体 A 的 CancelButton 属性

C．按钮 B 的 AcceptButton 属性　　D．按钮 B 的 CancelButton 属性

5．在.Net 中，定时器(Timer)控件的(　　)事件用来编写定时触发的程序代码。

A．Timer　　B．Start　　C．Trigger　　D．Tick

6．在.Net 中，Menu 是 MainMenu、MenuItem 和(　　)的基类。

A．CheckedMenu　　B．MenuCollection

C．MenuItems　　D．ContextMenu

二、简答题

1．显示窗体的方法有哪些？有什么区别？

2．MessageBox.Show()函数有哪些重载方法？如何使用？

三、程序设计题

设计一个秒表计时器，界面如图 8.27 所示。

(a) 程序刚运行

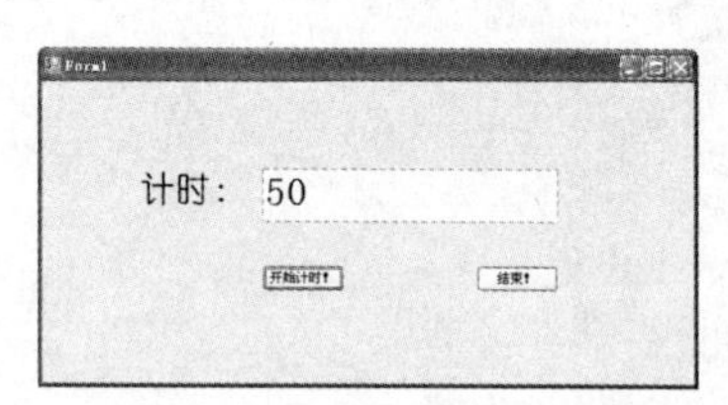

(b) 单击“开始计时”按钮

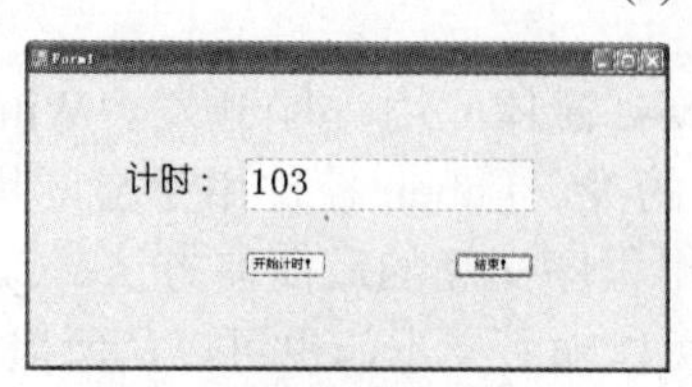

(c) 单击“结束”按钮

图 8.27　秒表计时器界面

ADO.NET

知识结构图

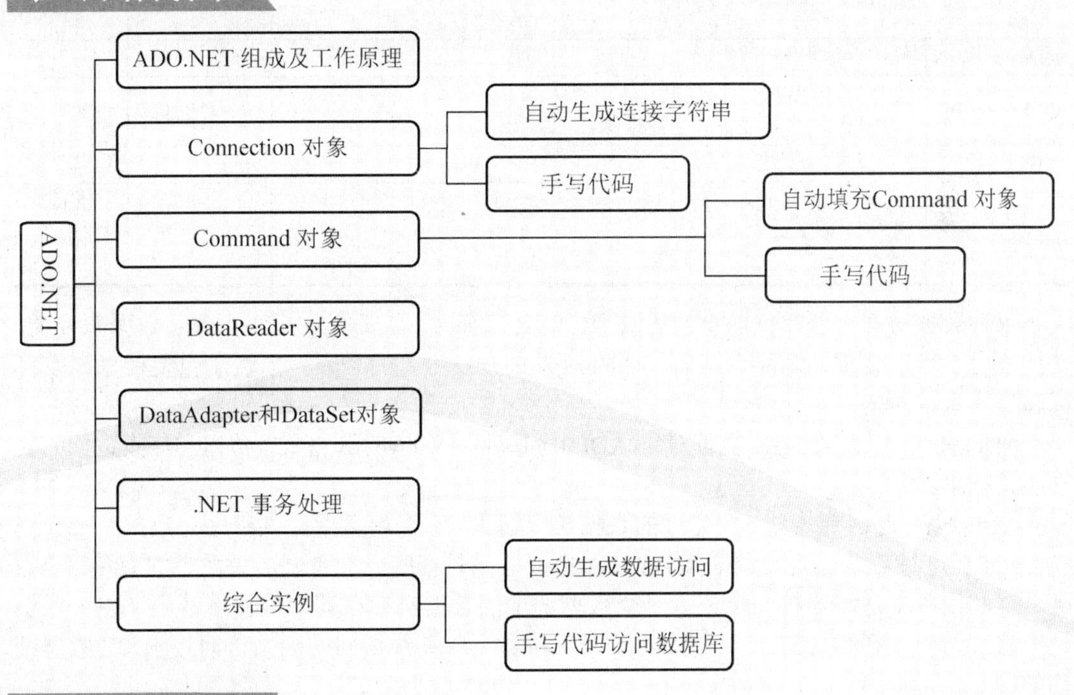

学习目标

(1) 了解 ADO.NET 的组成及工作原理。

(2) 掌握 Connection 对象。

(3) 掌握 Command 对象。

(4) 掌握 DataReader 对象。

(5) 掌握 Data Adapter 和 DataSet 对象。

(6) 了解.NET 事务处理。

数据访问技术是程序开发中较重要的技术之一。它经历了嵌入式SQL、ODBC接口、JDBC接口、DAO、RDO、OLEDB接口、ADO和ADO.NET。其中ODBC接口、DAO、RDO、OLEDB接口、ADO和ADO.NET都是Microsoft公司提供的数据访问技术，具体如表9-1所示。

表9-1 数据访问技术使用对照

名 称	适用数据源	适 用 语 言	难度	访问等级	性能	未来发展
嵌入式SQL	所有RDBMS	所有语言	难	低	低	支持
ODBC API	所有RDBMS	C、C++	难	低	中	支持
MFC ODBC	所有RDBMS	VC++	中	中	中	支持
JDBC API	所有RDBMS	Java	中	中	好	支持
DAO	RDBMS，最适合Jet数据源	VB、VC++ (MFC DAO类)	易	高	差	不支持
RDO	最适合远程Jet数据源	VB	易	高	好	不支持
OLEDB API	各类OLEDB提供者(包括几乎所有RDBMS和大量非关系型数据源)	VC++	中	中	好	支持
ADO	所有数据源	VB、VC++	易	高	好	不支持
ADO.NET	所有数据源	.NET平台下所有语言(C#、VC++ .NET、VB.NET等)	易	高	好	支持(主流发展方向)

每种数据访问方法都有自身的优缺点。对其选择时，主要考虑以下因素：数据源种类、支持语言、性能要求、功能、现有技术及对未来开发工具的兼容。当然，也要根据开发目标和设计水平决定。

ADO.NET是以ActiveX数据对象(ADO)为基础，以XML为格式，传送和接收数据的数据访问技术。

ADO.NET是目前较新、较先进的数据访问技术。它采用数据提供程序与数据库和数据集DataSet进行数据交换；数据集DataSet模拟关系数据库，拥有表、关系、约束和事务，既可以利用数据适配器将一个或者多个数据源中的数据暂存在其中供程序使用，也可以供用户直接访问。ADO.NET是目前唯一一个支持数据库离线访问的数据访问技术，其数据结构如图9.1所示。

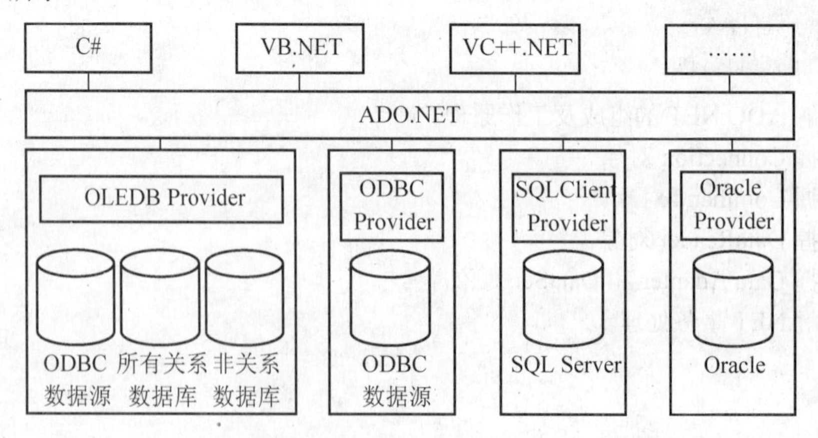

图9.1 ADO.NET的数据结构

9.1　ADO.NET 组成及工作原理

ADO.NET 由数据提供程序和程序集组成。其中数据提供程序由 Connection 对象、Command 对象、DataReader 对象、DataAdapter 数据适配器组成。数据集 DataSet 的结构模拟关系数据库构造，包含 DataTable 表单集合和表单关系集合。其中表单又包含了表的行、列和约束对象，如图 9.2 所示。

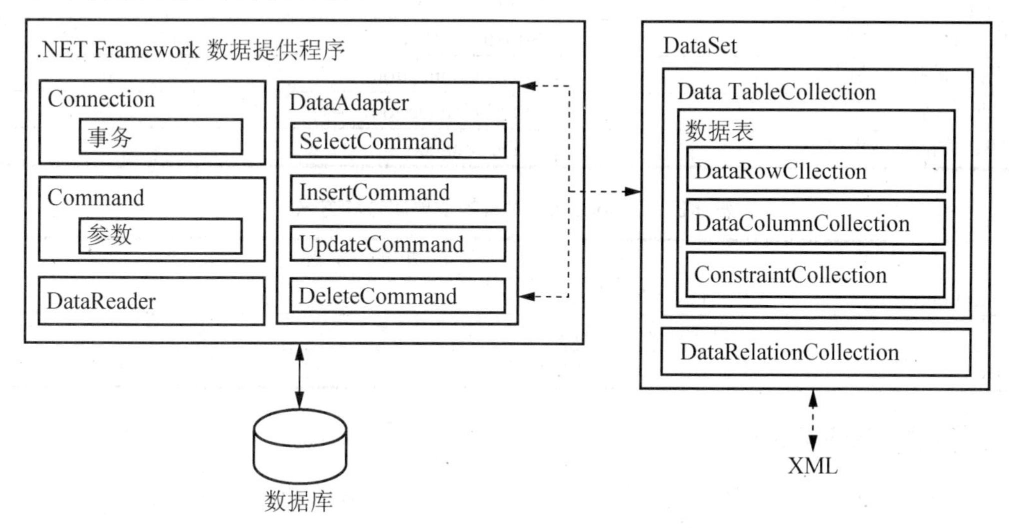

图 9.2　ADO.NET 组成

.NET 框架数据提供程序有 SQLClient、OLEDB、Oracle 和 ODBC。它们分别从属于 System.Data.SqlClient 命名空间(仅限于连接 SQL Server 数据库 7.0 或更高版本)、System.Data.Oledb 命名空间、System.Data.OracleClient 命名空间和 System.Data.Odbc 命名空间。

ADO.NET 数据访问技术提供了两种数据操作的方式，一种是“直连数据”或者称为“在线连接”。这种连接方式是数据访问技术一直使用的，优点是数据传递速度较快，缺点是占用资源。其相应的对象主要有以下几种。

(1) Connection：操纵与数据库连接的对象。

(2) Command：执行数据操作命令。

(3) DataReader：只读的小型数据存储对象。它是抽象类，一般由 Command 对象生出对象实例。

大部分 Web 控件都可以采用直连方式进行数据绑定。另一种连接方式称为“离线连接”。这种方式是 ADO.NET 所独有的，它可以暂时把大量的数据存到内存中，与数据库断开连接资源，之后处理数据。其相应的对象主要有以下几种。

(1) Connection：操纵与数据库连接的对象。

(2) DataAdapter：数据适配器。它是数据库与模拟数据库 DataSet 数据集之间的桥梁。通过它能够将数据存到内存中，或者将内存中的数据存到数据库中。

(3) DataSet：数据集。它可以通过数据适配器进行数据操作，也可以直接读写此对象，其操作非常灵活。

大部分 Web 控件都可以采用离线连接方式进行数据绑定，较常用的有 DataView 控件等。

9.2 Connection 对象

Connection 及其主要属性和方法分别如表 9-2 和表 9-3 所示。

表 9-2 Connection 对象

.NET 框架数据提供程序	Connection 对象
SQL 数据提供程序	SqlConnection
OLEDB 数据提供程序	OleDbConnection
Oracle 数据提供程序	OracleConnection
ODBC 数据提供程序	OdbcConnection

表 9-3 Connection 对象的主要属性和方法

名　称	功 能 描 述
ConnectionString	属性，数据库连接字符串
Open	方法，必须先打开与数据库的连接
Close	方法，在 ADO.NET 中，必须显式关闭连接，才能释放实际的数据库连接

9.2.1 自动生成连接字符串

VS 2003.NET 提供了较好的数据访问向导和幕后代码开放功能，是很好的学习手段。其自动连接数据库过程如下。

(1) 在“工具箱”任务窗格中单击“数据”按钮，选中“SqlConnection”选项，拖放到窗体上，如图 9.3 所示。

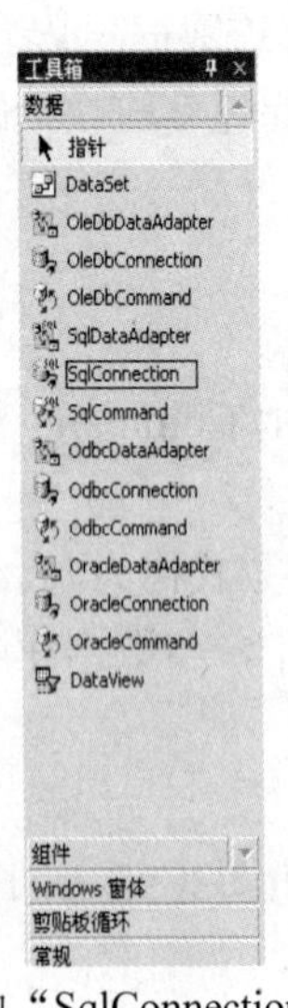

(a) 选中“SqlConnection”选项

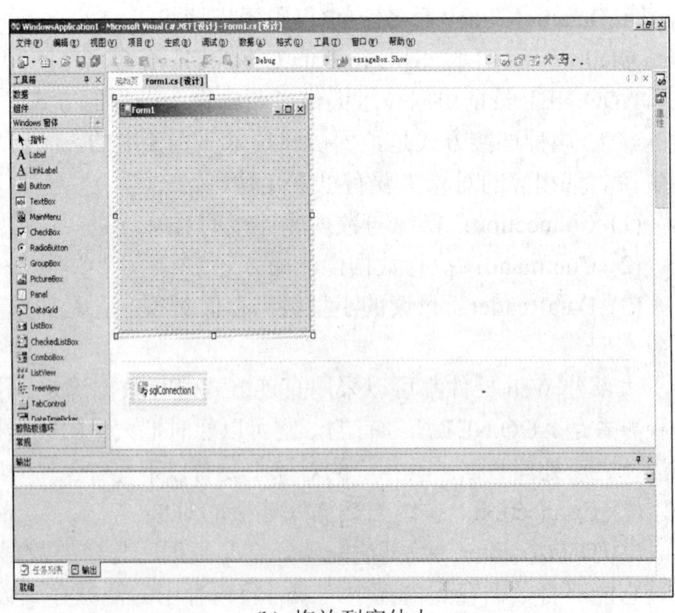

(b) 拖放到窗体上

图 9.3 把“SqlConnection”拖放到窗体上

(2) 在“属性”任务窗格中寻找生成的“sqlConnection1”，右击，执行“新建连接”命令，弹出“新建连接”对话框，如图 9.4 和图 9.5 所示。

图 9.4　右击“SqlConnection1”

图 9.5　“新建连接”文本

(3) 单击此对话框，弹出“数据链接属性”对话框，在“提供程序”选项卡中选择“SQL Server”，在“连接”选项卡中点选“使用指定的用户名称和密码”单选按钮，在“用户名称”和“密码”文本框中输入信息，点选“在服务器上选择数码库”单选按钮，如图 9.6 所示。

(4) 可以进行测试，查看是否连接成功，如图 9.7 所示。

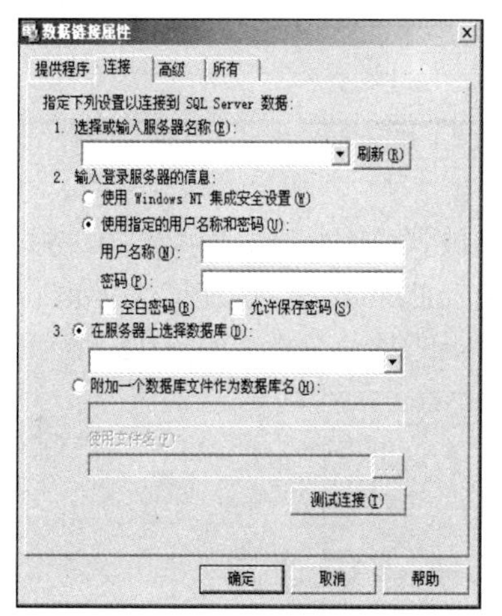

图 9.6　“数据链接属性”对话框

图 9.7　测试连接

9.2.2　手写代码

连接 SQL Server 数据库：SqlConnection objSqlConnection=new SqlConnection ("server= SQLDB; uid=sa; pwd=password; database=pubs")。

objSqlConnection：创建的连接对象名称。

SQLDB：存储“pubs”数据库的服务器名称，也可以写成 IP 地址，如 123.101.220.1。本地服务器可以有以下几种写法：(local)、127.0.0.1、本地计算机名称、.、localhost。

uid 和 pwd：用户标示和密码。

9.3 Command 对象

Command 对象指定要对数据库执行的操作，如表 9-4 所示。

表 9-4 Command 对象

.NET 框架数据提供程序	Command 对象
SQL 数据提供程序	SqlCommand
OLE DB 数据提供程序	OleDbCommand
Oracle 数据提供程序	OracleCommand
ODBC 数据提供程序	OdbcCommand

与数据库建立连接之后，可以使用 Command 对象执行命令并从数据源返回结果。Command 对象的主要属性和方法如表 9-5 所示。

表 9-5 Command 对象的主要属性和方法

名　称	功 能 描 述
CommandText	属性，欲执行的内容，可以是 SQL 语句或者存储过程名称
Connection	属性，连接对象
CommandType	属性，命令类型
ExecuteNonQuery	方法，返回受影响的行数
ExecuteScalar	方法，返回第一行第一列
ExecuteReader	方法，返回 DataReader 类型值

9.3.1 自动填充 Command 对象

单击“数据”按钮，选择“sqlCommand1”选项，拖放到窗体上。在“属性”任务窗格中寻找生成的“sqlCommand1”，右击，将 sqlConnection1 设置为 sqlCommand1 的连接，在 sqlCommand1 列表中选择 Command Text，使用查询分析器填写 SQL 语句。查询分析器如图 9.8 所示。

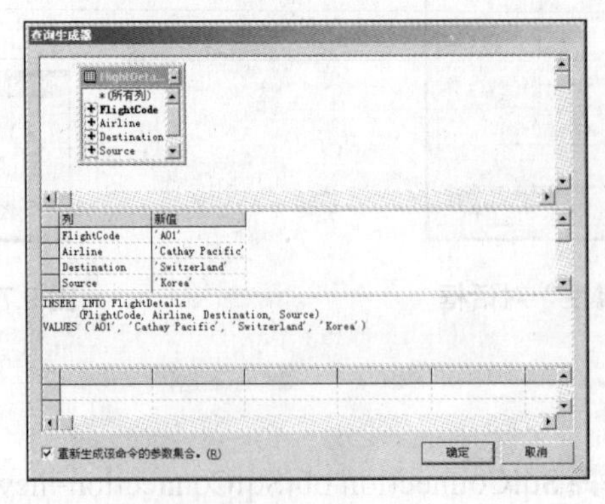

图 9.8 使用查询分析器填写 CommandText

9.3.2 手写代码

如果不使用 VS.NET 集成开发环境提供的向导服务，也可以自己手写代码访问数据库。假设选择 SQL Client 命名空间访问 SQL Server 数据库，其语法格式如下。

```
SqlCommand objSqlCommand=new SqlCommand(strSQL, objSqlConnection );
```

其中，objSqlConnection 为 Connection 对象，strSQL 为任何有效的 SQL 语句。

此外，还可以通过 Command Type 属性设置数据访问方法，主要有直接使用 SQL 语句和使用存储过程两种方法，默认的是使用 SQL 语句，具体如下。

1) 用 SQL 语句的 Command 设置

```
SqlCommand objComm=new SqlCommand();
objComm.CommandText="SQL 语句";
objComm.CommandType=CommandType.Text;
objComm. Connection=objConnection;
```

2) 用存储过程的 Command 设置

```
SqlCommand objComm=new SqlCommand();
objComm.CommandText="sp_DeleteName";
objComm.CommandType=CommandType. StoredProcedure;
objComm. Connection=objConnection;
```

Sp_DeleteName 是在 SQL Server 服务器上创建的存储过程。

9.4 DataReader 对象

DataReader 是只读的暂存数据对象，可以使用 CreateObjRef()方法填充对象，但一般情况下使用 Command 对象的 ExecuteReader 方法返回填充好的 DataReader 对象结果值。它是只读、只进记录集，只提供读和访问功能，需要永久连接，如表 9-6～表 9-8 所示。

表 9-6 .NET 数据提供程序及其 DataReader 对象

.NET 框架数据提供程序	DataReader 对象
SQL 数据提供程序	SqlDataReader
OLE DB 数据提供程序	OleDbDataReader
Oracle 数据提供程序	OracleDataReader
ODBC 数据提供程序	OdbcDataReader

表 9-7 DataReader 对象成员的属性和方法

名　称	功 能 描 述
FieldCount	属性，返回当前行中的列数
HasRows	属性，容纳一个指示读取器是否含有一行或多行的值
IsClosed	属性，表示 DataReader 是否关闭

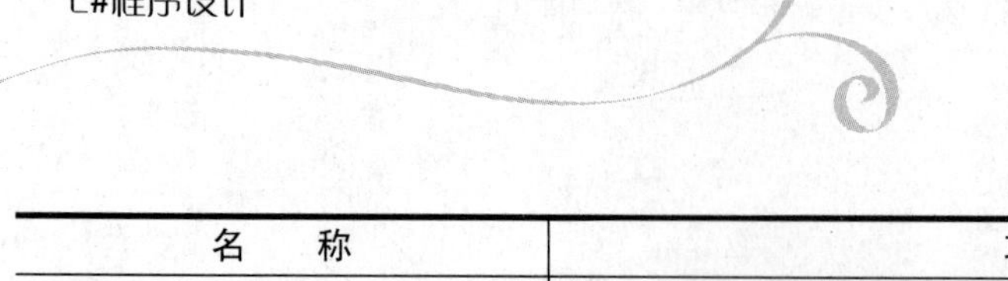

续表

名　　称	功 能 描 述
RecordsAffected	属性，表示执行 SQL 语句之后修改、插入或删除的行数
Close	方法，用于关闭 DataReader 对象
GetBoolean	方法，用于获取特定列的布尔值
GetInt32	方法，用于返回列的整型值

表 9-8　DataReader 对象的主要方法

方　　法	说　　明
GetString	用于获取特定列的 String 值
GetValue	用于返回本机格式的特定列的值
Read	使 DataReader 前移到下一个记录

使用代码如下。

```
SqlConnection cn=new SqlConnection("SERVER=MYSERVER;database=Students;
     uid=sa;password=playware");
string query="SELECT * from Student";
SqlCommand cmd=new SqlCommand(query,cn);
cn.Open();
SqlDataReader dr=cmd.ExecuteReader();
while(dr.Read())
{
    MessageBox.Show("学号: "+dr.GetValue(0));
}
cn.Close();
```

9.5　DataAdapter 和 DataSet 对象

DataAdapter 的属性和方法如表 9-9 所示。

表 9-9　DataAdapter 类的属性和方法

名　　称	功 能 描 述
AcceptChangesDuringFill	属性，决定在把行复制到 DataTable 中时对行所做的修改是否可以接受
TableMappings	属性，容纳一个集合，该集合提供返回行和数据集之间的主映射
InsertCommand	属性，表示用于在数据库中插入新记录的 SQL 语句或存储过程
UpdateCommand	属性，表示用于在数据库中更新记录的 SQL 语句或存储过程
DeleteCommand	属性，表示用于从数据库中删除记录的 SQL 语句或存储过程
SelectCommand	属性，表示用于从数据库中选择记录的 SQL 语句或存储过程
Fill	方法，用于添加或刷新数据集，以便使数据集与数据源匹配
FillSchema	方法，用于在数据集中添加 DataTable，以便与数据源的结构匹配
Update	方法，将 DataSet 里面的数值存储到数据库服务器上
RowUpdated	方法，在对数据源执行更新命令之后的过程中激发该事件
RowUpdating	方法，在对数据源执行命令更新之前的过程中激发该事件

代码示例如下。

```
OleDbConnection cn=new OleDbConnection();//定义连接对象
//访问Access数据库D:\Students.mdb
cn.ConnectionString="Provider=Microsoft.Jet.OLEDB.4.0;DataSource=D:\\Stu
dents.mdb";
cn.Open();
string query ="SELECT * from Student";
DataSet ds=new DataSet();
OleDbDataAdapter da=new OleDbDataAdapter();
da.SelectCommand=new OleDbCommand(query,cn);
da.Fill(ds,"Students");
```

9.6 .NET 事务处理

事务处理是一组数据操作，这些操作要么全部成功，要么全部失败，以保证数据的一致性和完整性。.NET 中的事务处理如下。

Begin：在执行事务处理中的任何操作之前，必须使用 Begin 命令来开始事务处理。

Commit：在成功将所有修改都存储于数据库时，才算做提交了事务处理。

Rollback：由于在事务处理期间某个操作失败，而取消事务处理已做的所有修改，这时将发生回滚。

.NET 事物处理主要由 SqlTransaction 类实现，如表 9-10 所示。

表 9-10 SqlTransaction 类的属性和方法

名　称	功 能 描 述
Connection	属性，数据连接对象
Save	方法，保存
Rollback	方法，回滚
Commit	方法，提交

代码示例如下。

```
SqlConnection cn=new SqlConnection("server=SQLDB;uid=sa;pwd=password; database
=pubs");
cn.Open();
SqlTransaction sqlTransaction=cn.BeginTransaction();//开始事务处理
SqlCommand cmd=new SqlCommand();
cmd.Transaction=sqlTransaction;
string insertCommand="Insert into Student  (Id, Name)values (111, "Jim");
cmd.CommandText=insertCommand;
cmd.ExecuteNonQuery ();
sqlTransaction.Commit(); //如果操作过程中没有错误,则提交事务处理;如果操作过程中
                         //发生错误,则回滚已完成的所有修改
cn.Close();
```

9.7 综合实例

9.7.1 自动生成数据访问

自动生成数据访问的步骤如下。

(1) 拖放 SqlConnection 对象。

(2) 在窗体上拖放 DataGrid 控件。

(3) 拖放 SqlDataAdapter 对象，右击，执行“配置数据适配器”命令，弹出“数据适配器配置向导”对话框，如图 9.9 所示。

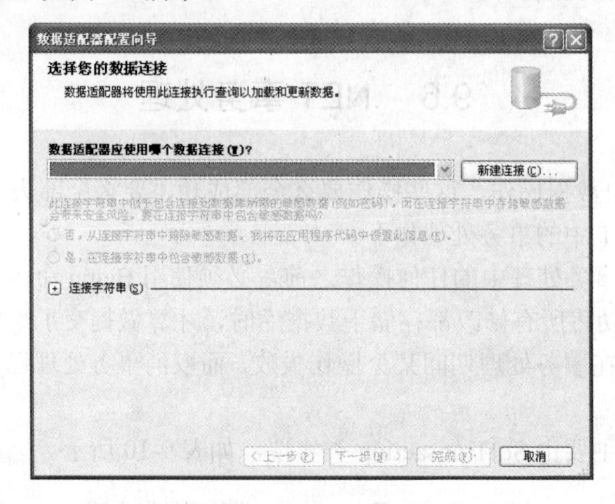

图 9.9 “数据适配器配置向导”对话框

(4) 右击数据适配器对象，执行“生成数据集”命令，在组件托盘上生成 dataSet1 对象，如图 9.10 所示。

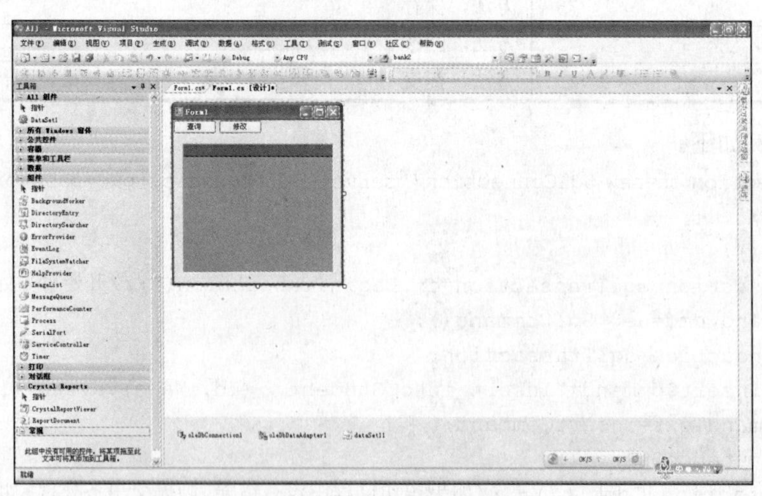

图 9.10 自动生成设置

(5) 将 DataGrid1 的 DataSource 属性设置为 dataSet1。

(6) 在查询按钮的 Click 事件函数中填写以下代码。

```
sqlDbDataAdapter1.Fill(this.dataSet11);
this.dataGrid1.DataSource=this.dataSet11.Tables[0];
```

9.7.2　手写代码访问数据库

【例 9-1】使用数据访问技术对数据库进行增、删、改、查练习，界面如图 9.11 所示。

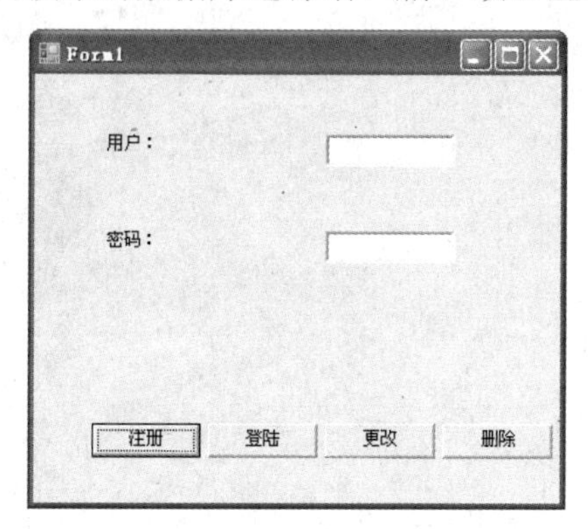

图 9.11　示例界面

界面控件非常简单，不再赘述，其主要代码如下。

```
private void button1_Click(object sender, System.EventArgs e)
{
   System.Data.OleDb.OleDbConnection  cn=new OleDbConnection();
   cn.ConnectionString=@"Provider=Microsoft.Jet.OLEDB.4.0;DataSource= db1.
   mdb;Persist Security Info=False";
   try
   {
      cn.Open();
      System.Data.OleDb.OleDbCommand cmd=new OleDbCommand("insert into
      t2([user],[password]) values ('"+textBox1.Text+"','"+textBox2.Text
      +"')",cn);
         cmd.ExecuteNonQuery();
         MessageBox.Show("Insert Success!");
   }
   catch(Exception ex)
   {
      MessageBox.Show(ex.Message);
   }
   finally
   {
      cn.Close();
   }
}
```

```
private void button2_Click(object sender, System.EventArgs e)
{
    System.Data.OleDb.OleDbConnection  cn=new OleDbConnection();
    cn.ConnectionString=@"Provider=Microsoft.Jet.OLEDB.4.0;Data Source
    =db1.mdb;Persist Security Info=False";

    System.Data.OleDb.OleDbDataAdapter da=new OleDbDataAdapter ("select
    * from t2",cn);
    DataSet ds=new DataSet();


    try
    {
       cn.Open();

    }
   catch(Exception ex)
   {
       MessageBox.Show(ex.Message);
   }

   try
   {
       da.Fill(ds);
       for(int i =0;i<ds.Tables[0].Rows.Count;i++)
       {

            if(this.textBox1.Text.Trim() ==ds.Tables[0].Rows[i][0].
            ToString().Trim()&&this.textBox2.Text.Trim()==ds.Tables[0].
            Rows[i][1].ToString().Trim())
            {
                //a=true;
                MessageBox.Show("登录成功");

            }

       }
    }
    catch(Exception ex)
    {
        MessageBox.Show(ex.Message);
    }

    finally
    {
        cn.Close();
    }
```

```
}

private void button3_Click_1(object sender, System.EventArgs e)
{
    System.Data.OleDb.OleDbConnection  cn=new OleDbConnection();
    cn.ConnectionString=@"Provider=Microsoft.Jet.OLEDB.4.0;Data Source
    =db1.mdb;Persist Security Info=False";

    try
    {
        cn.Open();
        System.Data.OleDb.OleDbCommand cmd=new OleDbCommand("update t2
        set [password] ='"+this.textBox2.Text+"' where [user] like '"+this.
        textBox1. Text+"'",cn);
        cmd.ExecuteNonQuery();
        MessageBox.Show("Update Success!");
    }
    catch(Exception ex)
    {
        MessageBox.Show(ex.Message);
    }
    finally
    {
        cn.Close();
    }

}

private void button4_Click(object sender, System.EventArgs e)
{
    System.Data.OleDb.OleDbConnection  cn=new OleDbConnection();
    cn.ConnectionString=@"Provider=Microsoft.Jet.OLEDB.4.0;Data Source
    =db1.mdb;Persist Security Info=False";

    try
    {
        cn.Open();
        System.Data.OleDb.OleDbCommand cmd=new OleDbCommand("delete
        from  t2 where [user] like '"+this.textBox1.Text+"'",cn);
        cmd.ExecuteNonQuery();
        MessageBox.Show("Delete Success!");
    }
    catch(Exception ex)
    {
        MessageBox.Show(ex.Message);
    }
```

```
        finally
        {

            cn.Close();
        }

    }
```

小 结

.NET 框架中的 ADO.NET 是一组类，允许应用程序与数据库交互，以便检索和更新信息。DataSet 和.NET 数据提供程序是 ADO.NET 的两个主要组件，每种.NET 数据提供程序都是由以下 4 个对象，即 Connection、Command、DataAdapter 和 DataReader 组成。Connection 对象用于在应用程序和数据库之间建立连接。Command 对象允许向数据库传递请求、检索和操纵数据库中的数据。事务处理是一组数据操作，这些操作要么全部成功，要么全部失败，以保证数据的一致性和完整性。

课 后 题

一、选择题

1．在 ADO.NET 中，(　　)对象的结构类似于关系数据库的结构，并在与数据库断开的情况下，在缓存中存储数据。

A．DataAdapter　　B．DataSet　　C．DataTable　　D．DataReader

2．Connection、Command、(　　)和 DataAdapter 对象是.NET 框架数据提供程序模型的核心要素。

A．DataReader　　B．DataSet　　C．DataTable　　D．Transaction

3．将数据集绑定到 DataGrid 时，需要设置 DataGrid 对象的(　　)属性。

A．Bingding　　B．MappingName　　C．DataSource　　D．DataMember

二、简答题

1．简述 C#数据访问的几个命名空间。

2．简述 C#数据访问类结构图。

三、程序设计题

请简单设计一个用户注册、登录程序。数据库表：user(用户类型，用户账号，用户姓名，用户身份证号，用户密码)。功能界面如图 9.12 所示。

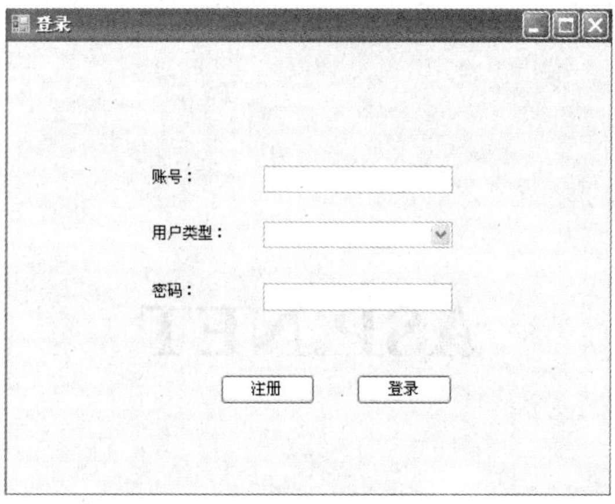

(a) 首界面

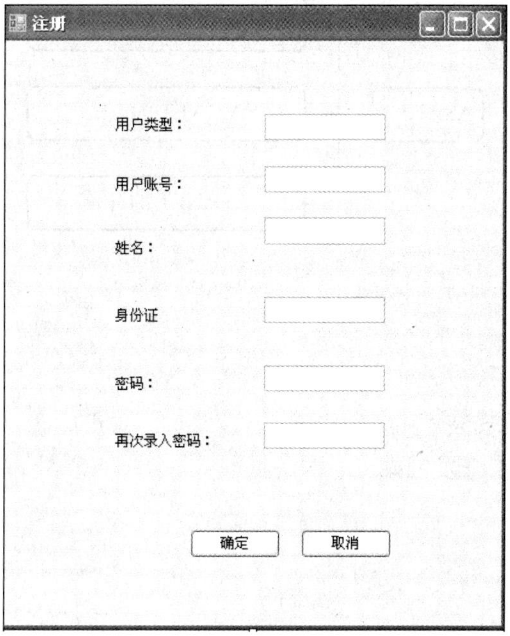

(b) 注册界面

图 9.12　功能界面

ASP.NET

知识结构图

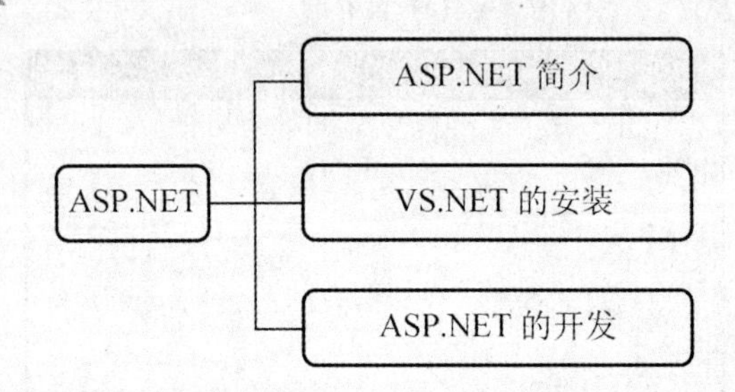

学习目标

(1) 了解 ASP.NET。

(2) 了解 VS.NET 的安装。

(3) 学会用 ASP.NET 开发网站。

10.1 ASP.NET 简介

开发优秀的 Web 应用程序、移动设备网站是.NET 的又一强大功能。ASP.NET 是创建动态 Web 的一种强大的服务器端新技术。它可为 WWW 站点或为企业内部互联网创建动态的、可进行交互的 HTML 页面，采用面向对象的方法来构建动态 Web 应用程序。ASP.NET 可以用来建设门户网站，实现复杂的基于 Web 的系统、电子邮件发送系统等。

专门介绍网站开发和 ASP.NET 的书籍有很多，在此只介绍一种简单的动态 Web 网站的开发过程，使学生快速地掌握 ASP.NET 开发的主要原理和技术方法，建立.NET 项目开发的信心。

10.2 VS.NET 的安装

使用 VS 2003.NET 开发 Web 应用程序，必须为操作系统安装 IIS 组件。但 VS 2005 之后的版本就不需要。从开发和调试的角度出发，使用 VS 2005 之后的版本更方便。但是要配置服务器，仍必须安装 IIS 组件。安装 IIS 的过程如下。

(1) 执行“开始”→“控制面板”命令，打开“控制面板”窗口。

(2) 单击“添加或删除程序”按钮，打开“添加或删除程序”窗口。

(3) 单击左侧的“添加/删除 Windows 组件”按钮，弹出“Windows 组件向导”对话框。

(4) 勾选“Internet 信息服务”复选框，单击“详细信息”按钮，如图 10.1 所示。

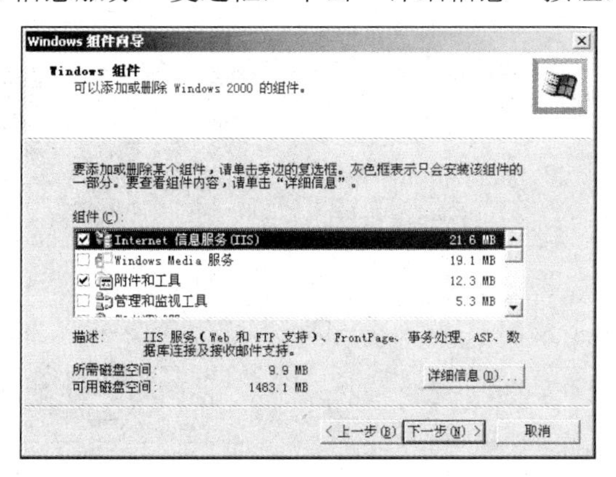

图 10.1 安装 IIS

配置 IIS 服务过程如下。

(1) 右击“我的电脑”图标，执行“管理”→“Internet 信息服务”命令，打开“Internet 信息服务”窗口，选择“默认 Web 站点”选项，右击，执行“新建”→“虚拟目录”命令，如图 10.2 所示。

(2) 弹出“虚拟目录创建向导”对话框，单击“下一步”按钮，如图 10.3 所示。

(3) 选择虚拟目录的位置，单击“下一步”按钮，如图 10.4 所示。

(4) 为此目录选择适当的访问权限，如图 10.5 所示。

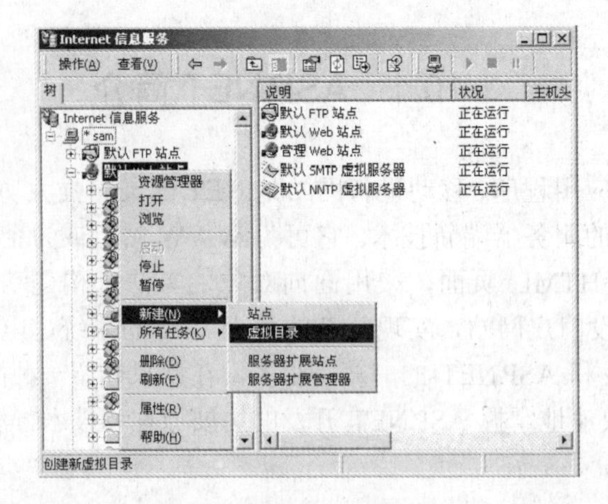

图 10.2 新建“虚拟目录”

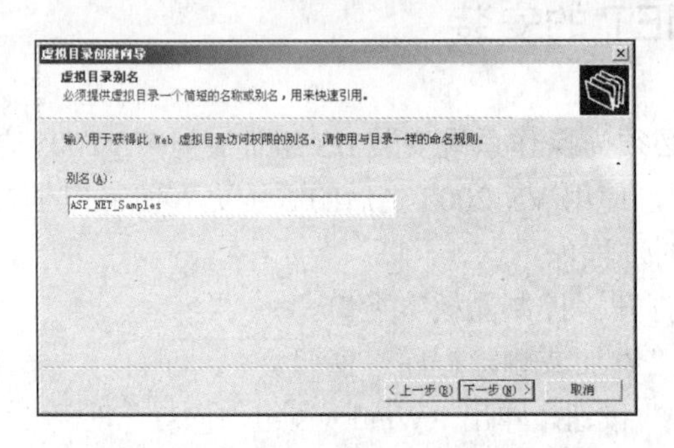

图 10.3 “虚拟目录创建向导”对话框

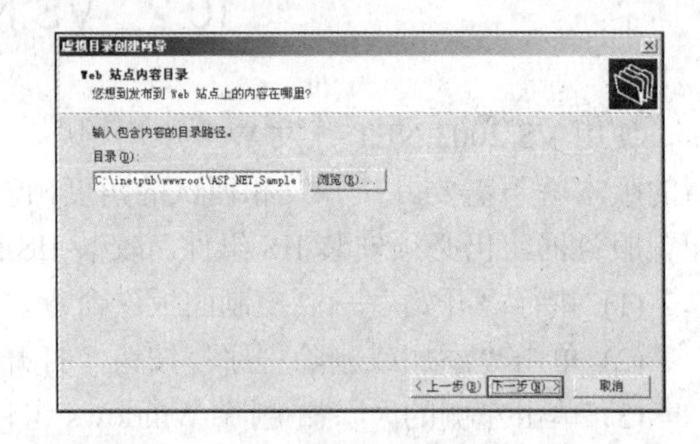

图 10.4 选择虚拟目录的位置

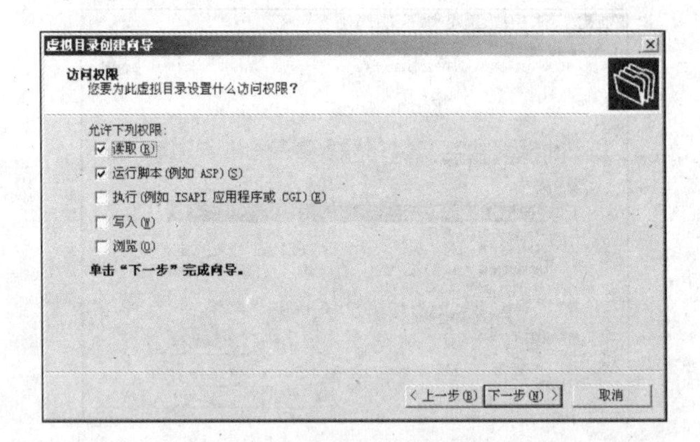

图 10.5 选择访问权限

10.3 ASP.NET 的开发

下面主要使用 Web 窗体控件和 ASP.NET 对象以及 ADO.NET 来进行项目开发。

【例 10-1】开发一个简易学生信息管理的网站，权限分为管理员和学生。学生使用网站的功能界面如图 10.6 所示。管理员使用网站的功能界面如图 10.7 所示。

Web 控件的使用与 WinForm 控件基本相同，只是比 WinForm 的功能少。

另外，对象 Response 的使用是页面跳转和输出的重点：Response.Write()为在指定页面的指定位置输出文本。Response.Redirect()为页面跳转函数，具体请参见代码。

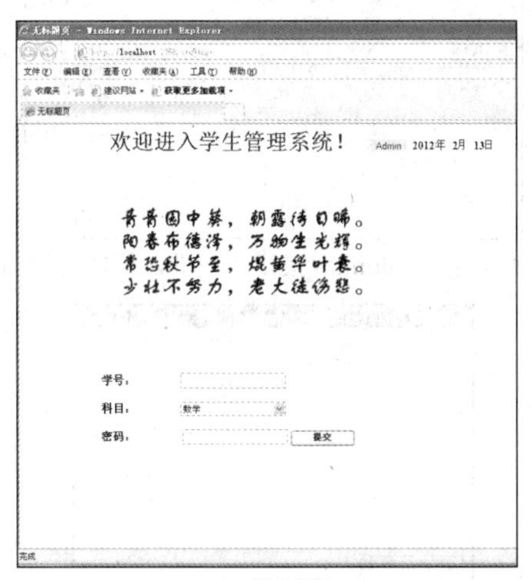

(a) 首页面

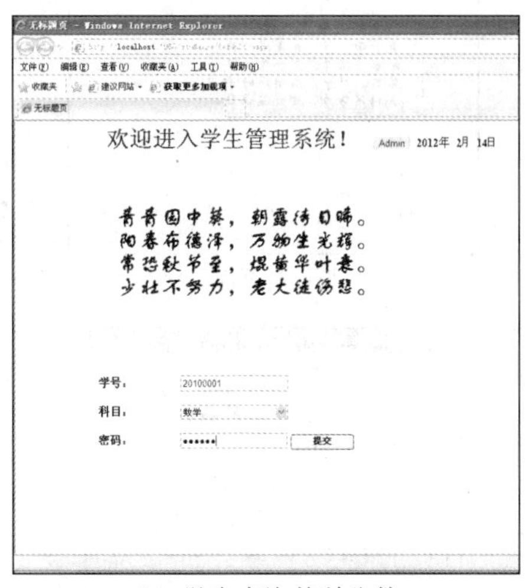

(b) 学生查询某科分数

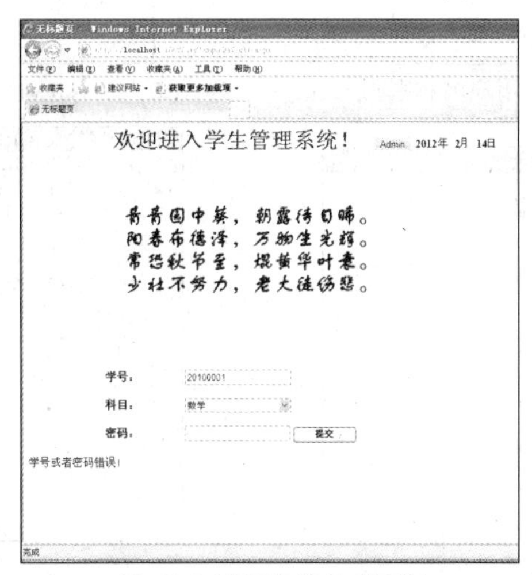

(c) 录入错误的学号或密码

(d) 录入正确的学号和密码

(e) 当该同学的当前考试科目没有成绩时

图 10.6　学生使用网站的功能界面

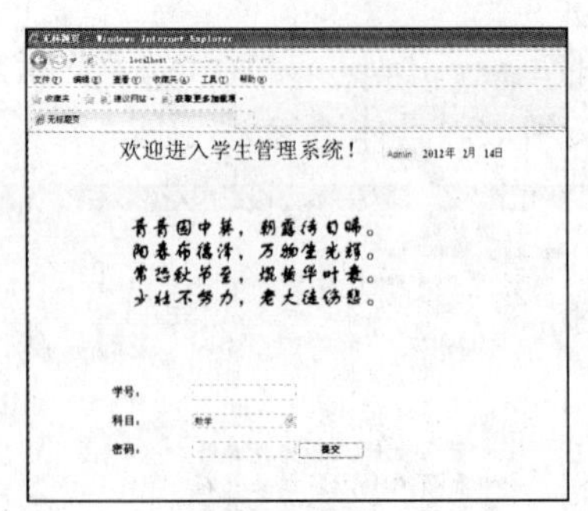

(a) 首页面

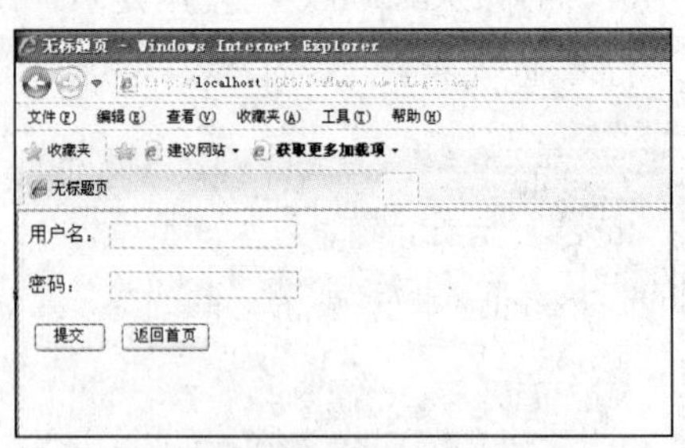

(b) 单击“Admin”按钮后，进入管理员页面

(c) 录入错误的管理员用户名和密码

(d) 录入正确的管理员用户名和密码

(e) 学生基本信息录入页面

(f) 成功添加学生基本信息。

(g) 录入的信息有错误

图 10.7 管理员使用网站的功能界面

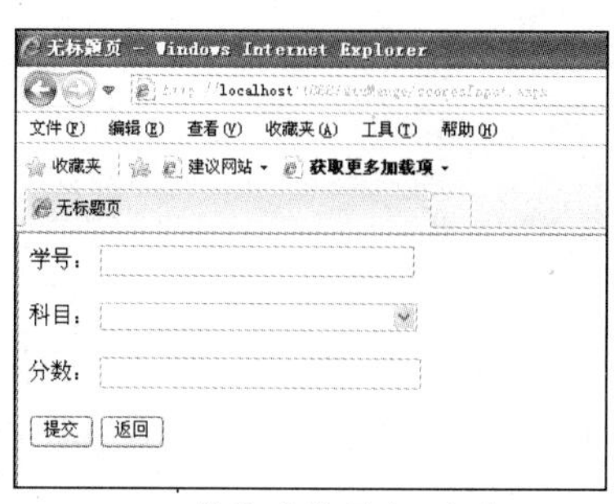

(h) 学生成绩录入页面

图 10.7 管理员使用网站的功能界面(续)

创建数据库 stuManage，其中包括用户表 user、学生基本信息表 stuInfo、学科表 cource 和成绩表 scores，具体表结构设计如表 10-1～表 10-4 所示。

表 10-1 user

字 段 名	类 型	说 明
userName	nvarchar(8)	联合主键
userPwd	nvarchar(8)	
type	nvarchar(6)	

表 10-2 stuInfo

字 段 名	类 型	说 明
stuNo	nvarchar(8)	主键
stuName	nvarchar(10)	
stuSex	nvarchar(2)	
stuAge	int	
stuID	int	标示列

表 10-3 cource

字 段 名	类 型	说 明
cNo	nvarchar(4)	主键
cName	nvarchar(10)	

表 10-4 scores

字 段 名	类 型	说 明
stuNo	nvarchar(8)	联合主键
cNo	nvarchar(4)	
score	float	
scoreID	int	标示列

为了使学生基本信息录入更快速，并保证数据的安全性，设计存储过程 StuInfoInput，用来快速安全地实现学生基础信息的插入。

```
CREATE proc stuInfoInput
@no nvarchar(8),
@name nvarchar(10),
@sex nvarchar(2),
@age int
as
 Begin tran
 declare @errorSum int
 set @errorSum=0
 insert into stuInfo values(@no,@name,@sex,@age)
 set @errorSum=@errorSum+@@error
 insert into [user] values(@no,'123456','学生')
 set @errorSum=@errorSum+@@error
 if(@errorSum=0)
 begin
   print'录入成功！'
   commit tran
 end
 else
 begin
   print'录入失败！'
   rollback tran
 end

GO
```

公有类 qureyInfor：

```
public class queryInfo
{
    static string  cName;
    static string stuNo;

    public queryInfo()
    {
    }
    public static  string CourceName
    {
        get
        {
            return cName;
        }
        set
        {
            cName=value;
        }
    }
```

```
    public static string StuNo
    {
        get
        {
            return stuNo;
        }
        set
        {
            stuNo=value;
        }
    }
}
```

首页面 Default 控件设计如表 10-5 所示。

表 10-5　首页面 Default 控件设计

控 件 名 称	控件显示值	类　　型	说　　明
Label1	欢迎进入学生管理系统	Label	
Button2	Admin	Button	
Label2		Label	显示年
Label3	年	Label	
Label4		Label	显示月
Label5	月	Label	
Label6		Label	显示日
Label7	日	Label	
Image1		Image	在 ImageUrl 属性中设置图片路径
Label8	学号：	Label	
Label9	科目：	Label	
Label11	密码：	Label	
Label10		Label	错误提示
TextBox1		TextBox	
TextBox2		TextBox	TextMode=Password
DropDownList1		DropDownList	Items 值从数据库中动态绑定
Button1	提交	Button	

首页面主要代码如下。

```
using System;
using System.Data;
using System.Configuration;
using System.Web;
using System.Web.Security;
using System.Web.UI;
using System.Web.UI.WebControls;
using System.Web.UI.WebControls.WebParts;
using System.Web.UI.HtmlControls;
using System.Data.SqlClient;
```

```
public partial class _Default : System.Web.UI.Page
{
    System.Data.SqlClient.SqlConnection cn;
    System.Data.SqlClient.SqlCommand cmd;
    System.Data.SqlClient.SqlDataReader dr;

    protected void Page_Load(object sender, EventArgs e)
    {
        this.Label2.Text=System.DateTime.Now.Year.ToString();
        this.Label4.Text=System.DateTime.Now.Month.ToString ();
        this.Label6.Text=System.DateTime.Now.Day.ToString ();
        this.Label10.Text=null;

        cn=new SqlConnection("server=.;database=stuManage;uid=sa;pwd=sa;");
        cmd=new System.Data.SqlClient.SqlCommand("select cName from cource",cn);
        try
        {
            cn.Open();
            dr=cmd.ExecuteReader();
            while(dr.Read ())
            {
                this.DropDownList1.Items.Add(dr.GetString(0));
            }
        }
        catch(Exception ex)
        {
            Response.Write(ex.Message);
        }
        finally
        {
            cn.Close();
        }
    }
    protected void Button1_Click(object sender, EventArgs e)
    {
        cn=new SqlConnection("server=.;database=stuManage;uid=sa;pwd=sa;");
        cmd=new SqlCommand("select * from [user] where userName='"+this.
        TextBox1.Text.Trim()+"'and userPwd='"+this.TextBox2.Text.Trim ()+"'
        and type='学生'", cn);
        try
        {
            cn.Open();
            dr=cmd.ExecuteReader();
            if (dr.Read())
            {
                queryInfo.CourceName=this.DropDownList1.SelectedValue.ToString
```

```
            ();
            queryInfo.StuNo=this.TextBox1.Text.Trim();
            Response.Redirect("stuQuery.aspx");

        }
        else
        {
            this.Label10.Text="学号或者密码错误！";
        }
    }
    catch (Exception ex)
    {
        Response.Write(ex.Message);
    }
    finally
    {
        cn.Close();
    }

}
protected void Button2_Click(object sender, EventArgs e)
{
    Response.Redirect("adminLogin.aspx");
}
}
```

学生成绩查询页面较简单，在此省略控件介绍，设计界面如图 10.8 所示，主要代码如下。

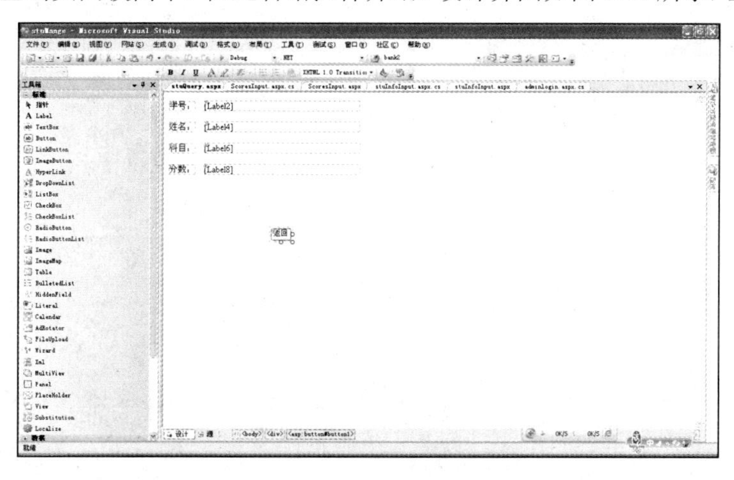

图 10.8　学生查询页面设计

```
using System;
using System.Data;
using System.Configuration;
using System.Collections;
using System.Web;
```

```
using System.Web.Security;
using System.Web.UI;
using System.Web.UI.WebControls;
using System.Web.UI.WebControls.WebParts;
using System.Web.UI.HtmlControls;
using System.Data.SqlClient;

public partial class Default2 : System.Web.UI.Page
{
    SqlConnection cn;
    SqlCommand cmd;
    SqlDataReader dr;

    protected void Page_Load(object sender, EventArgs e)
    {
        string cNo=null;
        this.Label2.Text=queryInfo.StuNo;
        this.Label6.Text=queryInfo.CourceName;
        cn=new SqlConnection("server=.;database=stuManage;uid=sa;pwd=sa;");
        try
        {
            cn.Open();
            cmd=new SqlCommand("select stuName from stuInfo where stuNo='" +
            this.Label2.Text + "'", cn);
            dr=cmd.ExecuteReader();
            dr.Read();
            this.Label4.Text=dr.GetString(0);
        }
        catch (Exception ex)
        {
            Response.Write(ex.Message);
        }
        finally
        {
            cn.Close();
        }
        try
        {
            cn.Open();
            cmd=new SqlCommand("select cNo from cource where cName='" + this.
            Label6.Text + "'", cn);
            dr=cmd.ExecuteReader();
            dr.Read();
            cNo=dr.GetString(0);
        }
        catch (Exception ex)
        {
            Response.Write(ex.Message);
```

```
        }
        finally
        {
            cn.Close();
        }
        try
        {
            cn.Open();
            cmd=new SqlCommand("select stuName from stuInfo where stuNo='" +
            this.Label2.Text + "'", cn);
            dr=cmd.ExecuteReader();
            dr.Read();
            this.Label4.Text=dr.GetString(0);
        }
        catch (Exception ex)
        {
            Response.Write(ex.Message);
        }
        finally
        {
            cn.Close();
        }
        try
        {
            cn.Open();
            cmd=new SqlCommand("select score from scores where stuNo='" +
            this.Label2.Text + "'and cNo='"+cNo+"'", cn);
            dr=cmd.ExecuteReader();
            if (dr.Read())
                this.Label8.Text =Convert.ToString(dr.GetDouble(0));
            else
                this.Label8.Text="成绩未出！";
        }
        catch (Exception ex)
        {
            Response.Write(ex.Message);
        }
        finally
        {
            cn.Close();
        }
    }
    protected void Button1_Click(object sender, EventArgs e)
    {
        Response.Redirect("Default.aspx");
    }
}
```

管理员登录页面设计如图 10.9 所示，控件设计如表 10-6 所示。

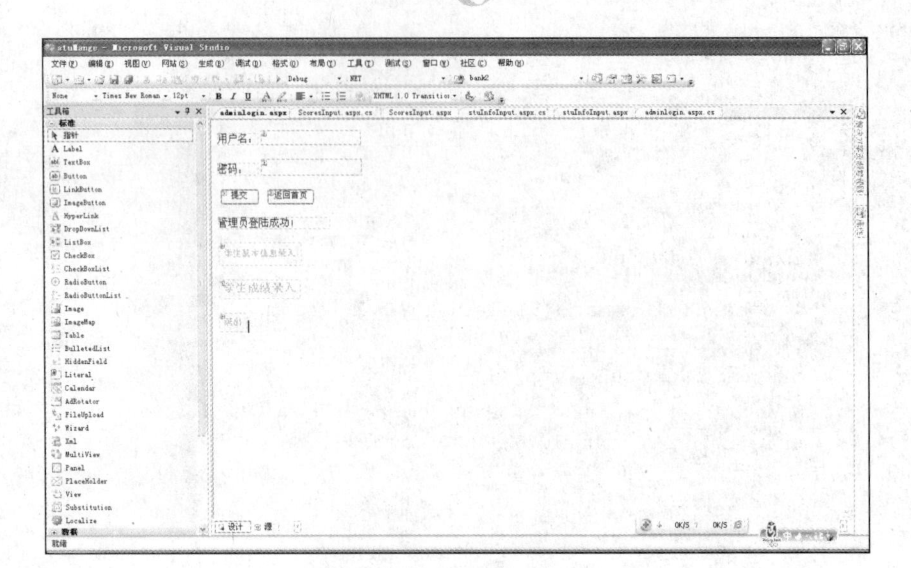

图 10.9　管理员登录页面设计

表 10-6　管理员登录页面控件

控件名称	控件显示值	类　型	说　明
Label1	用户名:	Label	
Label2	密码:	Label	
TextBox1		TextBox	
TextBox2		TextBox	TextMode=Password
Button1	提交	Button	
Button2	返回首页	Button	
Label3	管理员登录成功	Label	Visible=false
Button3	学生基本信息录入	Button	Visible=false；Enable=false；
Button4	学生成绩录入	Button	Visible=false；Enable=false；
Button5	退出	Button	Visible=false；Enable=false；

主要代码如下。

```
using System;
using System.Data;
using System.Configuration;
using System.Collections;
using System.Web;
using System.Web.Security;
using System.Web.UI;
using System.Web.UI.WebControls;
using System.Web.UI.WebControls.WebParts;
using System.Web.UI.HtmlControls;
using System.Data.SqlClient;

public partial class Default2 : System.Web.UI.Page
{
    System.Data.SqlClient.SqlConnection cn;
```

```
    System.Data.SqlClient.SqlCommand cmd;
    System.Data.SqlClient.SqlDataReader dr;

    protected void Page_Load(object sender, EventArgs e)
    {

    }
    protected void Button2_Click(object sender, EventArgs e)
    {
        Response.Redirect("Default.aspx");
    }
    protected void Button1_Click(object sender, EventArgs e)
    {
        cn=new SqlConnection("server=.;database=stuManage;uid=sa;pwd=sa;");
        cmd=new SqlCommand("select * from [user] where userName='"+this.Text
        Box1.Text.Trim()+"' and userPwd='"+this.TextBox2. Text.Trim()+"'and
        [type]='管理员'",cn);
        try
        {
            cn.Open();
            dr=cmd.ExecuteReader();
            if (dr.Read())
            {
                this.Label1.Visible=false;
                this.TextBox1.Visible=false;
                this.Label2.Visible=false;
                this.TextBox2.Visible=false;
                this.Button1.Visible=false;
                this.Button1.Enabled=false;
                this.Button2.Visible=false;
                this.Button2.Enabled=false;
                this.Label3.Text="管理员登录成功！";
                this.Label3.Visible=true;
                this.Button3.Visible=true;
                this.Button3.Enabled=true;
                this.Button4.Visible=true;
                this.Button4.Enabled=true;
                this.Button5.Visible=true;
                this.Button5.Enabled=true;
            }
            else
            {
                this.Label3.Text="用户名或者密码错误！";
                this.Label3.Visible=true;
            }
        }
        catch (Exception ex)
        {
            this.Label3.Text=ex.Message;
```

```
            this.Label3.Visible=true;

        }
        finally
        {
            cn.Close();
        }
    }
    protected void Button5_Click(object sender, EventArgs e)
    {
        Response.Redirect("Default.aspx");

    }
    protected void Button3_Click(object sender, EventArgs e)
    {
        Response.Redirect("stuInfoInput.aspx");

    }
    protected void Button4_Click(object sender, EventArgs e)
    {
        Response.Redirect("scoresInput.aspx");
    }
}
```

学生基本信息录入页面设计较简单，在此省略控件表，设计如图 10.10 所示。

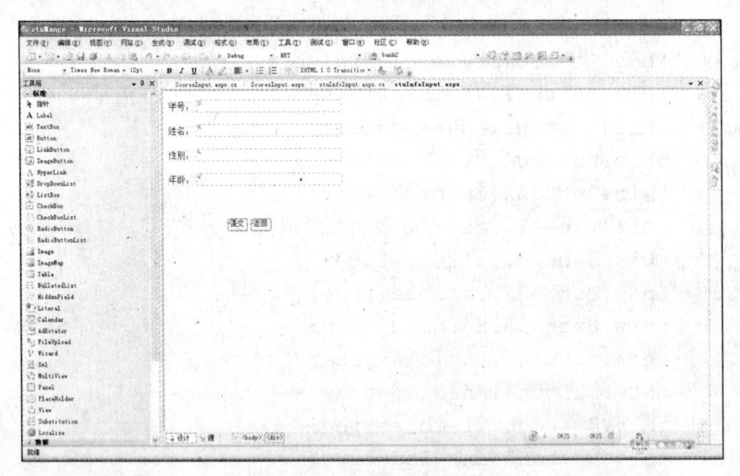

图 10.10　学生基本信息录入页面

主要代码如下。

```
using System;
using System.Data;
using System.Configuration;
using System.Collections;
using System.Web;
using System.Web.Security;
```

```
using System.Web.UI;
using System.Web.UI.WebControls;
using System.Web.UI.WebControls.WebParts;
using System.Web.UI.HtmlControls;
using System.Data.SqlClient;

public partial class Default3 : System.Web.UI.Page
{
   System.Data.SqlClient.SqlConnection cn;
   System.Data.SqlClient.SqlCommand cmd;

   protected void Page_Load(object sender, EventArgs e)
   {
   }
   protected void Button2_Click(object sender, EventArgs e)
   {
      Response.Redirect("adminLogin.aspx");
   }
   protected void Button1_Click(object sender, EventArgs e)
   {
      cn=new SqlConnection("server=.;database=stuManage;uid=sa;pwd=sa;");
      try
      {
         cmd=new SqlCommand("stuInfoInput", cn);
         cmd.CommandType=CommandType.StoredProcedure;
         SqlParameter no=new SqlParameter("@no", SqlDbType.NVarChar, 8);
         no.Value=this.TextBox1.Text.ToString();
         cmd.Parameters.Add(no);
         SqlParameter name=new SqlParameter("@name", SqlDbType.NVarChar, 10);
         name.Value=this.TextBox2.Text.ToString();
         cmd.Parameters.Add(name);
         SqlParameter sex=new SqlParameter("@sex", SqlDbType.NVarChar, 2);
         sex.Value=this.TextBox4.Text.ToString();
         cmd.Parameters.Add(sex);
         SqlParameter age=new SqlParameter("@age", SqlDbType.Int);
         age.Value=Convert.ToInt32(this.TextBox3.Text);
         cmd.Parameters.Add(age);
         cn.Open();
         cmd.ExecuteNonQuery();
         this.TextBox4.Text="";
         this.TextBox3.Text="";
         this.TextBox2.Text="";
         this.TextBox1.Text="";
         Response.Write("录入成功！请继续录入或者返回管理员页面。");
      }
      catch (Exception ex)
      {
         Response.Write(ex.Message );
      }
```

```
        finally
        {
            cn.Close();
        }
    }
}
```

其他页面功能设计省略。请继续设计完整。

小 结

ASP.NET 是创建动态 Web 的一种强大的服务器端新技术。它采用面向对象的方法来构建动态 Web 应用程序。建设门户网站，当使用 VS 2003.NET 开发 Web 应用程序时，必须为操作系统安装 IIS 组件，其后的版本则不需要。在构建 WEB 服务器时，需要安装 IIS 组件，并且配置服务器，这是完整开发网站的必备知识。主要介绍了通过使用 Web 窗体控件和 ASP.NET 对象以及 ADO.NET 来进行项目开发。

课 后 题

一、选择题

1．WebService 的命名空间是(　　)。

A．System.Web.WebService　　B．System.WebService

C．System.Net.WebService　　D．以上都不是

2．在 ASP.NET WebService 类里(　　)。

A．可以访问 Session 对象和 Request 对象

B．不能访问 Session 对象和 Request 对象

C．能访问 Session 对象但不能访问 Request 对象

D．既不能访问 Session 对象也不能访问 Request 对象

3．关于 ASP.NET WebService 的方法，错误的是(　　)。

A．不能有 private 的方法

B．只有 public 的方法可以被外部调用

C．public 方法之前应该放置 WebMethod 属性

D．以上描述都是正确的

二、简答题

1．简述配置 IIS 服务器的步骤。

2．简述 ASP.NET 应用程序的文件组成。

三、程序设计题

请扩充书中的“学生管理系统”，添加管理员的修改和删除学生基本信息和成绩的功能。

Windows 应用程序项目开发案例★

知识结构图

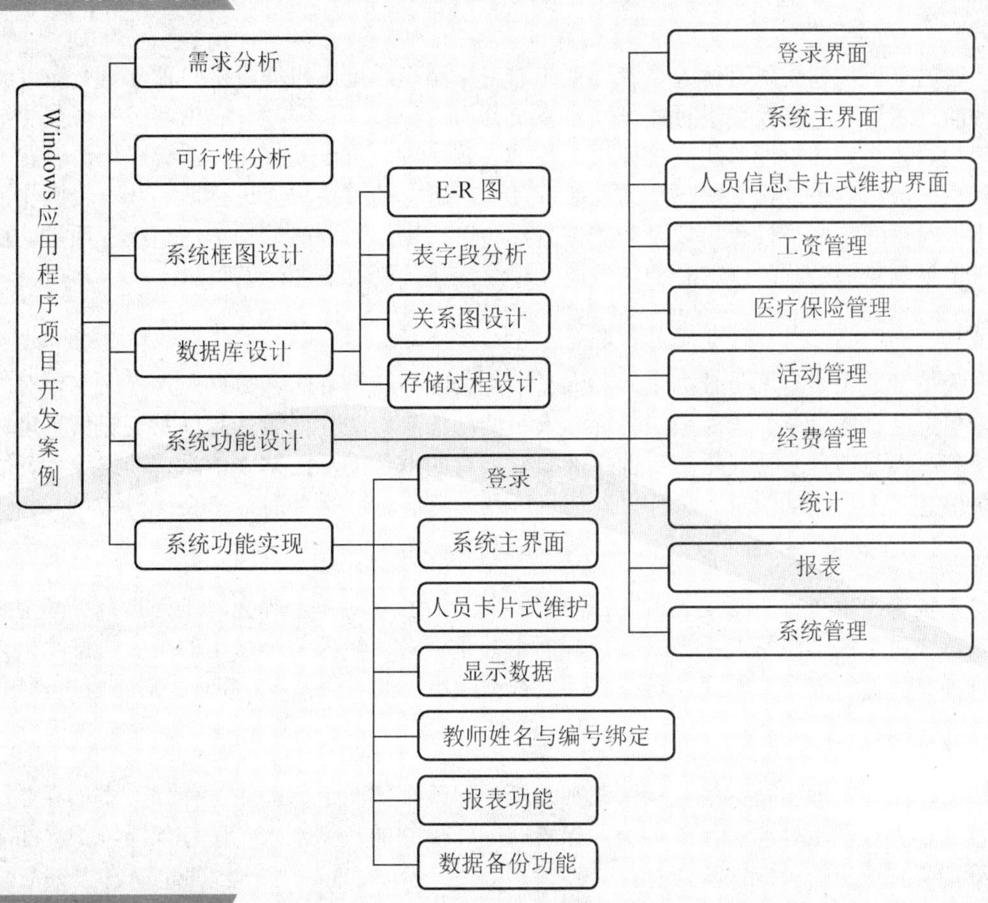

学习目标

(1) 了解 Windows 应用程序项目开发的过程。

(2) 掌握项目的需求分析、可行性分析。

(3) 掌握项目的系统框图设计。

(4) 掌握数据库设计方法。

(5) 掌握系统功能设计。

(6) 掌握系统功能的实现。

为了提高高校离退休人员管理、工资管理和保险管理等工作的工作效率，因此开发高校离退休管理系统。使用 VS.NET 平台、C#语言和 SQL Server 2000 数据库软件，属于 C/S 模式。

系统主要有人员管理、工资管理、医疗保险管理、活动管理、经费管理、统计、报表以及系统管理 8 个功能模块。人员信息管理实现对人员的相关信息进行录入、维护、查看操作；工资管理实现对人员的工资进行录入、维护及个人工资查询操作；医疗保险管理实现对人员的保险情况进行录入、更新、查询操作；活动管理实现对活动基本信息管理和活动人员管理；经费管理实现对年份经费管理和经费支出管理；报表实现对员工的信息资料、工资等相关内容进行报表预览；系统管理实现了数据备份、数据恢复及系统管理员设置等操作。

11.1 需求分析

通过分析，高校离退休人员管理系统的工作流程通过用户的身份验证，只有通过验证后才能进入各个功能模块进行操作。本系统分为两种管理权限，分别为超级管理员和一般管理员。超级管理员能对所有的模块进行增、删、改、查以及打印、系统管理员设置、数据导出、数据备份及恢复操作；而一般管理员对所有的模块只能进行增加及查看操作，并且不能对系统管理员设置模块及数据恢复模块进行操作，一般管理员在超级管理员的权限基础上受到一些限制。以下分析都是根据超级管理员权限来进行说明的。

1. 人员管理

人员管理主要有人员数据录入和人员卡片式维护两个界面。数据录入界面主要对人员基本信息、档案信息、家庭成员信息、人员活动信息、医疗保险信息以及工资信息进行数据录入；人员信息卡片式维护界面主要能对所有的退休人员的基本信息、档案信息、家庭成员信息、人员活动信息、医疗保险信息以及工资信息进行查询、修改及删除。

2. 工资管理

工资管理主要有工资录入、工资维护和个人工资查询 3 个界面。工资录入界面主要是录入每个员工的工资情况；工资维护界面主要是查看、更改每个员工的工资信息；个人工资查询界面使管理员能够通过员工名字来查询此员工的工资情况，并且能对工资进行更改。

3. 医疗保险管理

医疗保险管理主要有医疗保险添加及医疗保险维护两个界面，医疗保险添加界面能方便管理员进行员工姓名、保险种类、保险时间、保额的数据录入；医疗保险维护界面主要是维护所有员工的医疗保险信息。

4. 活动管理

活动管理包括基本活动管理及活动人员管理两大分类。基本活动管理包括基本活动添加及基本活动维护，实现对活动时间、活动名称、活动费用等信息的录入及管理；活动人员管理包括活动人员添加及活动人员维护两个界面，实现对活动人员的添加及维护。

5. 经费管理

经费管理分为年份经费管理及经费支出管理。年份经费管理包括对每年经费的录入及经费维护两个界面；经费支出管理包括经费支出录入、经费支出维护及经费支出查看 3 个界面。经费支出录入界面主要是录入经费支出的经办人、经办时间、所办经费种类等信息；经费支出维护界面能对所有的经费支出情况信息进行更改；经费支出查看界面主要使管理员能查看不同经费种类的支出具体情况，以及经费的总支出和剩余情况。

6. 系统管理员设置

系统管理员设置界面使超级管理员能添加、更改一般管理员的用户名和密码以及删除一般管理员。

7. 管理员密码修改

管理员密码修改界面使管理员能够对自己的用户名及密码进行修改。

8. 选项卡编辑

选项卡编辑界面能让管理员对部门、民族、政治面貌、工作身份、保险种类、人员类别等根据学校的具体情况来进行设置。

9. 数据备份

数据库备份界面的主要功能是根据选择路径备份数据库。

10. 数据恢复

数据库备份界面的主要功能是根据选择的路径恢复数据库。

11. 统计

统计主要实现对离退休人数、活动次数、医疗保险情况、经费及工资情况的统计。

12. 报表

报表实现人员、档案、家庭成员、工资情况、医疗保险等数据信息的导出及打印。

11.2 可行性分析

1. 应用可行性

本系统将在 Windows XP 中文版操作系统环境下，用 Visual Studio 2003 中文版开发，使用的数据库是 SQL Server 2000，本系统所要求的电脑配置不高，完全适合学校使用。

2. 技术可行性

在技术难度上，由于有指导教师的指导及相关参考文献，利用丰富的网上资料，通过参考其他程序的功能，本系统是完全可以实现的。

3. 经济可行性

使用手工对离退休人员进行管理，工作效率低，数据容易丢失，经常会因数据错误带来一些经济损失，而开发此系统能有效地弥补手工管理的不足，极大地提高工作效率，节省劳动成本并且能很好地保管数据，避免不必要的经济损失。

11.3　系统框图设计

根据需求分析，高校离退休人员管理系统具有人员管理、工资管理、活动管理、经费管理、医疗保险管理、统计、报表、系统管理这八大功能。设计的系统功能模块如图 11.1 所示。

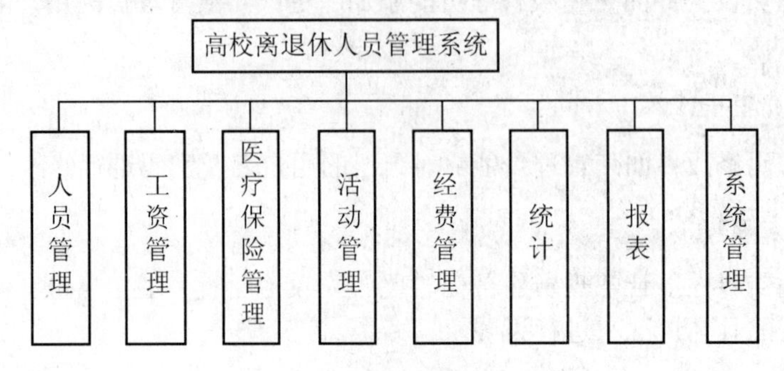

图 11.1　系统功能模块

11.4　数据库设计

11.4.1　E-R 图

本系统根据设计规划出的实体有管理员信息实体、人员主要信息实体、人员基本信息实体、档案信息实体、工资信息实体、活动信息实体、医疗保险信息实体、经费信息实体等。高校离退休人员管理系统的 E-R 图如图 11.2 所示。

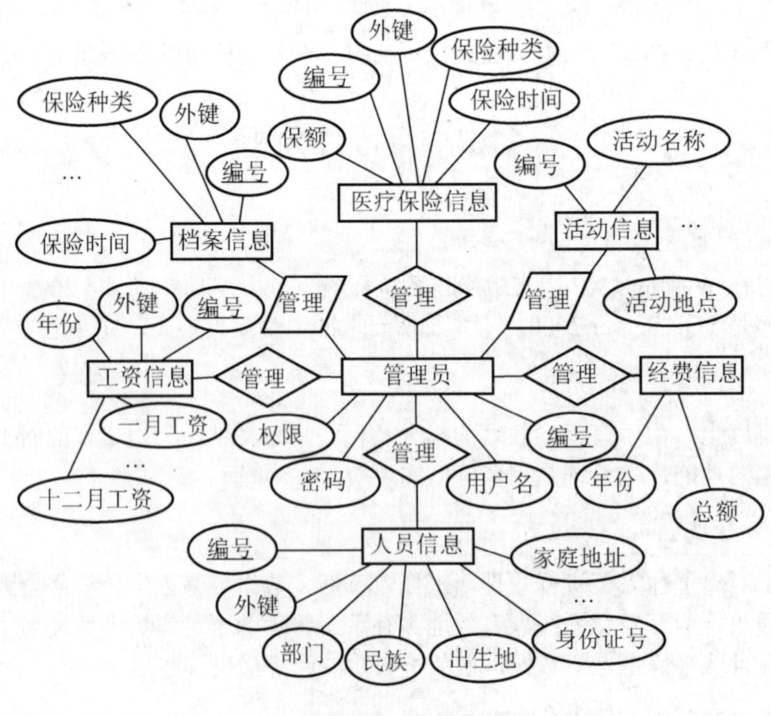

图 11.2　E-R 图

活动信息实体图、活动经费信息实体图、特殊经费信息实体图如图 11.3～图 11.5 所示。

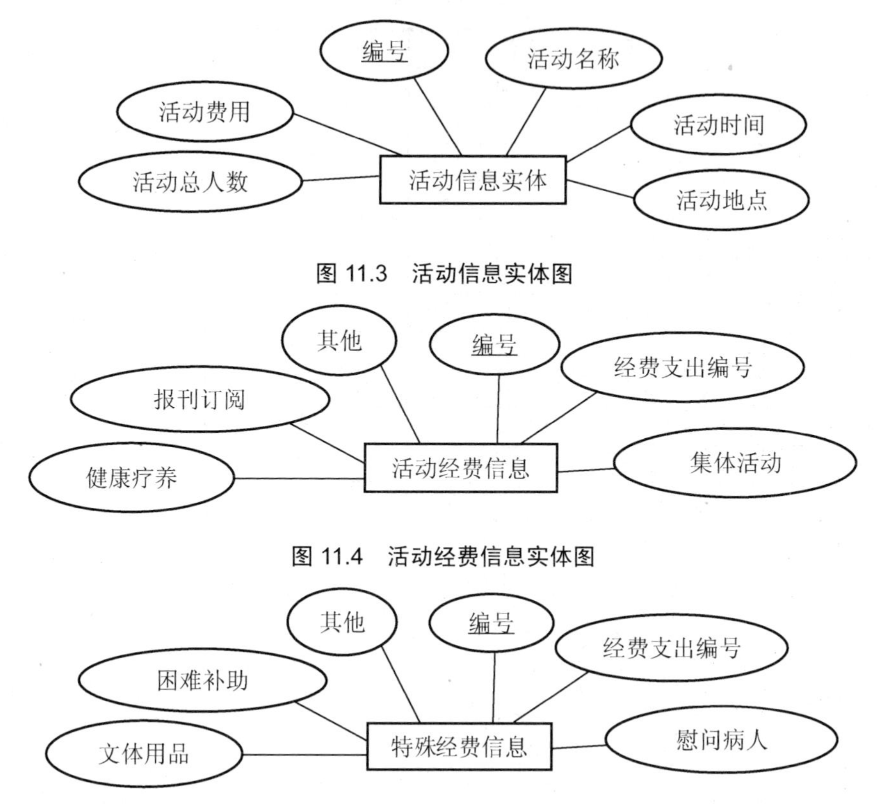

图 11.3 活动信息实体图

图 11.4 活动经费信息实体图

图 11.5 特殊经费信息实体图

11.4.2 表字段分析

根据 E-R 图，经过范式审核，一共设计了人员主要信息表(NameSex)、人员基本信息表(Basic Information)、档案表(Archives)、工资信息表(Wages)、活动信息表(Actives)、医疗保险信息表(Insurance)、经费表(Financing)等 25 张表。人员主要信息表用于存放离退休人员的编号、姓名、性别、退休时间，如表 11-1 所示。

表 11-1 人员主要信息表

字 段 名	数 据 类 型	长度/字节	是否允许为空	描 述
tId	int	50	否	人员编号(主键)
tName	varchar	16	否	姓名
tSex	varchar	16	是	性别
tRetireDate	datetime	8	否	退休时间
tDied	bit	1	是	是否已逝

人员基本信息表用来存放离退休人员的所在部门、民族及出生地等信息，如表 11-2 所示。

表 11-2　人员基本信息表

字 段 名	数 据 类 型	长度/字节	是否允许为空	描　述
bId	int	4	否	编号(主键)
tId	int	4	否	人员编号(外键)
tSector	varchar	50	是	部门
tBirthday	datetime	8	是	出生日期
tNation	varchar	50	是	民族
tIDcard	varchar	50	是	身份证号
tPlaceOfBirth	varchar	100	是	出生地
tPlaceOfReg	varchar	100	是	户籍地
tAddress	varchar	100	是	家庭地址
tZipCode	varchar	8	是	邮编
tHomePhone	varchar	14	是	家庭电话
tMobilePhone	varchar	11	是	手机号码
tEmail	varchar	50	是	电子邮箱
tPoLand	varchar	50	是	政治面貌
tPdate	datetime	8	是	加入时间
tWorkdate	datetime	8	是	工作时间
tComedate	datetime	8	是	来校时间
tWorkStatus	varchar	50	是	工作身份
tPost	varchar	50	是	职务
tRetireDate	datetime	8	是	离退休时间

档案表用来存放离退休人员的学历、学位及工作时间等档案信息，如表 11-3 所示。

表 11-3　档案表

字 段 名	数 据 类 型	长度/字节	是否允许为空	描　述
aId	int	4	否	编号(主键)
tId	int	4	否	人员编号(外键)
aFEducation	varchar	50	是	第一学历
aFPro	varchar	50	是	第一学历的专业
aFGradIns	varchar	50	是	第一学历的毕业院校
aFGradDate	datetime	8	是	第一学历的毕业时间
aFDegree	varchar	20	是	第一学历的学位
aSEducation	varchar	50	是	第二学历
aSPro	varchar	50	是	第二学历的专业
aSGradIns	varchar	50	是	第二学历的毕业院校
aSGradDate	datetime	8	是	第二学历的毕业时间
aSDegree	varchar	50	是	第二学历的学位
aCategories	varchar	50	是	人员类别
aTechPos	varchar	50	是	技术职务
aOneStatus	varchar	50	是	岗位 1

续表

字　段　名	数 据 类 型	长度/字节	是否允许为空	描　　述
aOneDate	datetime	8	是	工作时间 1
aTwoStatus	varchar	50	是	岗位 2
aTwoDate	datetime	8	是	工作时间 2
aTreeStatus	varchar	50	是	岗位 3
aTreeDate	datetime	8	是	工作时间 3
aRetireDate	datetime	8	是	离退休时间
aRemarks	varchar	300	是	备注

家庭成员表(FamilyMembers)用来存放离退休人员的家庭成员的姓名、性别、与离退休人员的关系及工作单位等信息，如表 11-4 所示。

表 11-4　家庭成员表

字　段　名	数 据 类 型	长度/字节	是否允许为空	描　　述
fId	int	4	否	编号(主键)
tId	int	4	否	人员编号(外键)
fname	varchar	16	否	姓名
fSex	varchar	50	是	性别
fBirthday	datetime	8	是	出生时期
fEducation	varchar	50	是	学历
fPoLand	varchar	50	是	政治面貌
fWork	varchar	50	是	职业
fRelations	varchar	20	是	与教师的关系
fStateOfHealth	varchar	50	是	健康状况
fWSPlace	varchar	100	是	工作/学习单位

工资信息表用来存放离退休人员的工资情况，如表 11-5 所示。

表 11-5　工资信息表

字　段　名	数 据 类 型	长度/字节	是否允许为空	描　　述
wId	int	4	否	编号(主键)
tId	int	4	否	人员编号(外键)
wYear	varchar	4	是	年份
wJan	float	8	是	一月工资
wFeb	float	8	是	二月工资
wMar	float	8	是	三月工资
wApr	float	8	是	四月工资
wMay	float	8	是	五月工资
wJun	float	8	是	六月工资
wJul	float	8	是	七月工资
wAug	float	8	是	八月工资
wSept	float	8	是	九月工资
wOct	float	8	是	十月工资

续表

字 段 名	数 据 类 型	长度/字节	是否允许为空	描 述
wNov	float	8	是	十一月工资
wDec	float	8	是	十二月工资

医疗保险信息表用来存放离退休人员的医疗保险情况、保险时间、保险种类等，如表 11-6 所示。

表 11-6 医疗保险表

字 段 名	数 据 类 型	长度/字节	是否允许为空	描 述
iId	int	4	否	编号(主键)
tId	int	4	否	人员编号(外键)
iType	varchar	50	是	保险种类
iDate	datetime	8	是	保险时间
iCosts	float	8	是	保额

活动信息表用来存放举办的活动时间、地点、花费等信息，如表 11-7 所示。

表 11-7 活动表

字 段 名	数 据 类 型	长度/字节	是否允许为空	描 述
acId	int	4	否	活动编号(主键)
acName	varchar	50	否	活动名称
acDate	datetime	8	是	活动时间
acCosts	float	8	是	活动费用
acNumber	int	4	是	活动总人数
acPlace	varchar	100	是	活动地点

活动人员表(JoinActivities)用来存放活动人员编号、活动人员的活动编号及获奖情况等信息，如表 11-8 所示。

表 11-8 活动人员表

字 段 名	数 据 类 型	长度/字节	是否允许为空	描 述
JId	int	4	否	参与人员编号(主键)
acId	int	4	否	活动编号(外键)
tId	int	4	否	人员编号(外键)
JAwards	varchar	50	是	获奖情况

经费表用来存放经费信息，如表 11-9 所示。

表 11-9 经费表

字 段 名	数 据 类 型	长度/字节	是否允许为空	描 述
fyear	int	4	否	年份
ftotal	float	8	是	总额

经费支出表(Expenditure)用来存放经办人、经办年份、活动时间等经费支出信息，如表 11-10 所示。

表 11-10 经费支出表

字 段 名	数 据 类 型	长度/字节	是否允许为空	描 述
eId	int	4	否	编号(主键)
eManagers	Varchar	50	否	经办人
eYear	Int	4	否	经办年份
eTime	Char	10	是	活动时间
eExpenditure	Float	8	是	总额

活动经费表(ActiFin)用来存放活动经费的支出信息，如表 11-11 所示。

表 11-11 活动经费表

字 段 名	数 据 类 型	长度/字节	是否允许为空	描 述
aId	int	4	否	编号(主键)
eId	int	4	否	经费支出编号(外键)
aNS	float	8	是	报刊订阅
aHW	float	8	是	健康疗养
aCA	float	8	是	集体活动
aOthers	float	8	是	其他

特殊经费表(SpecialFunds)用来存放特殊经费的支出信息，如表 11-12 所示。

表 11-12 特殊经费表

字 段 名	数 据 类 型	长度/字节	是否允许为空	描 述
sId	int	4	否	编号(主键)
eId	int	4	否	经费支出编号(外键)
sViPa	float	8	是	慰问病人
sDIG	float	8	是	困难补助
sStyleSu	float	8	是	文体用品
sOthers	float	8	是	其他

管理员表(Users)用来存放管理员的用户名、密码及权限信息，如图 11-13 所示。

表 11-13 管理员表

字 段 名	数 据 类 型	长度/字节	是否允许为空	描 述
Uid	int	4	否	编号(主键)
Usname	varchar	40	否	用户名
Uspassword	varchar	40	否	密码
Upower	varchar	50	否	权限

获奖情况表(Awards)存放设置的获奖类别，如表 11-14 所示。

表 11-14　获奖情况表

字　段　名	数 据 类 型	长度/字节	是否允许为空	描　述
aID	int	4	是	编号(主键)
aName	varchar	50	否	获奖种类

人员类别表(Categories)用来存放人员类别，如表 11-15 所示。

表 11-15　人员类别表

字　段　名	数 据 类 型	长度/字节	是否允许为空	描述
cID	int	4	是	编号(主键)
cName	varchar	50	否	人员类别

民族表(Nation)用来存放民族类别，如表 11-16 所示。

表 11-16　民族表

字　段　名	数 据 类 型	长度/字节	是否允许为空	描　述
nID	int	4	是	编号(主键)
nName	varchar	50	否	民族

政治面貌表(Political)用来存放政治面貌类别，如表 11-17 所示。

表 11-17　政治面貌表

字　段　名	数 据 类 型	长度/字节	是否允许为空	描　述
编号	int	4	是	主键
政治面貌	varchar	50	否	政治面貌

部门表(Department)用来存放部门的类别，如表 11-18 所示。

表 11-18　部门表

字　段　名	数 据 类 型	长度/字节	是否允许为空	描　述
pID	int	4	是	编号(主键)
pName	varchar	50	否	部门

工作身份表(JobIdentity)用来存放工作身份类别，如表 11-19 所示。

表 11-19　工作身份表

字　段　名	数 据 类 型	长度/字节	是否允许为空	描　述
jID	int	4	是	编号(主键)
jName	varchar	50	否	工作身份

职务表(Positions)用来存放职务类别，如表 11-20 所示。

表 11-20　职务表

字 段 名	数 据 类 型	长度/字节	是否允许为空	描　述
posID	int	4	是	编号(主键)
posName	varchar	50	否	职务

学历表(Qualifications)用来存放学历类别，如表 11-21 所示。

表 11-21　学历表

字 段 名	数 据 类 型	长度/字节	是否允许为空	描　述
qID	int	4	是	编号(主键)
qName	varchar	50	否	学历

学位表(Degree)用来存放学位类别，如表 11-22 所示。

表 11-22　学位表

字 段 名	数 据 类 型	长度/字节	是否允许为空	描　述
dID	int	4	是	编号(主键)
deName	varchar	50	否	学位

技术职务表(TechnicalPos)用来存放技术职务类别，如表 11-23 所示。

表 11-23　技术职务表

字 段 名	数 据 类 型	长度/字节	是否允许为空	描　述
tID	int	4	是	编号(主键)
tName	varchar	50	否	技术职务

年份表(Years)用来存放年份，如表 11-24 所示。

表 11-24　年份表

字 段 名	数 据 类 型	长度/字节	是否允许为空	描　述
yId	int	4	是	编号(主键)
年份	varchar	50	否	年份

保险种类表(InsuranceTypes)用来存放保险类别，如表 11-25 所示。

表 11-25　保险种类表

字 段 名	数 据 类 型	长度/字节	是否允许为空	描　述
iID	Int	4	是	编号(主键)
iName	varchar	50	否	保险种类

表 11-14～表 11-25 是为了方便管理员根据实际情况进行自行设置数据而建立的。例如，不同的学校所设立的部门是不同的，如果将部门固定，就失去了实用性，系统将变得没有意义。因此本系统中为部门、保险种类等建立了相应的表。

11.4.3 关系图设计

本系统关系模式复杂，为了更清楚地表示出它们之间的关系，以下我选择用数据库关系图来表示。经费数据库关系图和人员数据库关系图分别如图 11.6 和图 11.7 所示。

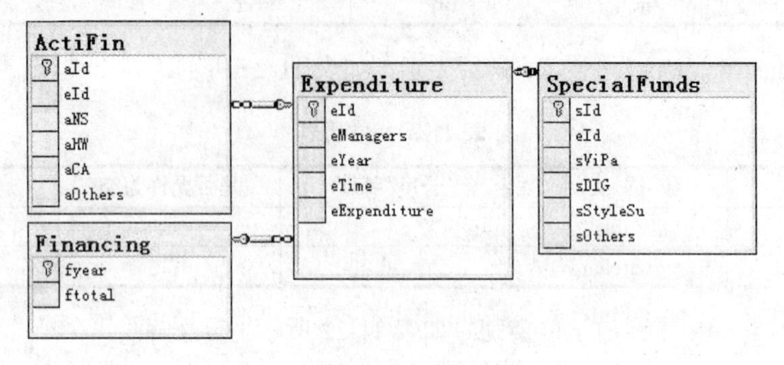

图 11.6 经费数据库关系图

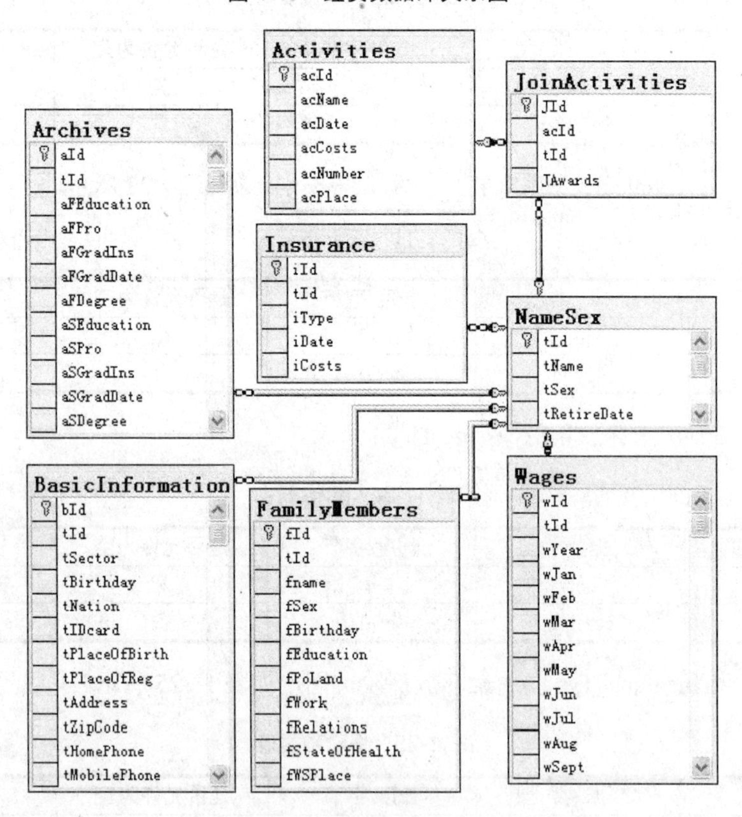

图 11.7 人员数据库关系图

11.4.4 存储过程设计

本系统所使用的表比较多，并且在一些程序的实现上需要使用相同的 SQL 语句，因此为了减少代码的重复性以及方便维护，本系统使用了大量的存储过程。以下将列出本系统中所设计的部分存储过程。

1. 修改家庭成员信息存储过程

```
create procedure FamilyMembersModify
(
    @fId int,
    @fname varchar(16),
    @fSex  varchar(50),
    @fBirthday datetime,
    @fEducation varchar(50),
    @fPoLand varchar(50),
    @fWork varchar(50),
    @fRelations varchar(20),   --关系
    @fStateOfHealth varchar(50),--健康状况
    @fWSPlace varchar(100)--工作/学习单位
)as update FamilyMembers set fname=@fname,fSex=@fSex,
fBirthday=@fBirthday,fEducation=@fEducation,
fPoLand=@fPoLand,fWork=@fWork,fRelations=@fRelations,
fStateOfHealth=@fStateOfHealth,fWSPlace=@fWSPlace
where fId=@fId
GO
```

2. 插入活动信息存储过程

```
create procedure ActivitiesManageInsert
(
    @acName varchar(50),
    @acDate datetime,
    @acCosts float,
    @acNumber int,
    @acPlace varchar(100)
)as insert into Activities(acName,acDate,acCosts,acNumber,acPlace)
values(@acName,@acDate,@acCosts,@acNumber,@acPlace)
GO
```

3. 查看工资信息存储过程

```
create procedure WageManageView
as select wYear as 年份, ltrim(str(year(NameSex.tRetireDate))+replace
(right(str(NameSex.tId),5),' ','0')) as 员工编号, tName as 员工姓名,
wJan as 一月,wFeb as 二月,wMar as 三月,
wApr as 四月,wMay as 五月,wJun as 六月,wJul as 七月,
wAug as 八月,wSept as 九月,wOct as 十月,wNov as 十一月,
wDec as 十二月 from NameSex,Wages where NameSex.tId=Wages.tId order by wYear
asc
GO
```

4. 删除保险信息存储过程

```
create procedure InsuranceDelete
(  @iId int
)
as delete Insurance where iId=@iId
GO
```

5. 获取活动经费的行数存储过程

```
create procedure ActFinGetRowCount
(
    @Year char(4),
    @RowCount int output
)as select @RowCount=count(*) from Expenditure,ActiFin where Expenditure.
eId=ActiFin.eId and convert(char(4), eYear)=@Year
GO
```

11.5 系统功能设计

11.5.1 登录界面

为了增加数据的安全性，登录界面要求用户选择用户权限、填写用户名及密码，当用户名和密码正确时，才会进入系统主界面。登录界面如图 11.8 所示。

当用户名和密码不正确时，单击“登录”按钮，弹出“警告”对话框，如图 11.9 所示，说明用户在表中没有记录。

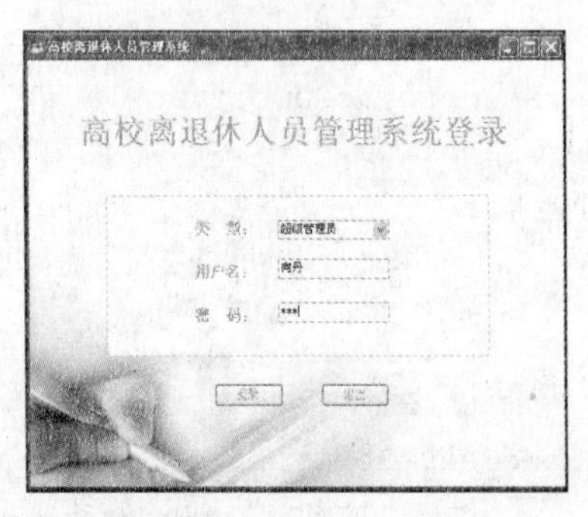

图 11.8 用户登录界面

图 11.9 登录失败警告

11.5.2 系统主界面

当用户登录成功后，将进入系统主界面，如图 11.10 所示。此界面的设计比较简洁，为了方便用户操作，在此界面中设计了快捷图标，当用户单击快捷图标后将显示相应的功能模块。

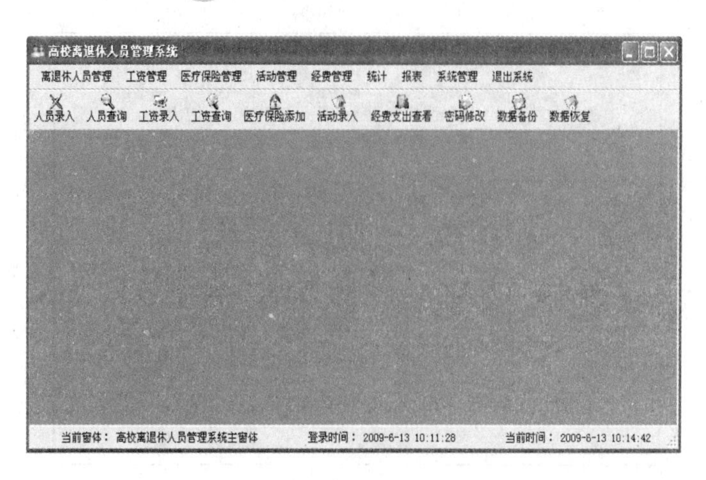

图 11.10　系统主界面

11.5.3　人员信息卡片式维护界面

在人员信息管理中，最核心的界面是人员信息卡片式维护界面，人员数据录入界面与人员信息卡片式维护界面基本相同，只是没有信息更新等功能，所以在此主要介绍人员信息卡片式维护界面。

(1) 人员信息卡片式维护界面包括所有人员的基本信息、家庭成员信息、工资信息、档案信息、保险信息及活动信息。超级管理员能对所有的信息进行更新，并通过“上一条”、“下一条”按钮来查看每个人员的信息。用户进入人员信息卡片式维护模块后的界面如图 11.11 所示。此界面主要显示了离退休人员所在的部门、出生年月、身份证号、民族、出生地、户籍地等人员基本信息。

图 11.11　人员信息卡片式维护界面

(2) 在人员信息卡片式维护界面中，单击“档案”按钮将从基本信息页面切换到档案信息页面，如图 11.12 所示。

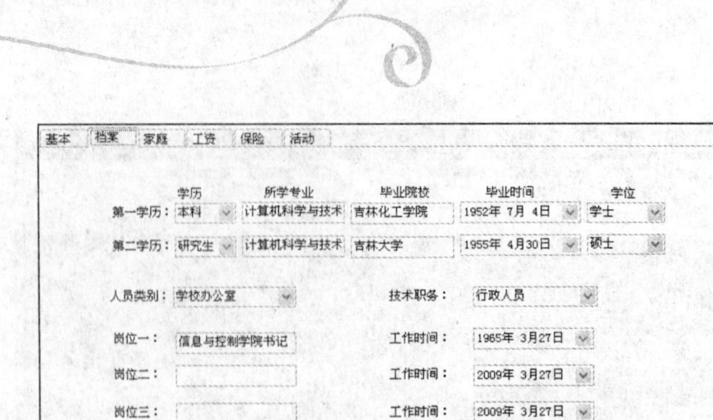

图 11.12　档案信息页面

(3) 在人员信息卡片式维护界面中单击“家庭”按钮将切换到家庭人员信息页面，如图 11.13 所示。此页面显示了离退休人员的所有家庭成员姓名、性别、出生年月等信息。为方便管理员进行修改，当单击表格中的某一行信息时，将会在对应的文本框中显示相应家庭人员的信息。当用户更新数据后，单击“保存”按钮，表格将会自动刷新以显示更新后的数据。

管理员单击“删除”按钮后，为了防止管理员错误操作，将会弹出“警告提示”对话框，如图 11.14 所示，只有管理员单击“是”按钮后才会进行删除操作。

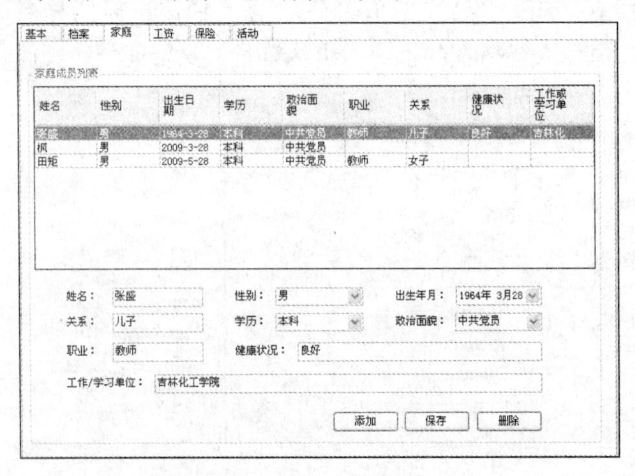

图 11.13　家庭人员信息页面

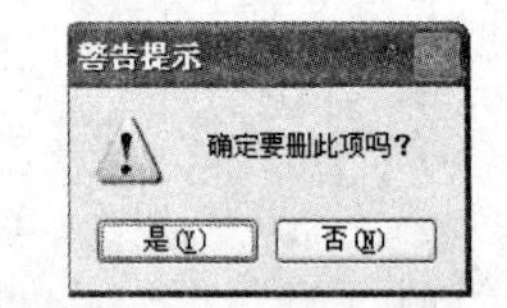

图 11.14　删除时的“警告提示”对话框

(4) 在人员信息卡片式维护界面中，单击“工资”按钮，切换到工资页面，如图 11.15 所示。此页面显示了离退休人员的工资情况，管理员可以选择表格中的某项，通过更新下拉列表及文本框中显示的信息来更新工资；也可以直接在下拉列表中选择年份及月份进行更新。

(5) 在人员信息卡片式维护界面中单击“保险”按钮，将切换到保险信息页面，如图 11.16 所示。此页面显示了离退休人员的保险信息、保险时间、保险的种类及保额。此页面与家庭成员页面相似，操作方法基本相同。

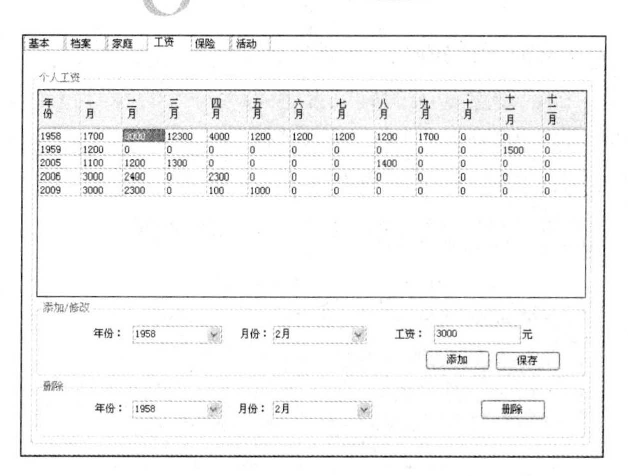

图 11.15　工资页面

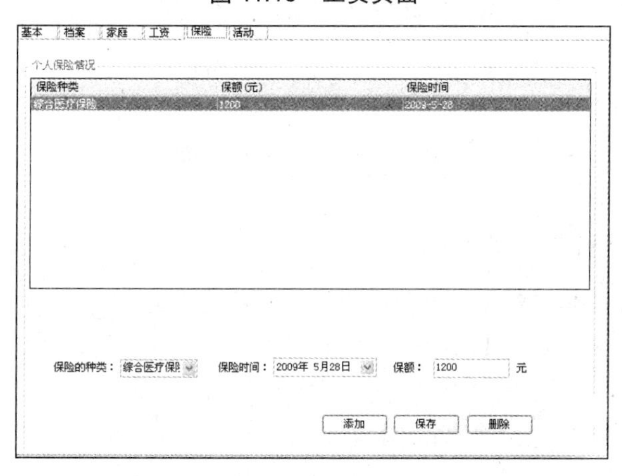

图 11.16　保险信息页面

在添加保险时，如果添加的保险种类在此人员的保险记录中已存在，单击“保存”按钮后将会弹出“警告”对话框，如图 11.17 所示，此次添加操作失败。

(6) 在人员信息卡片式维护界面中单击“活动”按钮，将切换到活动信息页面，如图 11.18 所示。此页面显示了离退休人员参加的活动信息、活动时间、活动名称及获奖情况。

警告

此保险此人已拥有!

确定

图 11.17　“警告”对话框

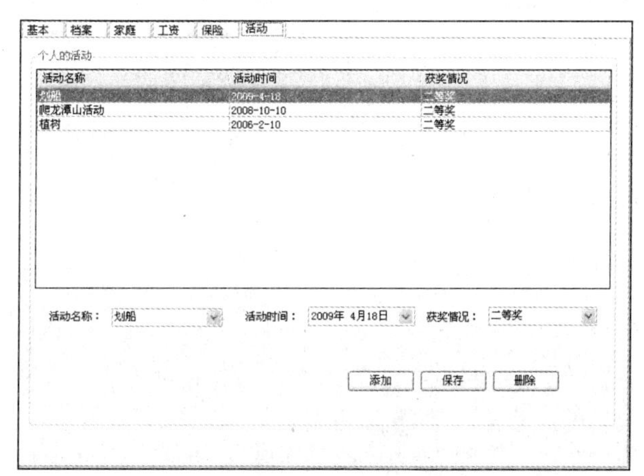

图 11.18　活动信息页面

① 当管理员单击“添加”按钮时，将进入“活动人员添加”界面，如图 11.19 所示。“活动人员添加”界面中的活动参与人的姓名及活动参与人的编号自动获取人员信息卡片式维护界面上所对应的姓名及编号。在用户退出“活动人员添加”界面后，人员信息卡片式维护界面中的活动信息页面将自动更新数据。

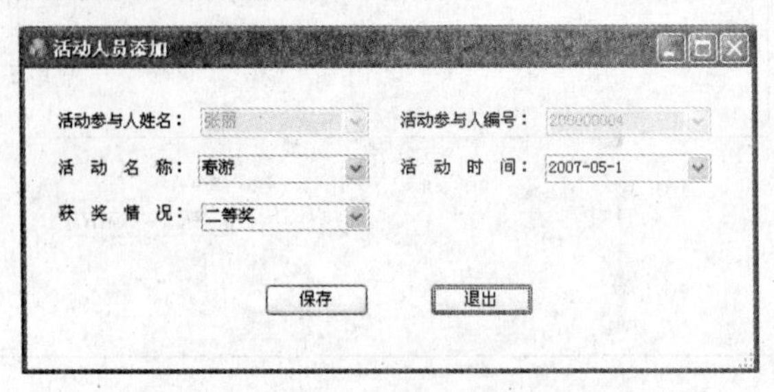

图 11.19 “活动人员添加”窗口

② 当在“活动人员添加”界面中单击“保存”按钮后，如果活动添加成功将会弹出“信息”对话框，如图 11.20 所示。

③ 当在“活动人员添加”界面中单击“保存”按钮后，如果添加的活动信息已存在，将会弹出“警告”对话框，如图 11.21 所示。

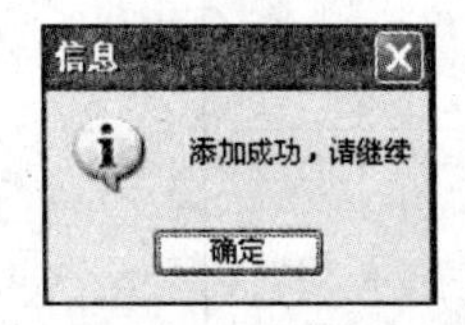

图 11.20 “信息”对话框

图 11.21 “警告”对话框

(7) 在人员信息卡片式维护界面中单击“查找”按钮后将会进入查找界面，如图 11.22 所示。管理员可以通过选择人员的名称来显示此人员的所有信息。

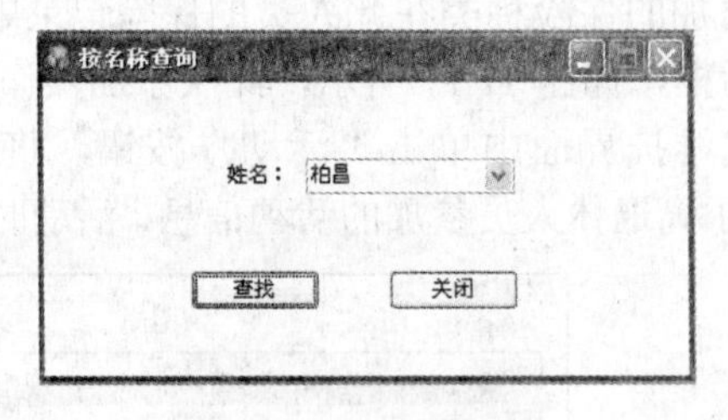

图 11.22 查找界面

11.5.4 工资管理

工资管理主要有工资维护和个人工资查询两个模块。

1. 工资维护

工资维护界面如图 11.23 所示，管理员可以查看某年的所有离退休人员的工资情况，更新人员的工资后，表格自动刷新。

管理员选中工资维护界面的表格中的某项信息进行删除操作时，将进入“删除工资”界面，如图 11.24 所示。

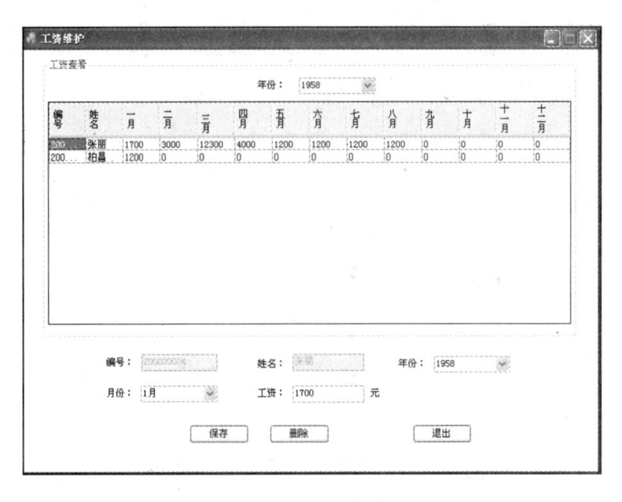

图 11.23　“工资维护”界面

图 11.24　“删除工资”界面

2. 个人工资查询

(1) 个人工资查询首先显示“员工工资查找”界面，如图 11.25 所示。在管理员选择离退休人员的姓名后，“编号”下拉列表中会自动显示对应所有用此姓名员工的编号，以方便有同名情况时进行准确选择。

图 11.25　“员工工资查找”界面

(2) 当管理员单击“员工工资查找”界面的“查找”按钮后，将进入“个人工资查询”界面，如图 11.26 所示。管理员可通过“上一条”、“下一条”按钮查找人员的不同年份工资情况，当修改工资后，单击“保存”按钮时，如果保存成功将弹出提示信息。

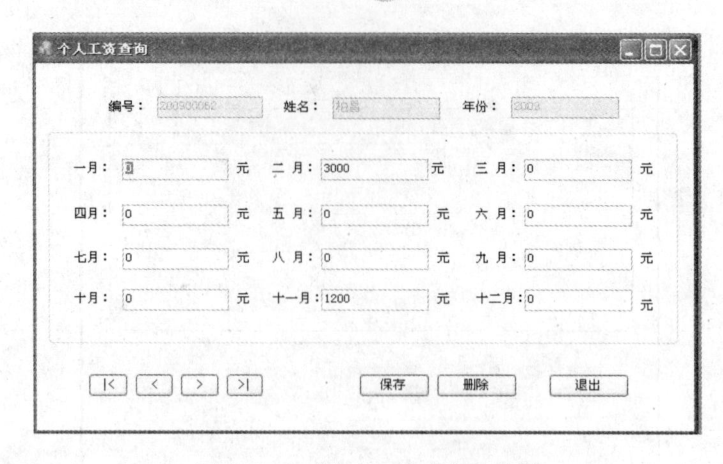

图 11.26 “个人工资查询”界面

(3) 当单击“个人工资查询”界面的“删除”按钮后，界面将转到图 11.24 所示的“删除工资”界面。

11.5.5 医疗保险管理

1. 保险添加

(1) “保险添加”界面如图 11.27 所示，当管理员在“姓名”下拉列表中选择员工姓名时，将会在“编号”下拉列表中显示所有同名人员的编号。

(2) 在用户单击“保险添加”界面的“添加”按钮后，如果保险添加成功，将弹出“信息”对话框，如图 11.28 所示，并保存数据。

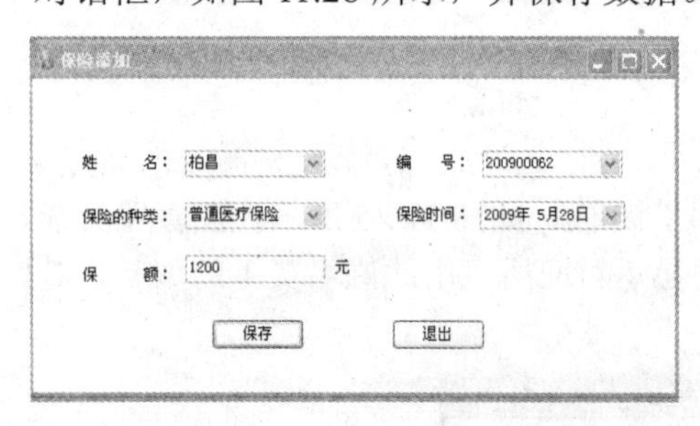

图 11.27 “保险添加”界面

图 11.28 添加成功信息

(3) 在用户单击“保险添加”界面的“添加”按钮后，如果保额为非数字，将弹出提示信息对话框，如图 11.29 所示。

(4) 在用户单击“保险添加”界面的“添加”按钮后，如果添加的信息重复，即给某离退休人员添加已存在的保险种类时，将弹出“警告”对话框，如图 11.30 所示。

图 11.29 保额为非数据时的提示信息对话框

图 11.30 “警告”对话框

2. 医疗保险维护

“医疗保险维护”界面如图 11.31 所示，打开“保险种类”下拉列表将会在表格中显示对应保险种类的所有保险信息。修改数据后单击“保存”按钮，表格将自动刷新。

图 11.31 “医疗保险维护”界面

当选中“医疗保险维护”界面的表格中的某项，单击“删除”按钮后，将弹出如图 11.14 所示的对话框。

3. 按年份查询

“医保按年份查询”界面如图 11.32 所示，打开“年份”下拉列表将会在表格中显示这一年的所有保险信息。用户可以在表格中直接进行保险信息的修改。单击“保存”按钮，数据保存并且表格自动刷新。

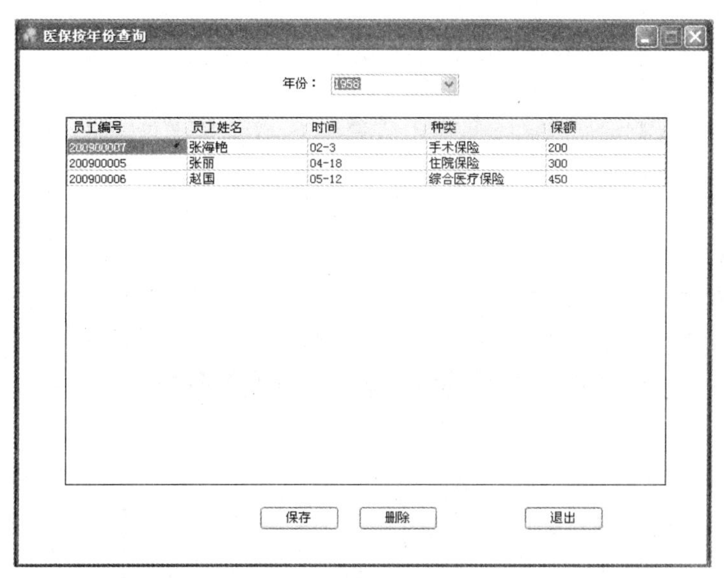

图 11.32 “医保按年份查询”界面

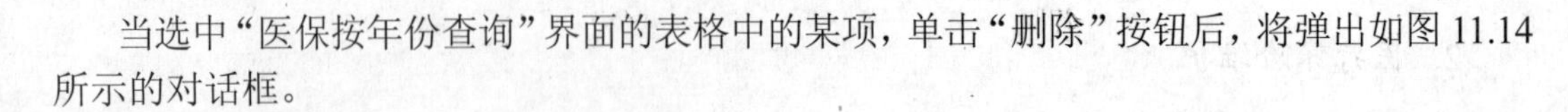

当选中“医保按年份查询”界面的表格中的某项，单击“删除”按钮后，将弹出如图 11.14 所示的对话框。

11.5.6 活动管理

1. 基本活动管理

“活动添加”界面如图 11.33 所示，当添加的信息存在重复时，会弹出“警告”对话框。

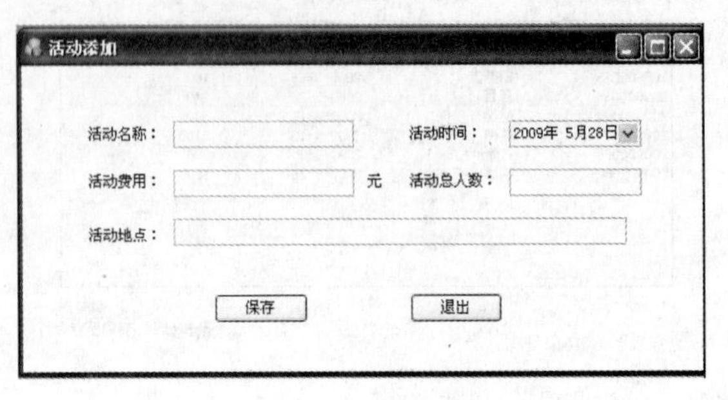

图 11.33 “活动添加”界面

“基本活动维护”界面如图 11.34 所示，打开“年份”下拉列表，将会显示此年份所举办的所有活动信息，管理员能对活动信息进行更新。

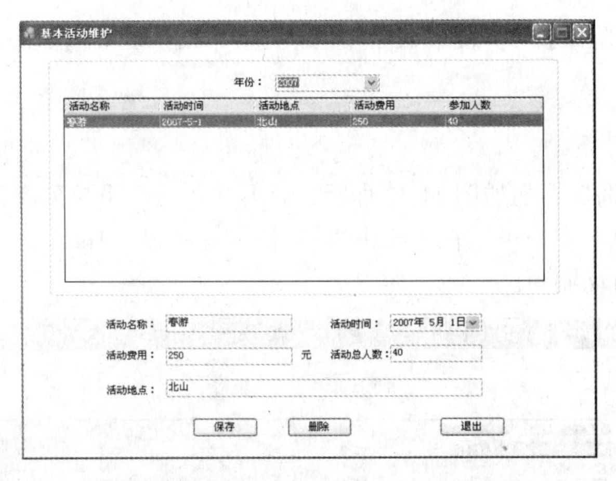

图 11.34 “基本活动维护”界面

2. 活动人员管理

“活动人员添加”界面如图 11.35 所示，只有当活动确实存在时，才能添加成功，否则弹出“警告”对话框，并且当添加的信息存在重复时，也会弹出“警告”对话框。

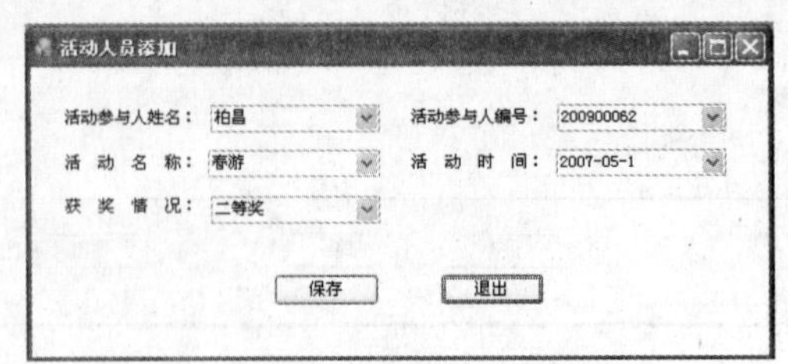

图 11.35 “活动人员添加”界面

“活动人员维护”界面如图 11.36 所示，打开“活动名称”下拉列表，选择活动名称后，将在“活动时间”下拉列表中显示此相同活动名称的所有活动时间，方便用户选择准确的活动，然后单击“查看”按钮，即可查看活动人员参加此活动的情况。

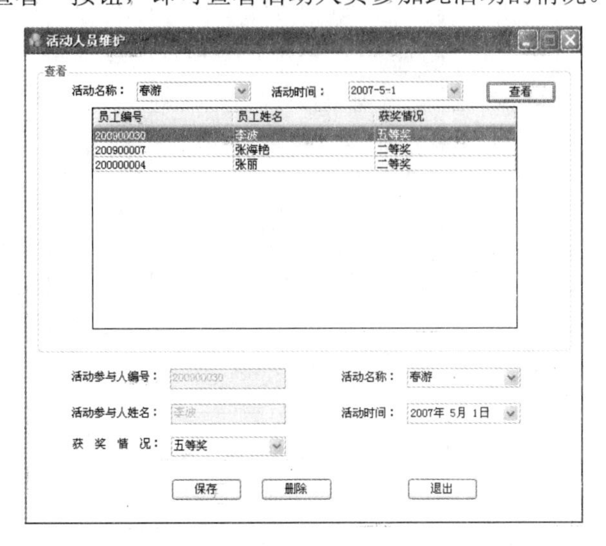

图 11.36　“活动人员维护”界面

11.5.7　经费管理

1. 年份经费管理

“经费录入”界面如图 11.37 所示。当输入的金额为空时，单击“保存”按钮，将弹出如图 11.38 所示的“警告”对话框；当选择的年份经费已录入时，单击“保存”按钮将弹出“警告”对话框，如图 11.39 所示。

图 11.37　“经费录入”界面

图 11.38　数据为空警告对话框

图 11.39　数据已存在警告对话框

“经费维护”界面如图 11.40 所示，管理员可以直接在表格中对数据进行修改，然后单击“保存”按钮，将把数据保存到数据库中。

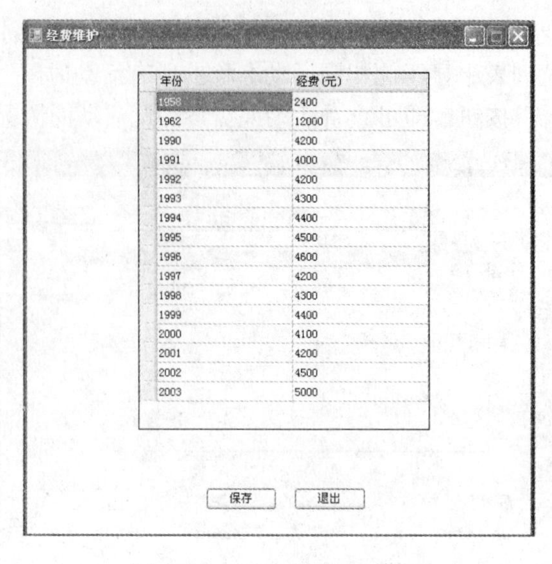

图 11.40　“经费维护”界面

2. 经费支出管理

“经费支出录入”界面如图 11.41 所示，通过点选单选按钮能分别对活动经费、特殊经费、活动及特殊经费进行录入。当点选“活动经费”单选按钮时，特殊经费对应部分灰显；当点选“特殊经费”单选按钮时，活动经费对应部分灰显；当点选“活动及特殊经费”单选按钮时，活动经费及特殊经费都显示。单击“保存”按钮将对录入的信息进行保存。

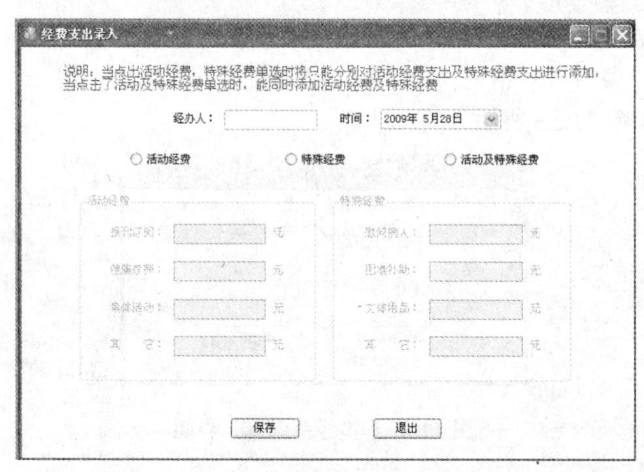

图 11.41　“经费支出录入”界面

“经费支出维护”界面如图 11.42 所示，管理员通过打开“年份”下拉列表，将显示对应年份的经费支出情况，并且在“年份”下拉列表的右侧显示对应此年的总经费额。管理员可在“经费支出维护”界面的表格中直接对经费支出信息进行修改，当单击“保存”按钮后，表格将自动刷新。

“经费支出维护”界面如图 11.43 所示，单击左侧的“活动经费”或“特殊经费”节点，将在最上部显示“年份”下拉列表，管理员可以通过选择年份来查看表格中显示的相应支出信息，并且会在左下侧显示此年份的总支出。当选择“年份”下拉列表中的选项时，将显示对应年份的经费支出信息。单击“经费总支出”节点，将进入如图11.44所示的界面。

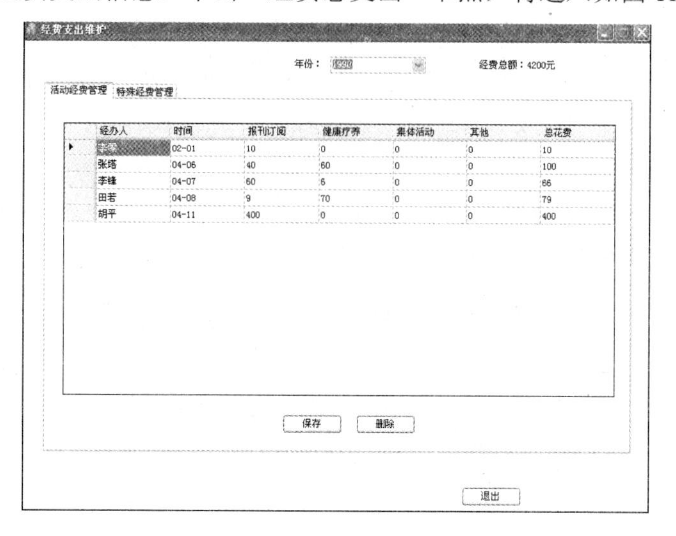

图 11.42 “经费支出维护”界面

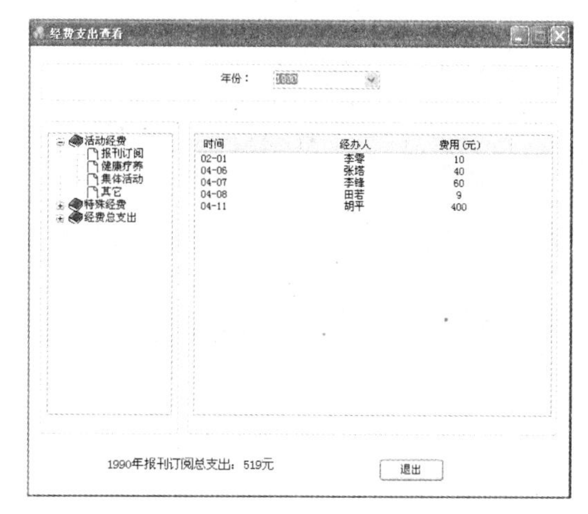

图 11.43 “经费支出查看”界面

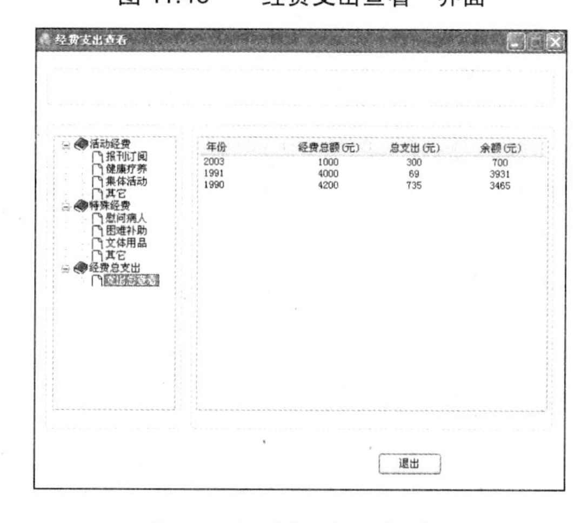

图 11.44 经费总支出查看

11.5.8 统计

统计是将信息进行汇总，主要包括退休人数按年统计、活动次数统计、经费统计、工资统计及医保总统计。

1. 退休人数按年统计

“退休人数按年统计”界面如图 11.45 所示，打开“退休年份”下拉列表，将显示相应年份的男员工人数、女员工人数及员工总人数。

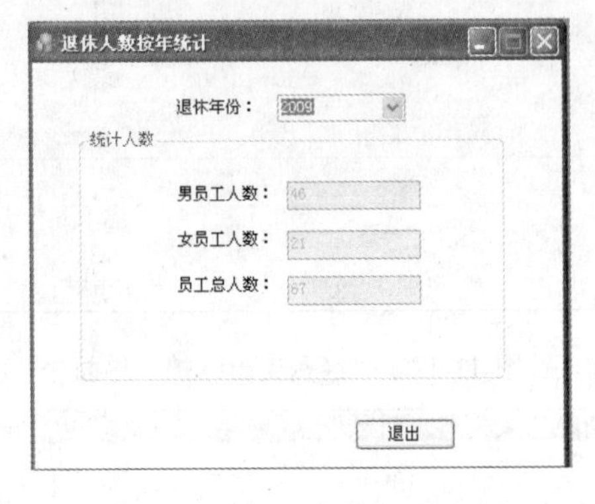

图 11.45 “退休人数按年统计”界面

2. 活动次数统计

“活动次数统计”界面如图 11.46 所示，打开“年份”下拉列表，将显示对应年份的活动总数及活动总费用。

图 11.46 “活动次数统计”界面

3. 经费统计

“经费统计”界面如图 11.47 所示，打开“年份”下拉列表，将显示对应年份的经费总额、总支出和剩余总额。

4. 工资统计

“工资统计”界面如图 11.48 所示，打开“年份”下拉列表，将显示对应年份的工资总额。

5. 医保总统计

“医保总统计”界面如图 11.49 所示，打开“保险的种类”下拉列表，将显示相应的保险人数总计及保险金额总计。

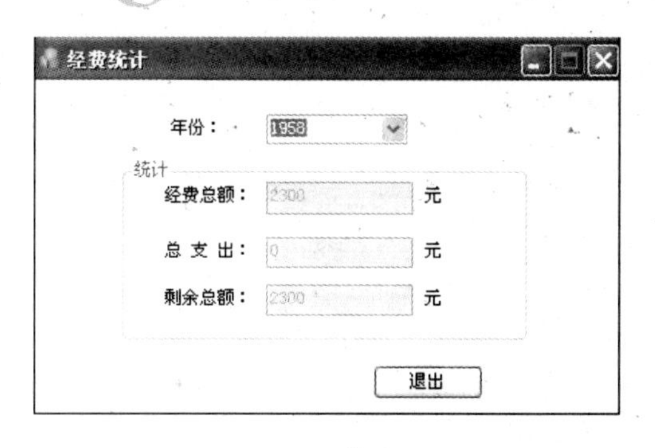

图 11.47　“经费统计”界面

图 11.48　“工资统计”界面

图 11.49　“医保总统计”界面

11.5.9　报表

报表主要是对人员、档案、家庭成员、工资、医疗保险等信息进行汇总，实现数据的导出及打印功能。

1. 人员信息报表

“离退休人员信息报表”界面如图 11.50 所示。单击“导出报表”按钮，可以导出以.pdf、.xls、.doc、.rtf、.rpt 为扩展名的文件，弹出“导出报表”对话框如图 11.51 所示。单击“打印”按钮，将弹出“打印”对话框，如图 11.52 所示。

离退休人员信息报表

党委办公室
新闻中心
宣传统战部
组织部

主报表

人员编号	姓名	性别	离退休日期	部门	出生日期	民族
党委办公室						
200900011	李芳芳	女	2009/3/25	党委办公室	2009/3/25	汉族
200900014	郭莹莹	女	2009/3/25	党委办公室	2009/3/25	汉族
200900017	刘贵志	男	2009/3/26	党委办公室	2009/3/26	汉族
200900019	李专	男	2009/3/26	党委办公室	2009/3/26	汉族
200900020	杨竖	男	2009/3/26	党委办公室	2009/3/26	汉族
200900021	李华	男	2009/3/26	党委办公室	2009/3/26	汉族
200900022	赵平	男	2009/3/26	党委办公室	2009/3/26	汉族
200900023	钱维	男	2009/3/26	党委办公室	2009/3/26	汉族
200900024	李芬	女	2009/3/26	党委办公室	2009/3/26	汉族
200900025	张菊花	女	2009/3/26	党委办公室	2009/3/26	汉族
200900026	张方秋	男	2009/3/26	党委办公室	2009/3/26	汉族
200900027	张白山	男	2009/3/26	党委办公室	2009/3/26	汉族
200900028	田浮	男	2009/3/26	党委办公室	2009/3/26	汉族
200900029	姜娜	女	2009/3/26	党委办公室	2009/3/26	汉族
200900030	李波	男	2009/3/26	党委办公室	2009/3/26	汉族
200900040	严兴	男	2009/3/27	党委办公室	2009/3/27	汉族
200900041	鲁湘	男	2009/3/25	党委办公室	2009/3/27	汉族
200000004	张丽	女	2000/3/25	党委办公室	1940/3/27	汉族
200900005	张丽	女	2009/3/25	党委办公室	2009/3/27	汉族
200900006	赵国	女	2009/3/25	党委办公室	2009/3/27	汉族
200900007	张海艳	女	2009/3/25	党委办公室	2009/3/27	汉族
200900009	李习	男	2009/3/25	党委办公室	2009/3/27	汉族
200900043	向东方	男	2009/3/28	党委办公室	2009/3/28	汉族
200900044	吴余	男	2009/3/28	党委办公室	2009/3/28	汉族
200900045	田然	男	2009/3/28	党委办公室	2009/3/28	汉族

图 11.50　“离退休人员信息报表”界面

图 11.51 “导出报表”对话框

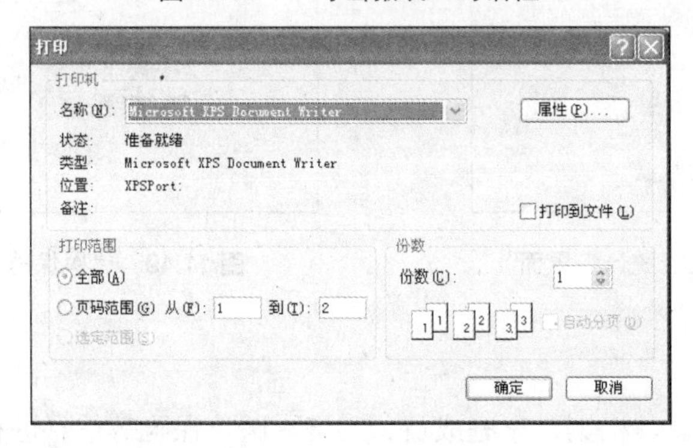

图 11.52 “打印”对话框

2. 活动信息报表

“活动信息报表”界面如图 11.53 所示，单击“导出报表”按钮，实现导出以.pdf、.xls、.doc、.rtf、.rpt 为扩展名的文件，弹出“导出报表”对话框，如图 11.51 所示。单击“打印”按钮，弹出“打印”对话框，如图 11.52 所示。

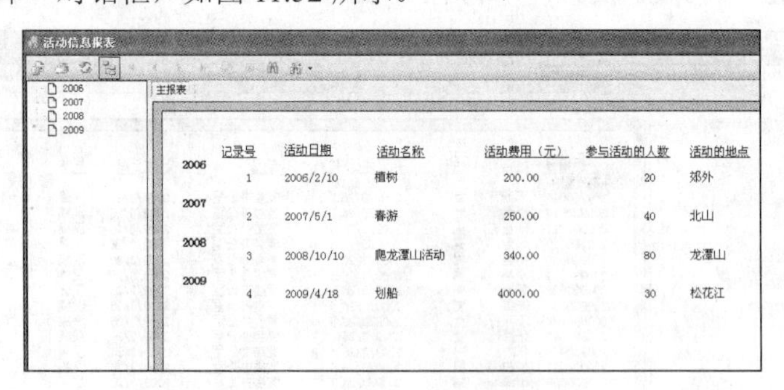

图 11.53 “活动信息报表”界面

11.5.10 系统管理

1. 数据转出

“数据转出(已逝)”界面如图 11.54 所示，打开“编号”下拉列表，将会在姓名文本框中自动显示对应的人名，单击“数据转出”按钮，会将此人放入已逝人员中。

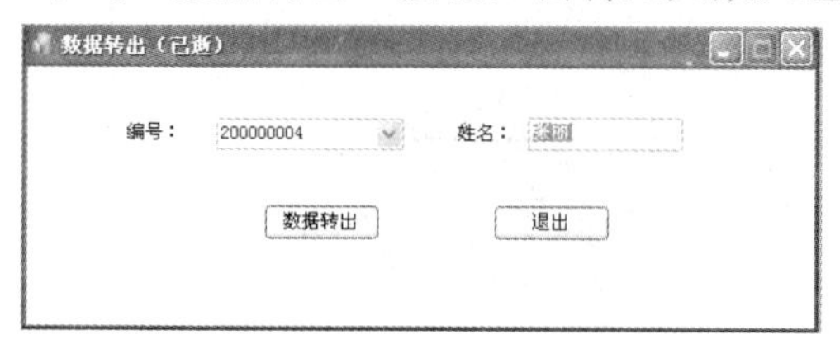

图 11.54　“数据转出(已逝)”界面

2. 数据备份

“数据备份”界面如图 11.55 所示，选择备份路径，单击“开始备份”按钮将进行数据的备份。当备份成功时，会弹出如图 11.56 所示的“信息”对话框。

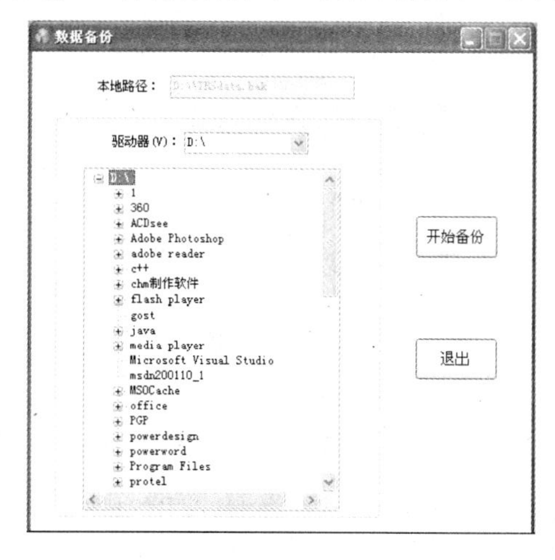

图 11.55　“数据备份”界面

图 11.56　“信息”对话框

3. 数据恢复

“数据恢复”界面如图 11.57 所示。选中备份文件后，单击“开始还原”按钮，将弹出如图 11.58 所示的“询问”对话框。单击“是”按钮，将进行数据备份，否则将退出“数据恢复”界面。

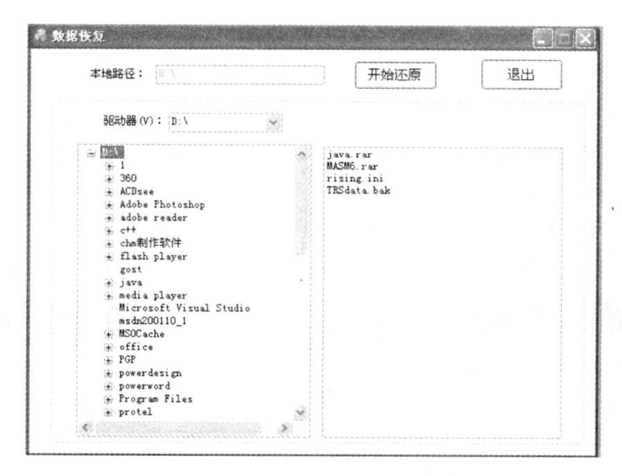

图 11.57　“数据恢复”界面

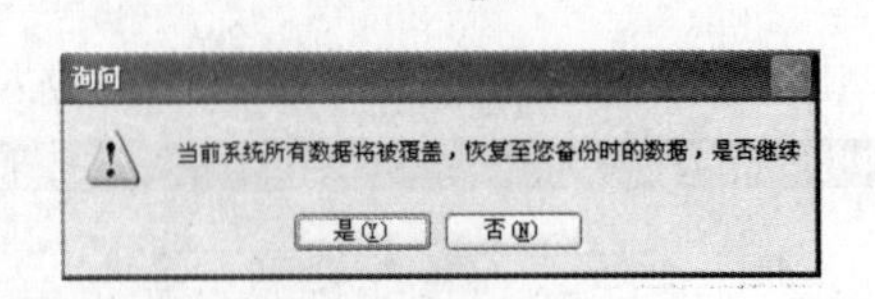

图 11.58 “询问”对话框

4. 系统管理员设置

(1) “系统管理员设置”界面如图 11.59 所示，超级管理员能使用此界面对一般管理员进行设置。

(2) 单击“添加”按钮，将进入如图 11.60 所示的“添加”界面，添加数据后，退出“添加”界面，将自动刷新系统管理员设置界面中的表格。

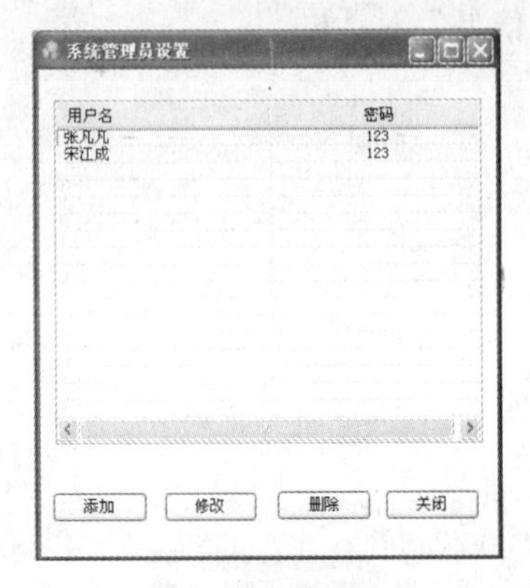

图 11.59 “系统管理员设置”界面

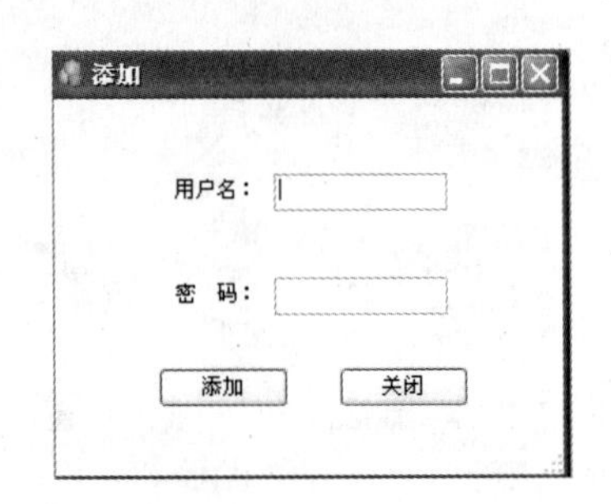

图 11.60 “添加”界面

(3) 选中表格中的某选项，单击“修改”按钮，将进入“修改”界面，如图 11.61 所示，即可修改“系统管理员”界面中的数据与“系统管理员设置”界面中选中的行对应；如果没有选中表格的任何一行就单击“修改”按钮，将弹出如图 11.62 所示的“警告”对话框。

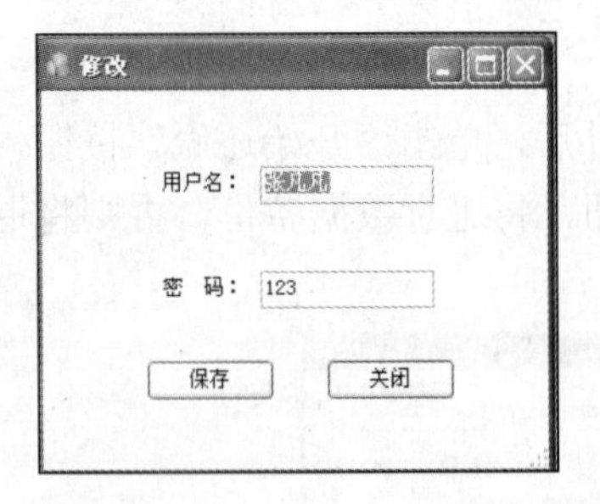

图 11.61 “修改”界面

图 11.62 选中修改数据警告信息

(4) 如果没有选中表格的任何一行就单击“删除”按钮，将弹出如图 11.63 所示的“警告”对话框；选中表格的某行，单击“删除”按钮，将弹出如图 11.64 所示的“警告提示”对话框。

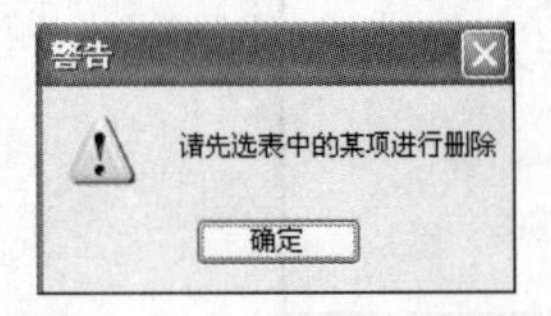

图 11.63 选中删除数据警告信息

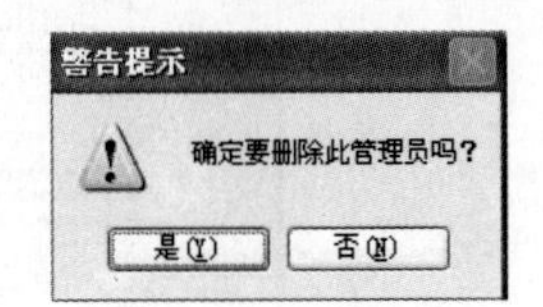

图 11.64 “警告提示”对话框

5. 管理员用户修改

“管理员用户修改”界面如图 11.65 所示。单击“修改”按钮，如果用户名及密码输入正确将进入如图 11.66 所示的“用户密码修改”界面；如果用户名及密码输入错误，单击“修改”按钮后将弹出如图 11.67 所示的“警告”对话框。

图 11.65　“管理员用户修改”界面

图 11.66　“用户密码修改”界面

6. 常用选项卡编辑

“常用选项卡编辑”界面如图 11.68 所示，打开“当前类别”下拉列表，将在表格中显示相应的信息，可以在表格中对数据进行操作；当管理员单击“添加”按钮后，表格将会新增一空白行，并且空白行自动获得焦点，管理员可以在空白行里填写数据；单击“保存”或“删除”按钮后，表格将自动刷新。

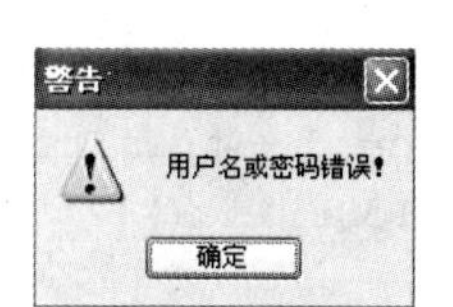

图 11.67　用户名或密码错误警告

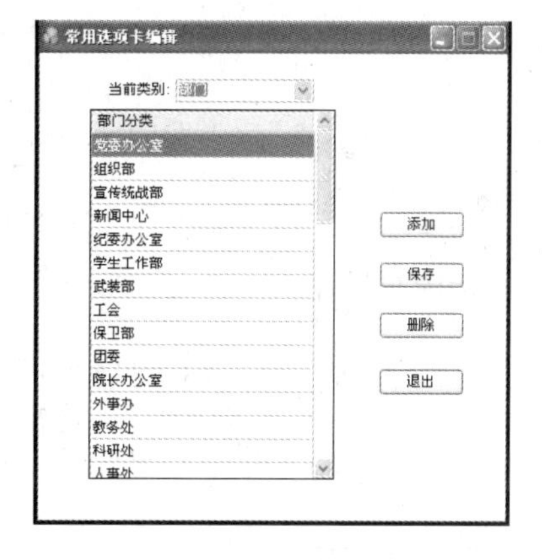

图 11.68　“常用选项卡编辑”界面

11.6　系统功能实现

11.6.1　登录

登录界面如图 11.8 所示，在此界面使用的控件及其功能如表 11-26 所示。在登录界面中，使用了 ComboBox 下拉列表来显示用户的权限，此下拉列表中有两个元素：一般管理员和超级管理员。登录操作流程如图 11.69 所示。

表 11-26 登录界面控件

控 件 名	功 能
Label	显示文本
GroupBox	将类型、用户名及密码放在此控件中
ComboBox	方便用户选择权限
TextBox	填写用户名及密码
Button	响应用户操作

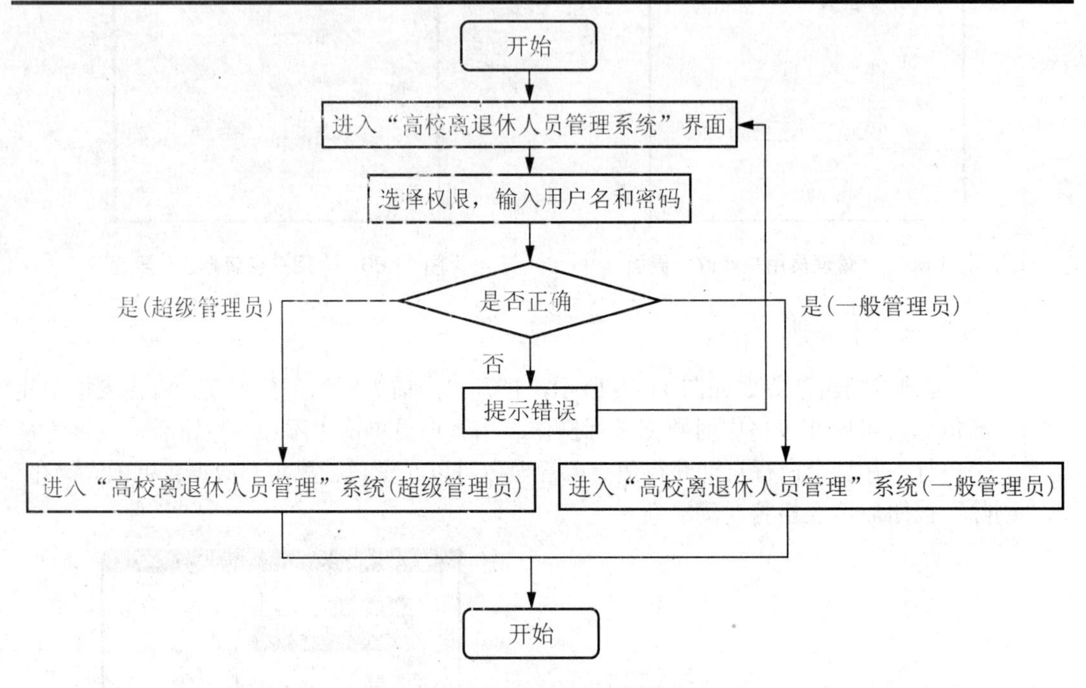

图 11.69 登录操作流程

关键程序代码如下。

```
cm=new System.Data.SqlClient.SqlCommand("select *from Users where Usname=
'" + this.textBox1.Text.Trim() + "'and Uspassword='" + this.textBox2.Text.
Trim() + "' and Upower='" +this.comboBox1.Text.ToString()+"'", cn);
```

11.6.2 系统主界面

系统主界面设计比较简洁，主要用来方便用户对其他模块的查看。系统主界面如图 11.10 所示。

1. 系统主界面使用的控件及其功能

系统主界面使用的控件及其功能如表 11-27 所示。

表 11-27 系统主界面控件及其功能

控 件 名	功 能
MenuStrip	实现菜单选项

续表

控 件 名	功 能
ImageList	图像集合
Timer	实现时间的显示
StatusStrip	状态栏
ToolBar	放置快捷图标

2. 使用的方法

在系统主界面的程序实现基础上，为了避免用户重复打开很多相同模块的窗口，使用了 checkChildFrmExist(string childFrmName)，其介绍如表 11-28 所示。

表 11-28　主界面方法

方 法 名	参 数	参 数 说 明	功 能
checkChildFrmExist	string childFrmName	childFrmName 为子窗口名	避免子窗口重复显示

3. checkChildFrmExist 方法代码

```
private bool checkChildFrmExist(string childFrmName)
{
    foreach (Form childFrm in this.MdiChildren)
    {
        if (childFrm.Name == childFrmName)
        {
            if (childFrm.WindowState == FormWindowState.Minimized)
                childFrm.WindowState=FormWindowState.Maximized;
                childFrm.Activate();
                return true;
        }
    }
    return false;
}
```

11.6.3　人员信息卡片式维护

人员信息卡片式维护界面如图 11.11 所示。它是一个比较完整的界面，实现了人员基本信息、人员档案信息、人员家庭成员信息、人员工资信息、人员活动信息、人员医疗保险信息的维护，实现难度较大。

1. 界面使用的主要控件

界面使用的主要控件如表 11-29 所示。

表 11-29　人员信息卡片式维护界面使用的主要控件

控 件 名	功 能
ComboBox	在多项数据中进行选择
TextBox	填写数据

续表

控 件 名	功 能
TabControl	将人员信息卡片式维护界面分成若干个子页面
DataGridview	以表格形式显示数据
DateTimePicker	显示及选择时间
Button	响应用户操作的按钮

2. 人员基本信息页面的实现

人员基本信息页面如图 11.70 所示。在程序中使用了 displayBais()方法，通过数据库中的存储过程 BasicInformationView 实现从数据库中读取并显示数据。档案信息页面与人员基本信息页面的实现方式相似。

图 11.70 人员基本信息页面

BasicInformationView 存储过程如下。

```
create procedure BasicInformationView
(
    @tId int
)as select * from BasicInformation where tId=@tId
GO
```

3. 家庭人员信息页面的实现

家庭人员信息页面如图 11.13 所示，在此页面的代码中使用 dispFami()方法实现在 DataGridView 控件中显示人员的家庭成员信息；通过 dataGridViewFamiView_CellClick 方法响应 DataGridView 控件的 CellClick 事件，使得当用户选中 DataGridView 控件中的某行数据后，在页面相应的 ComboBox 控件、TextBox 控件及 DateTimePicker 控件中显示信息。家庭人员页面、工资信息页面、活动信息页面及医疗保险信息页面相似，其实现过程也基本相同。

1) dispFami()方法关键代码

```
int tId=Convert.ToInt16(this.textBoxNumber.Text.
ToString().Substring(4, 5));
ad=new System.Data.SqlClient.SqlDataAdapter();
ad.SelectCommand=new System.Data.SqlClient.SqlCommand("FamilyMemView",cn);
ad.SelectCommand.CommandType=CommandType.StoredProcedure;
```

```
ad.SelectCommand.Parameters.Add("@tId",SqlDbType.Int);
ad.SelectCommand.Parameters["@tId"].Value=tId;
cn.Open();
da=new DataSet();
ad.Fill(da, "FamilyMemView");
binding1.DataSource=da.Tables["FamilyMemView"].DefaultView;
this.dataGridViewFamiView.DataSource=binding1;
this.dataGridViewFamiView.Columns["fId"].Visible=false;
if (this.dataGridViewFamiView.Rows.Count <= 0)
{
    this.button31.Enabled=false;
}
else
{
    this.button31.Enabled=true;
}
```

2) dataGridViewFamiView_CellClick 方法

dataGridViewFamiView_CellClick 使用的语句基本相似，都是将 DataGridView 控件中选中的行的数据分别赋予相应数据显示控件中，在此以下列代码为例。

```
this.textBoxFamiName.Text=this.dataGridViewFamiView.Rows[e.RowIndex].Cel
ls[1].Value.ToString();
```

11.6.4 显示数据

在本系统中工资维护界面、医疗保险维护界面、基本活动维护界面及活动人员维护界面中显示数据都是通过打开下拉列表后，将数据信息进行筛选，然后使用 DataGridView 控件将符合的数据显示出来，在此以医疗保险维护界面中的数据显示为例，如图 11.71 所示。当管理员打开“保险种类”下拉列表后，将在 DataGridView 控件中显示相应数据。

保险种类： 普通医疗保险

员工编号	员工姓名	保险时间	保额(元)
200900014	郭莹莹	2009-3-25	210
200900015	田梦梦	2009-3-25	100
200900016	夏目	2009-3-26	240
200900006	赵国	2009-4-17	300
200600077	林柯	2009-4-18	2100
200900050	孔音	2009-5-2	200
199000081	田林	2009-6-11	1200
200900062	柏昌	2009-6-14	1200

图 11.71 数据显示

1. 所用的方法

数据的显示所使用的方法有 InsuranceManageView(ComboBox comb)(主要功能是显示数据)和 myCombobox(string name, string taname, string table, ComboBox com, bool flag)(主要功能是给下拉列表绑定数据)。方法介绍如表 11-30 所示。

表 11-30 数据显示方法

方 法 名	参 数	参 数 说 明	功 能
InsuranceManageView	ComboBox comb	comb 为下拉列表	根据下拉列表选择的条件显示信息
myCombobox	string name,string table, ComboBox com, bool flag	name 为绑定的列名；taname 为数据集表；table 为表名；com 为下拉列表名；flag 为标志	将下拉列表与对应的数据库中的数据绑定
basicUpdate			更新人员基本信息

2. InsuranceManageView 方法关键代码

```
private void InsuranceManageView(ComboBox comb)
{
    ad=new SqlDataAdapter ();
    ad.SelectCommand=new SqlCommand("InsuranceManageView", cn);
    ad.SelectCommand.CommandType=CommandType.StoredProcedure;
    ad.SelectCommand.Parameters.Add("@iType",SqlDbType.VarChar,50);
    ad.SelectCommand.Parameters["@iType"].Value=comb.Text.ToString();
    da=new DataSet();
    ad.Fill(da, "Insuran");
    binding1.DataSource=da.Tables["Insuran"].DefaultView;
    this.dataGridViewinsurance.DataSource=binding1;
    this.dataGridViewinsurance.Columns["iId"].Visible=false;
}
```

11.6.5 教师姓名与编号绑定

为了实用性，本系统在工资录入界面、员工工资查找界面、保险添加界面以及活动人员添加界面中实现了教师姓名与编号绑定功能，即在“教师姓名”下拉列表中选择，将在“编号”下拉列表中自动显示具有此姓名的人员编号，在同名的情况下，用户可以通过选择编号来确保选择人员的正确性。图 11.72 所示以活动参与人为例。

图 11.72 活动参与人姓名与编号绑定

1. 使用的方法

它使用的方法为 fisrtDisplay，功能为当选择“活动参与人姓名”下拉列表中的人名后，将会在“活动参与人编号”下拉列表中显示编号。

2. fisrtDisplay 方法的关键代码

```
private void fisrtDisplay()
{
    ad=new SqlDataAdapter();
```

```
    ad.SelectCommand=new SqlCommand("NameSexGettId", userEdit.connection);
    ad.SelectCommand.CommandType=CommandType.StoredProcedure;
    ad.SelectCommand.Parameters.Add("@tName", SqlDbType.VarChar, 16);ad.
    SelectCommand.Parameters["@tName"].Value =this.comboBoxName1.Text.To
    String();
    userEdit.connection.Open();
    da=new DataSet();
    ad.Fill(da, "NameSexGettId");
    his.comboBoxNumber1.DataSource=da.Tables["NameSexGettId"].DefaultView;
    this.comboBoxNumber1.ValueMember="number";
    this.comboBoxNumber1.DisplayMember="number";
}
```

11.6.6　报表功能

为了方便用户将数据导出及打印，在本系统中使用了水晶报表，并在一些报表中进行了分组，使查看更清晰。图 11.73 所示以人员信息报表为例。

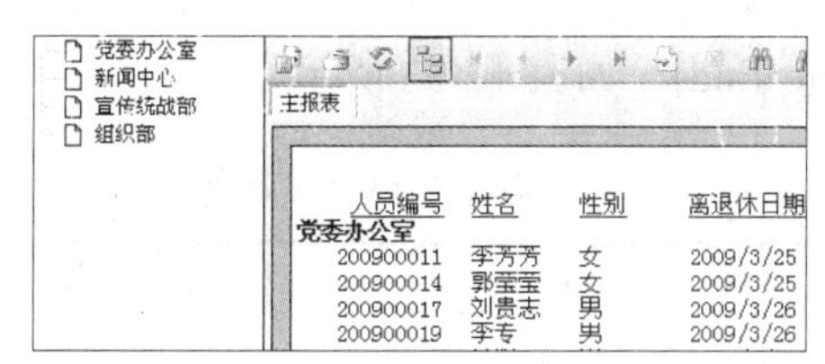

图 11.73　人员信息报表

此人员信息报表实现主要代码如下。

```
DataSet1 ds1=new DataSet1();
ad=new SqlDataAdapter("select  ltrim(str(year(NameSex. tRetireDate))+
replace(right(str(NameSex.tId),5),' ','0')) as tId ,tName ,tSex ,NameSex.
tRetireDate  from NameSex order by tId ", cn);
ad.Fill(ds1, "NameSex");
ad=new SqlDataAdapter();
ad.SelectCommand=new SqlCommand("select ltrim(str(year(BasicInformation.
tRetireDate))+replace(right(str(BasicInformation.tId),5),' ','0')) as tId,
tSector, tBirthday ," +"tNation ,tIDcard ," +"tAddress ," +"tHomePhone ,
tMobilePhone ," +"tPoLand ,tPdate," +"tComedate,tWorkStatus ,tPost  from
BasicInformation", cn);
ad.Fill(ds1, "BasicInformation");
CrystalReport1 report=new CrystalReport1();
report.SetDataSource(ds1);
crystalReportViewer1.ReportSource=report;
```

11.6.7　数据备份功能

为了方便用户保存数据，本系统设计了数据库备份，数据库备份界面如图 11.48 所示。

1. 数据备份界面中使用的控件

在此界面中为了方便管理员备份，使用了TreeView控件显示本地磁盘的文件。数据备份界面中使用的控件及功能如表11-31所示。

表11-31　数据备份控件及其功能

控　件　名	功　　能
Label	显示文本
GroupBox	将驱动器下拉列表及TreeView控件放在此控件中
ComboBox	方便用户驱动器选择
TextBox	显示本地路径
TreeView	显示文件夹路径
Button	按键响应用户操作

2. 使用的方法

为了实现在数据备份界面的磁盘下拉列表中显示本地磁盘及在TreeView控件中显示磁盘下的文件夹。在数据备份实现程序中使用的方法有 listFolders、getdisk 及 getSubNode (TreeNode PathName, bool notEnd)，如表11-32所示。

表11-32　数据备份方法

方　法　名	参　　数	参数说明	功　　能
listFolders			获取本地磁盘
getdisk			显示磁盘
getSubNode	TreeNode PathName，bool notEnd	PathName为路径名 notEnd为标志	显示磁盘下的文件夹

1) listFolders方法

```
private void listFolders()
{
    string[] LogicDrives=System.IO.Directory.GetLogicalDrives();
    TreeNode[] cRoot=new TreeNode[LogicDrives.Length];
    for (int i=0; i < LogicDrives.Length; i++)
    {
        this.comboBox1.ValueMember=LogicDrives[i];
        this.comboBox1.DisplayMember=LogicDrives[i];
        this.comboBox1.Items.Add(LogicDrives[i]);
    }
     if (comboBox1.Items.Count > 0)
         comboBox1.SelectedIndex=0;
}
```

2) getdisk方法

```
private void getdisk()
{
```

```
    if (comboBox1.Text.ToString() != "A:\\" && comboBox1.Text.ToString()!= "
    B:\\")
    {
        TreeNode drivesNode=new TreeNode(comboBox1.Text.ToString());
        treeView1.Nodes.Add(drivesNode);
        getSubNode(drivesNode, true);
    }
}
```

3) getSubNode 方法

```
private void getSubNode(TreeNode PathName, bool notEnd)
{
    if (!notEnd)
    {
        return;
    }
    TreeNode curNode;
    DirectoryInfo[] subDir=null;
    DirectoryInfo curDir=new DirectoryInfo(PathName.FullPath);
    try
    {
        subDir=curDir.GetDirectories();
    }
    catch
    {
    return;
    }
    foreach (DirectoryInfo d in subDir)
    {
        curNode=new TreeNode(d.Name);
        PathName.Nodes.Add(curNode);
        getSubNode(curNode, false);
    }
}
```

宠物网站的功能设计★

知识结构图

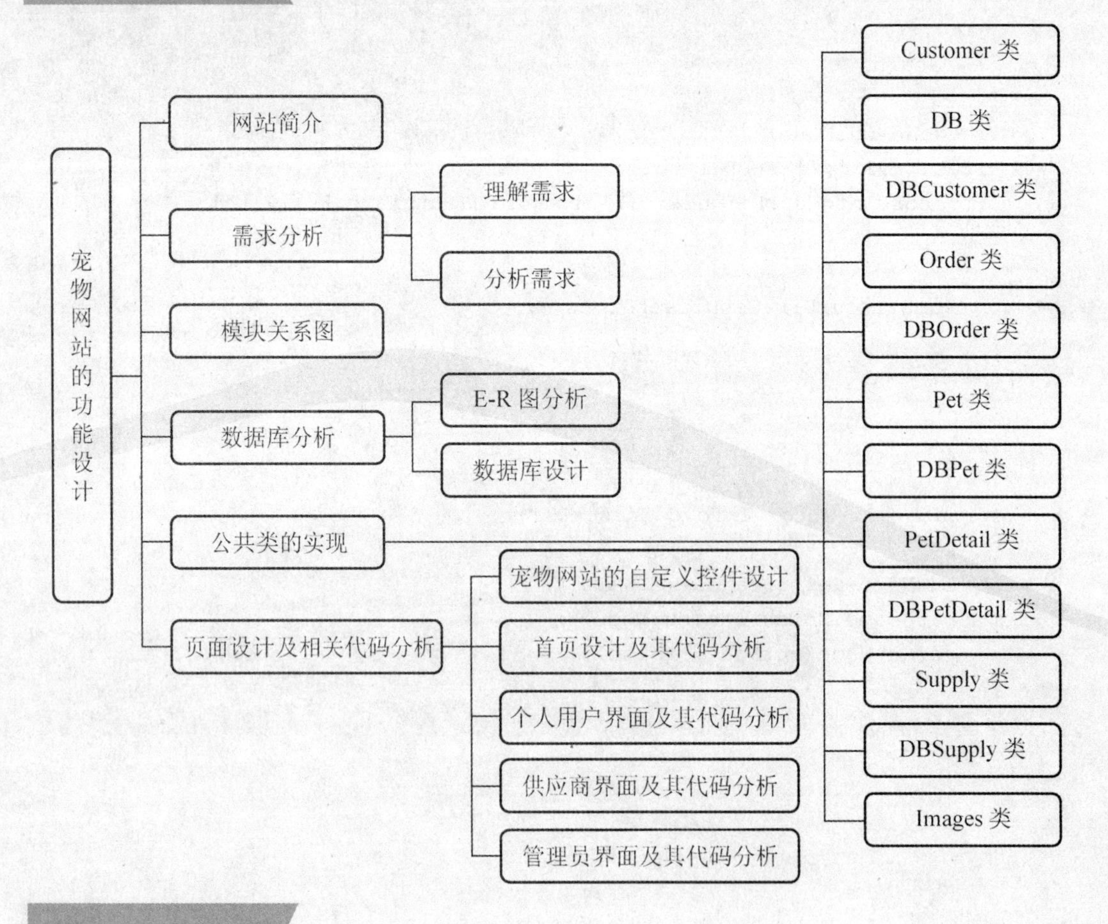

学习目标

(1) 了解网站设计的步骤。
(2) 掌握网站的设计方法。
(3) 掌握网站功能实现的方法。

12.1　网 站 简 介

宠物网站设计的主要任务是对宠物的销售进行管理，使用户能够轻松地购买自己喜欢的宠物，提供购物功能服务，并对个人用户和供应商信息进行管理。图 12.1 所示为宠物网站的主界面。

图 12.1　主界面

网络宠物站的主要功能如下。

(1) 权限管理。本网站分为 3 个权限，分别是个人权限、供应商权限、管理员权限。当个人登录本网站时，首先要注册，产生一个不重复的用户名和一个密码，待下次登录时就可以通过注册的用户名和密码登录；当供应商想在本网站上宣传自己的宠物时，在与管理员取得联系后，交纳一定的金额，管理员就会给供应商一个权限，即用户名和密码，使其能够展示和销售自己的宠物，可以对自己的宠物信息随时进行修改，对自己的密码也可以随时进行修改；管理员则拥有最大功能的权限，可以对任意信息进行修改。

(2) 购物车信息。当消费者中意某只宠物时，便可以把宠物加到自己的购物车中，当消费者不知道自己购买了何种宠物时，只要单击查看购物车，便可知道自己买了哪些宠物，而且还可以看到宠物的总数量、总金额。如果消费者不想购买该宠物或者想要减少几只宠物，可以在文本框中更改数量，然后单击“删除”按钮。

(3) 信息管理。管理员可以对个人信息、供应商信息进行增、删、改、查；供应商可以对宠物的信息进行增、删、改、查。

(4) 提交购物车信息。当消费者对自己选的宠物不再进行更改时，那么购物车里的信息即将生成订单的信息。当消费者单击“提交订单”按钮时，该消费者的购物车信息就不可以再更改。供应商根据订单，向消费者发货并收取金额。

(5) 其他功能如网上友情链接、浏览日期和时间。

根据上述分析，网络宠物站的流程图如图 12.2 所示。

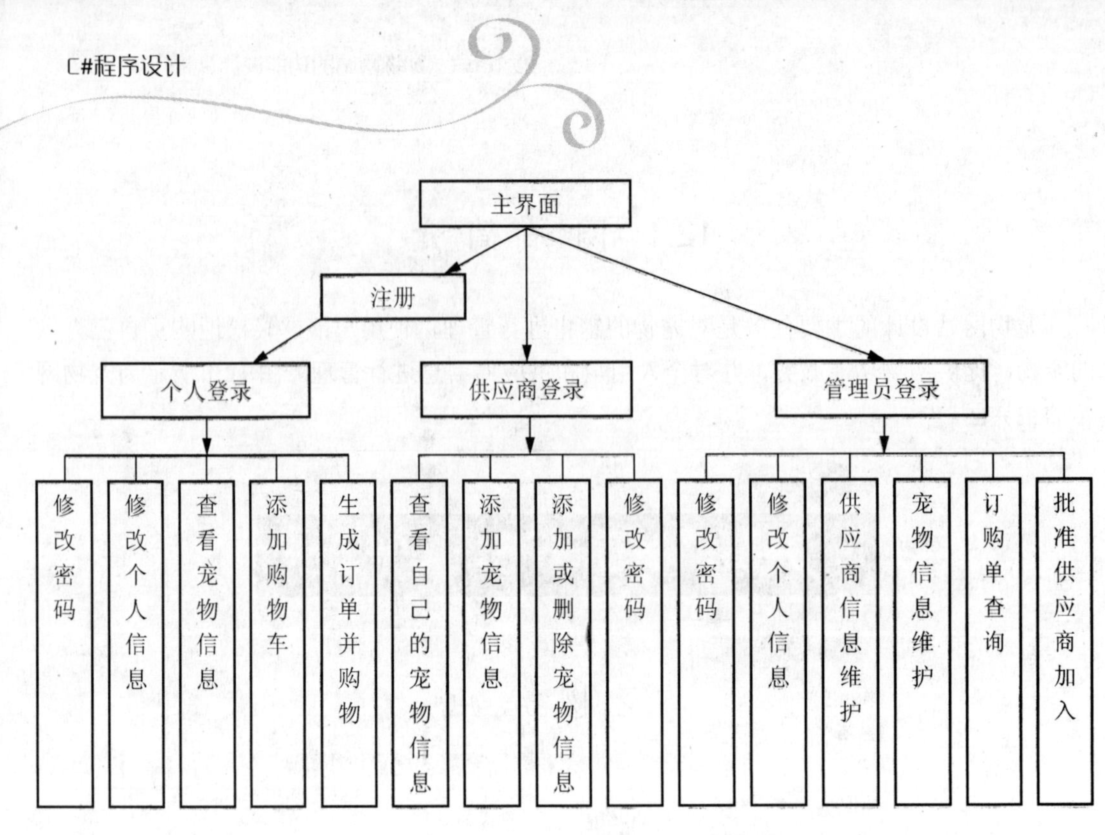

图 12.2 流程图

12.2 需求分析

需求分析阶段是宠物网站开发最重要的阶段。首先要理解和分析需求，然后严格地定义该系统的需求规格说明书。这里将需求分析分为两个过程，一是理解需求；二是分析需求，下面对其分别介绍。

12.2.1 理解需求

理解需求是在问题及其最终解决方案之间架设桥梁的第一步，只有充分理解了需求之后才能开始设计系统，否则，对需求定义的任何改进，在设计上都必须进行大量返工。需求规格说明如下。

(1) 系统界面采用 Web 方式，界面应简洁明了，用户可方便地浏览和查看宠物信息。该系统的用户有 3 种类型：管理员、供应商、个人用户。

(2) 系统需对用户登录进行管理。使用各功能模块时，系统应验证用户身份的有效性，然后才允许用户登录。另外，允许用户对自己的密码进行修改。

(3) 系统应提供宠物的分类管理功能，可分类查看宠物的特性、爱好等特征，对宠物的分类进行有效管理。系统可实现对宠物信息的添加、删除以及修改。

(4) 在购买宠物时，系统提供查看购物车功能，在为支付现金前，用户可以根据需要撤销对宠物的购物或添加购买数量。

(5) 系统在各功能模块的实现当中，提供了一些日常工具的实现。

(6) 系统的客户端在 Windows 平台下运行，服务器端可在 Windows 平台运行。系统还需要有较好的安全性和可扩展性。

12.2.2　分析需求

分析需求是从需求中提取出软件系统能够帮助用户解决的业务问题，通过对用户业务需要的分析，规划出系统的功能模块，即定义用例。经过分析需求后，确定宠物网站的功能模块(用例)包括用户信息管理、管理员信息管理、供应商信息管理、宠物类型管理、宠物信息管理、宠物经营管理、购物车管理、密码修改。

宠物网站完全采用 Web 方式，由前台和后台管理两个部分组成。前台作为与用户直接交互的可视化界面，由于使用方便，能将系统的各个功能提供给用户，以帮助用户购买宠物。宠物网站前台的结构如图 12.3 所示。

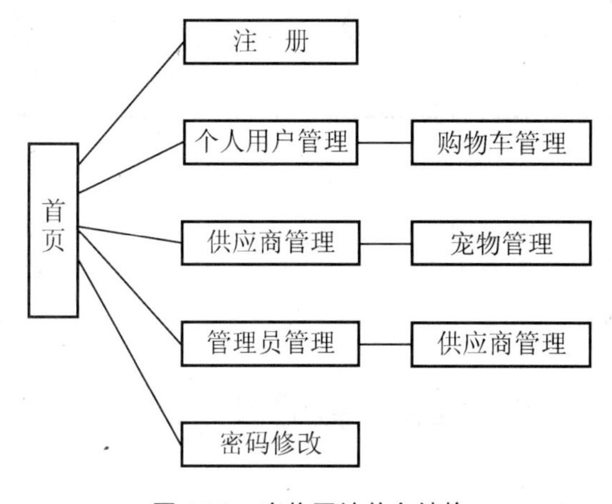

图 12.3　宠物网站前台结构

前台在考虑功能实现的同时，也考虑了操作的简洁和方便性，目的是让大多数用户能够轻松地享受电子商务带来的便利。

为了确保用户和供应商的信息具有更好的安全性，前台管理和后台管理是分离的。前台的各管理模块需要经过权限授权才可以使用，为此设计了 3 个角色：管理员、供应商、个人用户。

后台管理主要由数据库系统作为支持，后台管理的维护工作主要由系统管理员进行，包括完成对各个数据表单的维护、数据库的备份及恢复等工作，本设计选用的数据库系统为 SQL Server 2000。

由于网上购买宠物已经在国外很流行，而且得到了很好的效果，而国内这方面的网站还都处于起步状态，所以只要参考国外已成功的网站，再结合国内的现状，可以很容易做出这样的网站。

12.3　模块关系图

分析需求完成后，接下来的工作是对各模块关系进行分析。因为清楚各模块之间的关系为网站的设计指明了方向，这里将使用 Microsoft Visio 2003 进行模块分析。

在 12.2 节分析需求中，已经确定了宠物网站各功能模块，如图 12.4 所示。

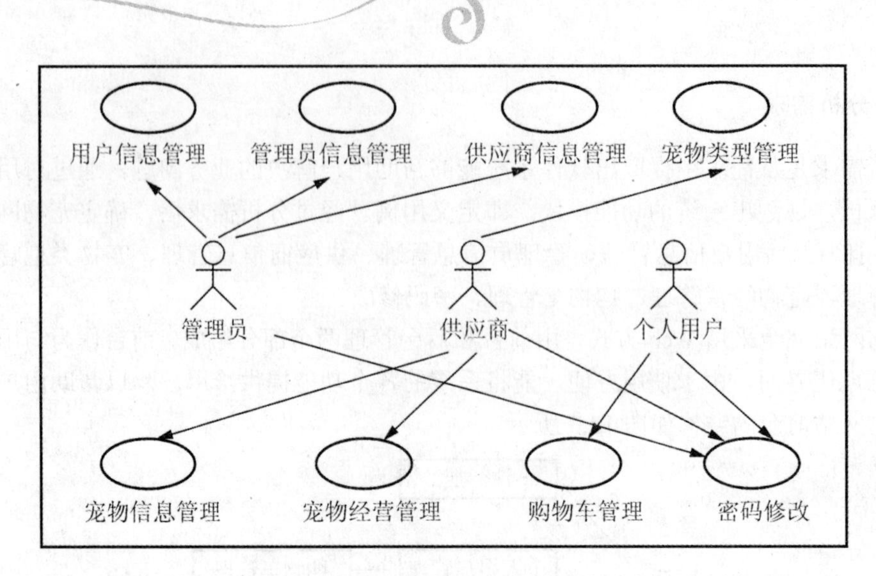

图 12.4　宠物网站角色分配图

该图标记了宠物网站的所有用例，并且形象地描述了各用例与用户角色之间的关系。角色分配图所表示的各用例的作用以及各用户角色的权限因篇幅所限不再赘述，请读者参看本章 12.2.2 节相关内容。

12.4　数据库分析

明确模块关系以后，接下来的工作就是数据库分析。数据库分析是整个数据库应用系统开发过程中的一个重要环节，具体可分为两个部分：一是概念模型的分析，即 E-R 图的分析；二是逻辑模型的分析，即表与字段的分析。

由于在数据库设计时要同时考虑多方面的问题，因此设计工作变得十分复杂，需要软件来实现。本节将使用 PowerDesigner10_Trial 工具来进行 E-R 图分析。

12.4.1　E-R 图分析

E-R 图的分析工作通常采用自底向下的设计方法，首先对局部视图进行分析设计，然后再实现视图集成。在视图集成时，注意消除冲突、冗余，在此直接给出视图集成后的 E-R 图，如图 12.5 所示。

Login	
Login Name	varchar(10)
—操作员	姓名

PetType	
TypeID	varchar(10)
—类别	名称

Customer	
CustomerID	varchar(10)
—消费者用	户名
—	地址
—确认	密码
—消费者	性别
—身份	证号
—所在	城市
—邮政	编码
—电子	邮件

图 12.5　E-R 图

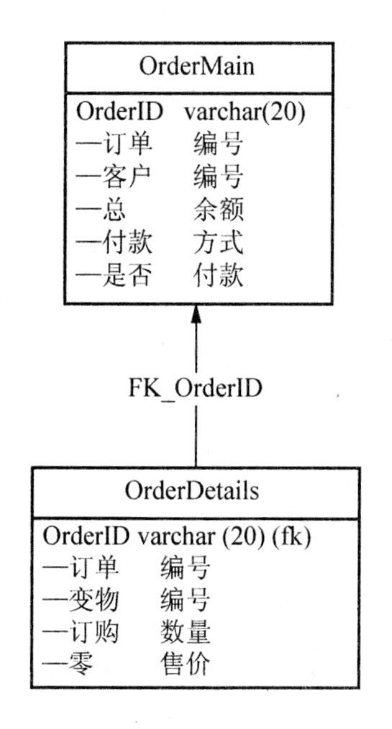

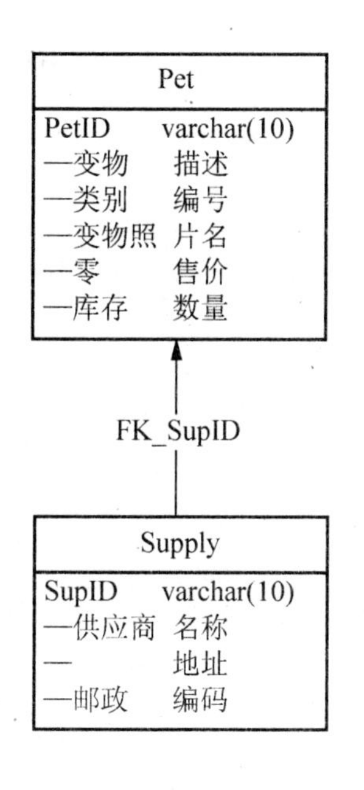

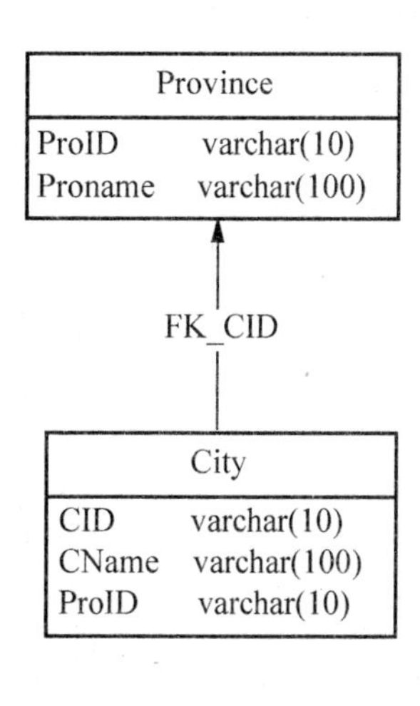

图 12.5　E-R 图(续)

12.4.2　数据库设计

数据库分析完成后，即可对数据库进行设计。在宠物网站开发中，数据库的设计工作主要包括建立管理系统的数据库，创建所需要的表，也可以设计相关的视图及存储过程。这些设计工作都在 SQL Server 2000 环境下操作并实现。

1. 创建数据库

在设计数据库表结构之前，首先要创建一个数据库。本系统使用的数据库名为 petShop，在企业管理器中创建数据库，步骤如下。

(1) 启动 SQL Server 2000 数据库。执行“开始”→“程序”→“Microsoft SQL Server”→“服务管理器”命令，然后单击“启动”按钮，即可启动 SQL Server 2000。

(2) 启动企业管理器。执行“开始”→“程序”→“Microsoft SQL Server”→“企业管理器”命令，启动数据库的管理界面。

(3) 新建数据库。展开“Microsoft SQL Server”→“local”→“数据库”后，右击“数据库”按钮，在弹出的快捷菜单中执行“新建数据库”命令，弹出“数据库属性”对话框，如图 12.6 所示。在“名称”文本框中输入新数据库的名称“petShop”。选择“数据文件”选项卡，输入数据库文件的存放位置；选择“事务日志”选项卡，输入数据库日志的存放位置，如图 12.7 所示。设置完成后，单击“确定”按钮即完成数据库的创建。

2. 创建表

数据库 petShop 包含以下 9 个表：供应商信息表(Supply)、消费者信息表(Customer)、省份表(Province)、城市表(City)、宠物类别表(PetType)、宠物表(Pet)、操作员信息表(Login)、订单主表(OrderMain)、订单从表(OrderDetails)。下面分别介绍这些表的结构。

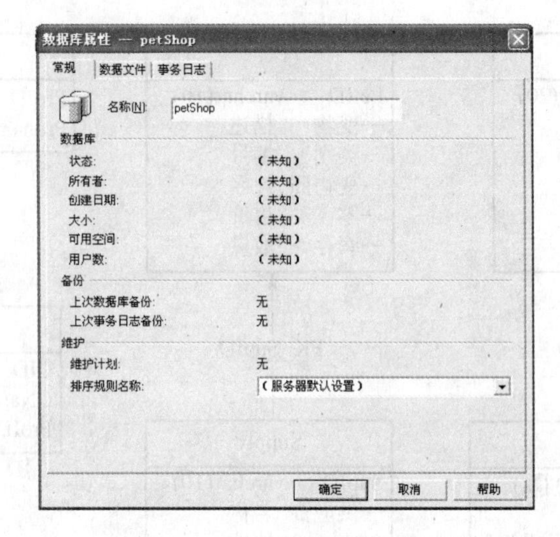

图 12.6 “数据库属性”对话框

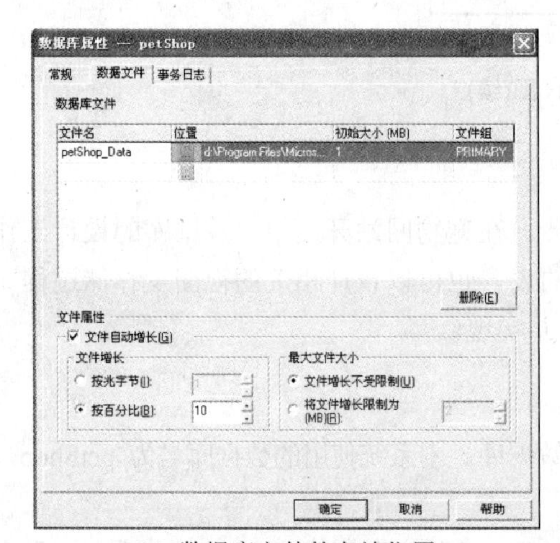

(a) 数据库文件的存放位置

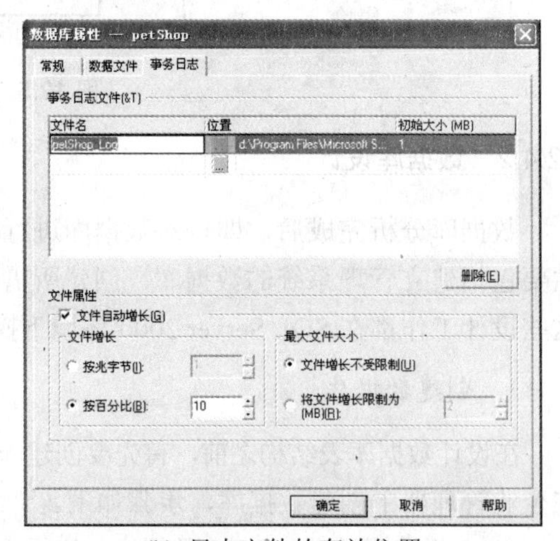

(b) 日志文件的存放位置

图 12.7 数据库文件和日志文件的存放位置

1) 供应商信息表

供应商信息表用来保存使用该网站的供应商的基本信息，结构如表 12-1 所示。

表 12-1 供应商信息表

编　号	字 段 名	数 据 结 构	说　明
1	SupID	varchar(10)	供应商编号
2	SupName	varchar(50)	供应商名称
3	Address	varchar(100)	地址
4	ZipCode	varchar(20)	邮政编码
5	Tel	varchar(20)	电话

2) 消费者信息表

消费者信息表用来保存在网站上注册用户的基本信息，结构如表 12-2 所示。

表 12-2　消费者信息表

编　　号	字 段 名	数 据 结 构	说　　明
1	CustomerID	varchar(10)	消费者用户名
2	Pwd	varchar(16)	密码
3	pwdAgain	varchar(16)	确认密码
4	CustomerName	varchar(30)	消费者姓名
5	Sex	varchar(2)	消费者性别
6	IdentityCard	varchar(18)	身份证号
7	Address	varchar(200)	地址
8	Province	varchar(20)	所在省份
9	City	varchar(20)	所在城市
10	ZipCode	varchar(7)	邮政编码
11	Email	varchar(50)	电子邮件
12	Tel	varchar(20)	电话

3) 省份表

省份表用来存放全国各省的名称信息，结构如表 12-3 所示。

表 12-3　省份表

编　　号	字 段 名	数 据 结 构	说　　明
1	ProID	varchar(10)	省份 ID
2	Proname	varchar(100)	省份名称

4) 城市表

城市表用来存放各省的市级城市的名称信息，结构如表 12-4 所示。

表 12-4　城市表

编　　号	字 段 名	数 据 结 构	说　　明
1	CID	varchar(10)	城市 ID
2	CName	varchar(100)	城市名称
3	ProID	varchar(10)	省份 ID

5) 宠物类别表

宠物类别表用来保存宠物类别的基本信息，结构如表 12-5 所示。

表 12-5　宠物类别表

编　　号	字 段 名	数 据 结 构	说　　明
1	TypeID	varchar(10)	类别编号
2	TypeName	varchar(20)	类别名称

6) 宠物表

宠物表用来保存宠物的详细信息，结构如表 12-6 所示。

表 12-6 宠物表

编 号	字 段 名	数 据 结 构	说 明
1	PetID	varchar(10)	宠物编号
2	PetName	varchar(100)	宠物名称
3	TypeID	varchar(10)	类别编号
4	PetPhoto	varchar(50)	宠物照片名
5	Descriptions	varchar(100)	宠物描述
6	RetailPrice	varchar(500)	零售价
7	Num	int	库存数量
8	SupID	varchar(10)	供应商编号

7) 操作员信息表

操作员信息表用来保存管理员的信息，结构如表 12-7 所示。

表 12-7 操作员信息表

编 号	字 段 名	数 据 结 构	说 明
1	LoginName	varchar(10)	操作员姓名
2	Pwd	varchar(20)	密码

8) 订单主表

订单主表(OrderMain)用来保存订单信息，其结构如表 12-8 所示。

表 12-8 订单主表

编 号	字 段 名	数 据 结 构	说 明
1	OrderID	varchar(20)	订单编号
2	CustomerID	varchar(10)	客户编号
3	TotolMoney	varchar(500)	总金额
4	PayType	varchar(50)	付款方式
5	PayFlag	varchar(2)	是否付款
6	Flag	varchar(8)	是否已发货

9) 订单从表

订单从表用来保存订单信息，结构如表 12-9 所示。

表 12-9 订单从表

编 号	字 段 名	数 据 结 构	说 明
1	OrderID	varchar(20)	订单编号
2	PetID	varchar(10)	宠物编号
3	Num	int	订购数量
4	RetailPrice	varchar(500)	零售价
5	RetailSum	money	单项总金额

用户可以在企业管理器手动创建表，但这样非常麻烦。为了能够方便地创建表，可以

创建表的脚本文件，可以直接在查询分析器中创建这些表。

3. 创建存储过程

在宠物网站运行过程中，当管理员维护系统时会在数据库中频繁查找信息。为了提高系统的运行效率，创建了存储过程，这里仅以管理员的存储过程为例。

存储过程 Log_Proc 用于网站在管理员登录时验证该用户身份的有效性。如果该用户身份有效，返回值为 1。

```
create proc Log_Proc
(
   @LoginName varchar(10),
   @Pwd varchar(20),
   @Role int output
)
as
   if exists(select * from Login where LoginName=@LoginName and Pwd=@Pwd)
      set @Role=1
GO
```

在应用程序中调用存储过程，完成查询信息等功能。当然，也可以根据需要，设计其他的存储过程，在此不再赘述。

4. 连接数据库

本网站是在 VS 2003.NET 开发平台下，使用 ASP.NET 和 C#进行系统开发的。系统采用对数据库连接进行统一管理的方法，将程序中用到的所有连接字符串信息统一放于一个类当中，在程序中对该类进行调用，方便系统移植时对系统数据库的统一修改。

对于数据库调用字符串，由于本设计中所使用的数据库是本地数据库，所以 Data Source(数据源)设置为 local，User ID(用户 ID)赋值为系统默认的 sa，Password(连接密码)赋值为点。在连接数据库时可以根据情况修改用户名和密码。

12.5　公共类的实现

在设计一个网站之前，要从宏观上考虑其实用性、后期的可拓展性，以及如何能够更方便、科学地设计出一个高效的成品。公共类的设计就是一个科学的、合理化的设计，因为在一个设计中，多次使用一个变量、多次对同一数据库做同样的操作以及系统在移植时需要做的代码修改是非常常见的，因此把这些常见的对象根据具体需要设计成一个公共类，每次使用时，只需要引用它；每次修改时，只需要修改公共类即可。本设计一共有 12 个公共类，下面对这些公共类进行介绍。

12.5.1　Customer 类

Customer 类是对应于 petShop 数据库中的消费者信息表创建的，对应着表里的每一个字段定义了一个变量，因为在添加个人详细信息和修改个人详细信息时都会用到这些变量，所以建立了一个公共类，避免了重复录入代码。Customer 类如表 12-10 所示。

表 12-10　Customer 类

变量名称	变量类型	修饰符
CustomerID	string	Public
Pwd	string	Public
PwdAgain	string	public
CustomerName	string	public
Sex	string	public
IdentityCard	string	public
Address	string	public
public Province	string	public
City	string	public
ZipCode	string	public
Email	string	public
Tel	string	public

12.5.2　DB 类

DB 类主要用于存放数据库连接字符串，在系统每次调用数据库时，都必须录入此语句，为提供效率，把数据库连接字符串放在一个公共类中，每次连接数据库时，只需创建此类的实例即可，当连接字符串发生变化时也只需要改变公共类中的代码，DB 类如下。

```
public class DB
{
    public static SqlConnection con()
    {
        return new SqlConnection("server=.;database=petShop;uid=sa;pwd=;");
    }
}
```

以上程序中，server 为“.”，代表在本地服务器上运行本程序；database=petShop 代表数据库为 petShop；uid 为 SQL Server 的登录名；pwd 为 SQL Server 的登录密码。

注意

此类的方法在后面介绍的每一个界面中都需要调用，调用的方法如下。

```
SqlConnection con=类.DB.con();
```

12.5.3　DBCustomer 类

DBCustomer 类的主要功能是对用户的信息进行操作，方法如表 12-11 所示。

表 12-11　DBCustomer 类的方法

方法名称	方法类型	属性	修饰符	参数	参数类型
findCustomer	bool	static	public	CustomerID	string
insertCustomer	bool	static	public	c	Customer

续表

方 法 名 称	方 法 类 型	属　　性	修　饰　符	参　　数	参 数 类 型
updateCustomer	bool	static	public	c	Customer

1) findCustomer (查找用户名是否存在)

用户在注册时，判断用户名是否存在，如果不存在，可以继续进行注册，这里用到的技术是利用 select 语句，在消费者信息表中执行查询语句，查询所输入的用户名是否等同于表中 CustomerID 字段中任意一个值。findCustomer 方法的参数如表 12-12 所示。

表 12-12　findCustomer 方法的参数

参 数 名 称	参 数 类 型	功 能 描 述
conCustomer	SqlConnection	连接数据库
cmdCustomer	SqlCommand	对表 Customer 执行命令 Select
count	int	记录查询结果

2) insertCustomer (添加新用户)

在判断用户名可以使用之后，即可继续添加个人信息，这时就要用到此类的 insert Customer 方法，此方法用到了 SqlParameter 命令，给 insert 语句中的常量进行赋值。Insert Customer 方法的参数如表 12-13 所示。

表 12-13　insertCustomer 方法的参数

参 数名 称	参 数 类 型	功 能 描 述
conInCust	SqlConnection	连接数据库
cmdInCust	SqlCommand	执行 insert 语句
parCust	SqlParameter	创建参数对象

本方法中的参数对象数据由传递传过来的 Customer 型的实例组成，在此可以看出创建公共类的优势。在注册时首先创建 Customer 的一个实例，进行赋值后，只需要把 Customer 这一类型的变量作为参数传递到 DBCustomer 类中，经过赋值即可添加到数据库中。

3) updateCustomer (修改用户详细信息)

updateCustomer 方法的参数如表 12-14 所示。

表 12-14　updateCustomer 方法的参数

参 数 名 称	参 数 类 型	功 能 描 述
con	SqlConnection	连接数据库
cmd	SqlCommand	执行 update 语句

以上 3 个方法是 DBCustomer 类的全部内容，此类非常直观、易懂、简洁，为用户信息的管理提供了方便。

12.5.4　Order 类

Order 类是对应订单主表和订单从表中的字段名称来创建变量的，如表 12-15 所示。

表 12-15 Order 类

变 量 名 称	变 量 类 型	修 饰 符
OrderID	string	Public
CustomerID	string	public
TotalMoney	string	public
PayType	string	public
PayFlag	string	public
Flag	string	public
PetID	string	public
PetName	string	public
Num	int	public
RetailMoney	string	public
RetailSum	string	public

12.5.5 DBOrder 类

DBOrder 类主要的功能是对宠物购买的信息进行操作，分为 6 个方法，如表 12-16 所示。

表 12-16 DBOrder 类的方法

方 法 名 称	方 法 类 型	属 性	修 饰 符	参 数 名	参 数 类 型
insertCustomerID	bool	static	public	custID	Order
updateMain	bool	static	public	main	Order
insertOrderDetails	bool	static	public	detail	Order
updateDetails	bool	static	public	detail	Order
deleteDetails	bool	static	public	detail	Order
selectDetails	DataTable	static	public	detail	Order

1) insertCustomerID(添加订单主表的订单编号和客户编号)

当用户要购买宠物时，就要调用此方法，它如同一个银行就给用户在数据库中开了一个“账户”，首先要把 Order 的实例传递过来，然后再进行数据库插入操作，插入成功返回 true，否则在 catch{}中返回 false。此方法的参数如表 12-17 所示。

表 12-17 insertCustomerID 方法的参数

参 数 名 称	参 数 类 型	功 能 描 述
con	SqlConnection	连接数据库
tt	string	编写 insert 语句
cmd	SqlCommand	执行 insert 语句
par	SqlParameter	创建参数对象用于赋值

2) updateMain (修改订单主表)

修改订单主表时，首先将 Order 的实例 main 传递到本类中，然后利用 SqlCommand 和 ExecuteNonQuery 进行订单主表的修改。此方法的参数如表 12-18 所示。

表 12-18　updateMain 方法的参数

参 数 名 称	参 数 类 型	功 能 描 述
con	SqlConnection	连接数据库
cmd	SqlCommand	执行 update 语句

3) insertOrderDetails (添加订单从表)

添加订单从表时，首先将Order的实例detail传递到本类中，然后编写插入语句，但是在插入语句中并没有给values中的变量赋值，再利用SqlParameter语句进行赋值。此方法的参数如表12-19所示。

表 12-19　insertOrderDetails 方法的参数

参 数 名 称	参 数 类 型	功 能 描 述
con	SqlConnection	连接数据库
cmd	SqlCommand	执行 insert 语句
par	SqlParameter	创建参数对象并给变量赋值

4) updateDetails (修改订单从表)

修改订单从表同修改订单主表的操作类似，它所操作的是 OrderDetails 表。

5) deleteDetails (删除订单从表)

订单主表与订单从表存在主从关系，所以要删除主表信息必须先删除从表信息，所以本方法的功能就是对从表信息进行删除，同样，首先将 Order 的实例 detail 传递到本类当中，再利用 SqlCommand 和 ExecuteNonQuery 进行删除操作。此方法的参数如表 12-20 所示。

表 12-20　deleteDetails 方法的参数

参 数 名 称	参 数 类 型	功 能 描 述
con	SqlConnection	连接数据库
cmd	SqlCommand	执行 delete 语句

6) selectDetails(查看购物车)

查看购物车是查询操作，它要利用 SqlDataAdapter 和 DataSet 语句进行查询，在 SqlDataAdapter 语句之后，要创建 DataSet 的对象，再利用 Fill 进行匹配和刷新。此方法的参数如表 12-21 所示。

表 12-21　selectDetails 方法的参数

参 数 名 称	参 数 类 型	功 能 描 述
con	SqlConnection	连接数据库
sda	SqlDataAdapter	创建对象，用于填充 DataSet
cc	string	编写 select 语句
ds	DataSet	创建 DataSet 对象，表示数据在内存中的缓存

12.5.6　Pet 类

Pet 类建立了两个变量，一个是 TypeID，一个是 TypeName，这两个变量是对应宠物类

别表中的字段名称建立的，方便对宠物类别表进行操作，如表 12-22 所示。

表 12-22　Pet 类

变 量 名 称	变 量 类 型	修　饰　符
TypeID	string	public
TypeName	string	public

12.5.7　DBPet 类

1) 查询符合条件的宠物类别信息

首先将 Pet 型的实例 p 传递到本方法中，然后利用 SqlCommand 和 ExecuteNonQuery 语句进行查询，查询语句如下。

```
SqlCommand cmd=new SqlCommand("select count(*) from PetType where TypeID='
"+TypeID+"'",con);
```

2) 查询所有的宠物类别信息

此方法是 DataTable 型的，返回值为 return ds.Tables["pet"];。

3) 新增宠物类别

此方法为 bool 型，新增成功，返回 true；否则，返回 false。利用 SqlCommand、Parameter 和 ExecuteNonQuery 三条语句进行新增，主要语句如下。

```
SqlCommand cmd=new SqlCommand
("insert into PetType values(@TypeID,@TypeName)",con);
SqlParameter para =new SqlParameter("@TypeID",SqlDbType.VarChar,10);
para.Value=p.TypeID;
cmd.Parameters.Add(para);
```

4) 修改宠物类别

首先将 Pet 的实例 p 传递到本类中，然后利用 SqlCommand 和 ExecuteNonQuery 进行修改，修改语句如下。

```
SqlCommand cmd=new SqlCommand("update PetType set TypeID='"+p.TypeID+"',
TypeName='"+p.TypeName+"'",con);
```

5) 删除宠物类别

将要删除记录的条件传递到本类中，然后利用 SqlCommand 和 ExecuteNonQuery 进行删除，删除语句如下。

```
SqlCommand cmd=new SqlCommand("delete from PetType where TypeID='"+TypeID
+"'",con);
```

12.5.8　PetDetail 类

PetDetail 类中声明的变量是对应宠物表中的字段名称进行声明的，如表 12-23 所示。

表 12-23　PetDetail 类

变量名称	变量类型	修饰符
PetID	string	public
PetName	string	public
TypeID	string	public
PetPhoto	string	public
Descriptions	string	public
RetailPrice	string	public
Num	string	public
SupID	string	public

12.5.9　DBPetDetail 类

DBPetDetail 类是对宠物详细信息的内容进行操作，它与 DBPet 类相似，所不同的是它是对宠物表进行操作的，所以在此不再赘述。本类一共分为 5 个方法：查询符合条件的宠物详细信息、查询所有的宠物详细信息、新增宠物详细信息、修改宠物详细信息、删除宠物详细信息。

12.5.10　Supply 类

Supply 类是对应于 petShop 中的供应商信息表创建的，一共声明了 5 个变量对应表中的每一个字段的名称，如表 12-24 所示。

表 12-24　Supply 类

变量名称	变量类型	修饰符
SupID	string	public
SupName	string	public
Address	string	public
ZipCode	string	public
Tel	string	public

12.5.11　DBSupply 类

DBSupply 类的主要功能是对供应商信息进行操作，分为 4 个方法。

1) 查询供应商信息

查询出所有供应商的信息，使用 DataAdapter 和 DataSet 组合，将查询出来的结果返回：return ds.Tables["Supply"]。

2) 判断用户名是否存在

使用参数传递的方法，将在前台录入的用户名传递到本类中，然后 SqlCommand 和 ExecuteScalar 组合在供应商信息表中进行查询用户名，如果找到，返回 true；否则，返回 false。

3) 新增供应商信息

在前台的代码中创建 Supply 类的实例后，给 Supply 类中的变量赋值，之后将 Supply 的实例传递到本类中，然后利用如下语句进行赋值。

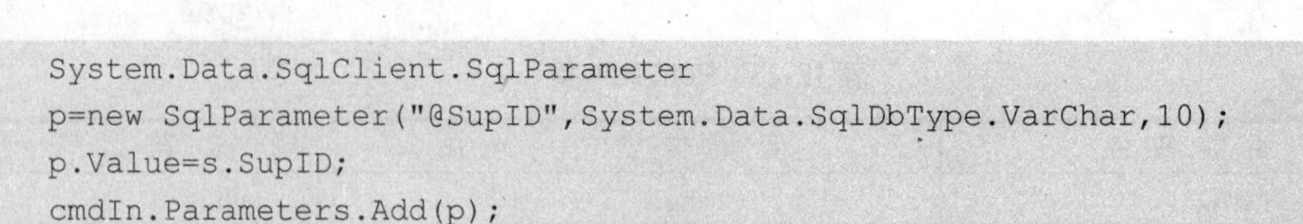

```
System.Data.SqlClient.SqlParameter
p=new SqlParameter("@SupID",System.Data.SqlDbType.VarChar,10);
p.Value=s.SupID;
cmdIn.Parameters.Add(p);
```

利用 ExecuteNonQuery 修改，修改成功返回 true，否则返回 false。

4) 修改供应商信息

在创建 DB 类的实例后，利用 SqlCommand 和 ExecuteNonQuery 来修改供应商信息。

12.5.12 Images 类

Images 类是在添加宠物信息时的上传照片环节要用到的两个变量，它记录了宠物照片所在的路径和宠物照片的类型，如表 12-25 所示。

表 12-25 Images 类

变 量 名 称	变 量 类 型	修 饰 符
imagePath	string	public
imageType	string	public

12.6 页面设计及相关代码分析

12.6.1 宠物网站的自定义控件设计

本宠物网站为了使页面之间调用简单化，设置了 7 个自定义控件，分别为 Header.ascx、Load.ascx、Flash.ascx、Pwd.ascx、Welcome.ascx、Time.ascx、Manage.ascx，控件如图 12.8～图 12.14 所示。

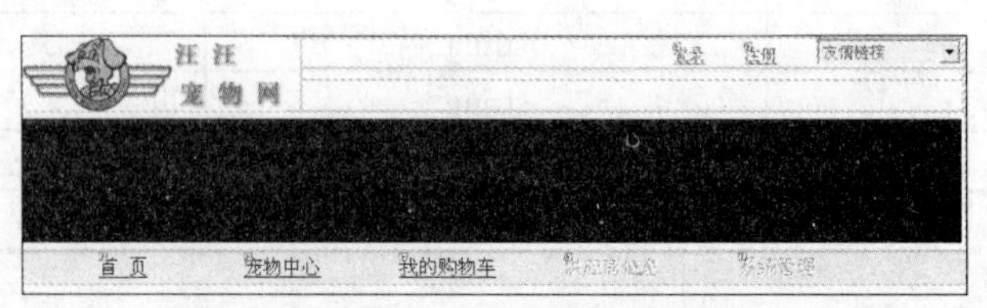

图 12.8 Header.ascx 控件

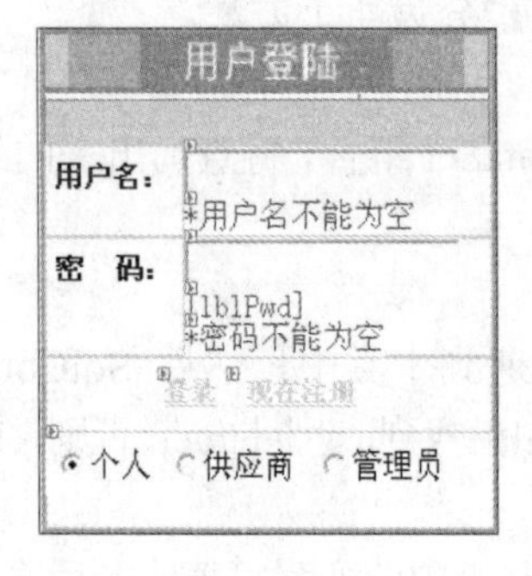

图 12.9 Load.ascx 控件

图 12.10 Flash.ascx 控件

图 12.11 Pwd.ascx 控件

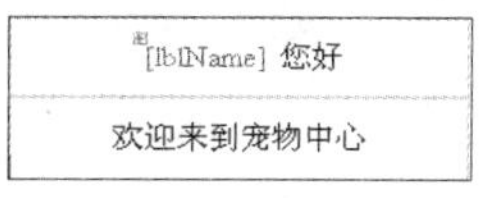

图 12.12 Welcome.ascx 控件

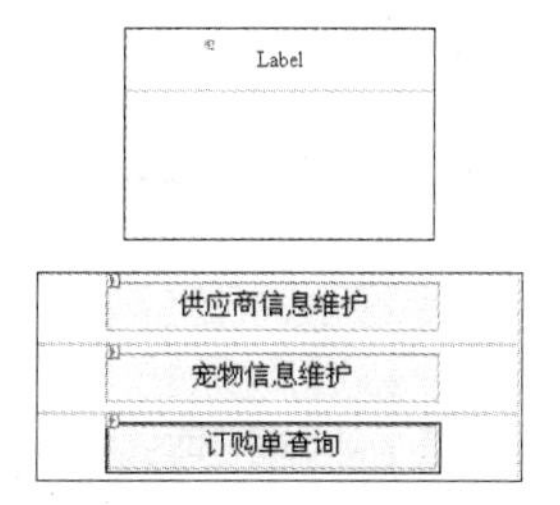

图 12.13 Time.ascx 控件

图 12.14 Manage.ascx 控件

自定义控件的制作如下。

(1) 右击“MyPetShop”，在弹出的快捷菜单中执行“新建”→“文件夹”命令，命名为“UserControls”。

(2) 右击“UserControls”，在弹出的快捷菜单中执行“添加”→“添加新项”→“Web 用户控件”命令，填写“名称”，单击“打开”按钮。

(3) 此时，自定义控件生成，控件的具体功能和外观可以根据需要进行设置。

在使用自定义控件时，在脚本中加入<%@ Register TagPrefix="uc1" TagName="控件名称 1" Src="UserControls/ 控件名称.ascx" %>，在本页调用时<uc1：控件名称 id="控件名称 1" runat="server"></uc1：控件名称>。

12.6.2 首页设计及其代码分析

宠物网站首页如图 12.15 所示。

图 12.15 宠物网站首页

可以看出，本首页是由上面所介绍的自定义控件组成的。“用户登录”模块分为 3 个权限，即个人权限、供应商权限、管理员权限。个人用户可以先注册后登录；在宠物亮点文本区中可以看到关于宠物的一些信息。这个文本区的亮点是，该文本的内容是滚动显示

的；在首页的顶部设计了一个友情链接，链接了其他宠物网站，下面分别对这 3 部分加以介绍。

1. 用户登录与注册

登录控件如表 12-26 所示。

表 12-26　登录控件

控件名称	ID	显示内容	属　性
TextBox	txtUserName	—	
TextBox	txtPwd	—	
RadioButtonList	RBL	"个人"、"供应商"、"管理员"	RepeatDirection 设为 Norizontal
Button	btnLoad	"登录"	ForeColor 设为#C0C0FF
Button	btnCheck	"现在注册"	ForeColor 设为#C0C0FF
RequiredField Validator	RequiredField Validator1	—	ErrorMessage 设为"*用户名不能为空"，ControlToValidat 设为 txtUserName
RequiredField Validator	lblPwd	—	ErrorMessage 设为"*密码不能为空"，ControlToValidat 设为 txtPwd

用户登录控件的技术特点是，主要利用 if 语句来判断权限，访问不同的数据库，利用 Sqlcommand 和 ExecuteScalar 语句进行数据库连接。

本类中调用了"类.DBCustomer.findCustomer"方法，查询用户录入的用户名在数据库中是否存在，只有存在才可以进行密码确认。在编写 Sql 查询语句时，首先利用 Session["Type"] 判断用户登录的类别，根据类别情况来编写 Sql 语句，访问不同的数据库。登录界面的类如表 12-27 所示。

表 12-27　登录界面的类的事件

名　称	响应描述
btnCheck_Click	跳转到注册页
btnLoad_Click	在数据库中查询用户录入的用户名和密码是否存在
CustomValidator1_ServerValidate	调用公共类的方法，查询用户名在数据库中是否存在

注册主要分为以下 3 个界面，如图 12.16～图 12.18 所示。服务条款与注册控件如表 12-28 和表 12-29 所示。

注册页中所在城市和所在省份字段是从数据库中读取的内容，用户名、密码和电子邮箱被设为必填项，身份证必须符合中华人民共和国身份证校验码，电子邮箱和邮编也分别加了校验，分加采用了 RequiredFieldValidator、CustomValidator、CompareValidator、Regular ExpressionValidator 校验控件。

注册界面中同样也调用了"类.DBCustomer.findCustomer"方法。与登录不同的是，如果用户名不存在可以注册，注册界面还创建了 MyPetShop.类.Customer 类的对象，创建对象是为了引用这个类中的变量并给其赋值，然后把这个对象作为参数传递给"类.DBCustomer.insertCustomer"方法，进行插入记录。注册界面的类如表 12-30 所示。

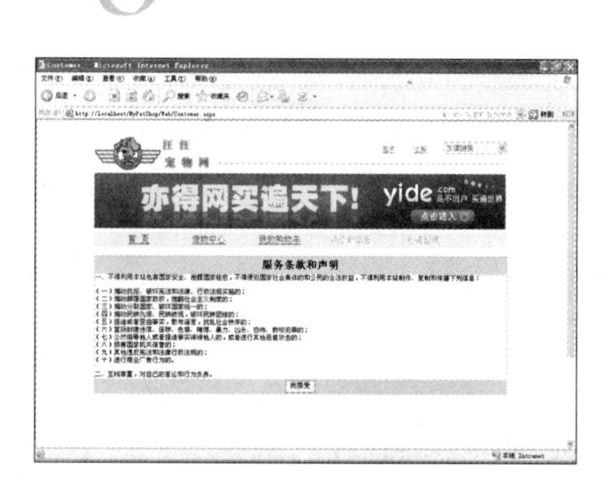

图 12.16　注册首页

表 12-28　服务条款

控件名称	ID	显示内容	属　性
Button	btnAgree	“我接受”	BackColor 设为#C0FFC0

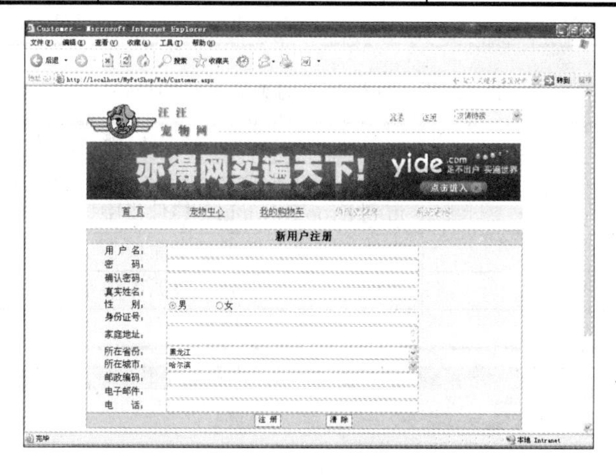

图 12.17　注册页

表 12-29　注册控件

控件名称	ID	显示内容	属　性
RadioButtonList	rbtMan	“男”	GroupName 设为 Sex，Checked 设为 True
RadioButtonList	rbtWoman	“女”	GroupName 设为 Sex，Checked 设为 True
DownDropList	ddlProvince	数据库中的记录信息	AutoPostBack 设为 True
DownDropList	ddlCity	数据中的记录信息	AutoPostBack 设为 True
RequiredField Validator	RequiredField Validator1	“不许为空”	ControlToValidate 设为 txtCusID，Display 设为 Dynamic
CustomValidator	CustomValidator1	“用户名已存在”	ControlToValidate 设为 txtCusID，Display 设为 Dynamic
RequiredField Validator	RequiredField Validator8	“不许为空”	ControlToValidate 设为 txtPwd，Display 设为 Dynamic

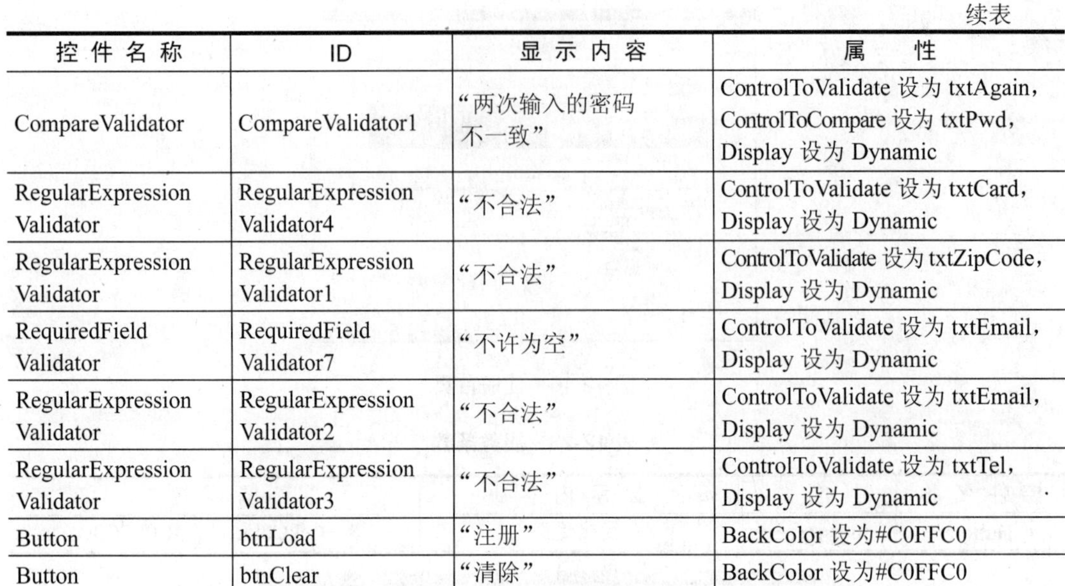

续表

控件名称	ID	显示内容	属性
CompareValidator	CompareValidator1	“两次输入的密码不一致”	ControlToValidate 设为 txtAgain，ControlToCompare 设为 txtPwd，Display 设为 Dynamic
RegularExpression Validator	RegularExpression Validator4	“不合法”	ControlToValidate 设为 txtCard，Display 设为 Dynamic
RegularExpression Validator	RegularExpression Validator1	“不合法”	ControlToValidate 设为 txtZipCode，Display 设为 Dynamic
RequiredField Validator	RequiredField Validator7	“不许为空”	ControlToValidate 设为 txtEmail，Display 设为 Dynamic
RegularExpression Validator	RegularExpression Validator2	“不合法”	ControlToValidate 设为 txtEmail，Display 设为 Dynamic
RegularExpression Validator	RegularExpression Validator3	“不合法”	ControlToValidate 设为 txtTel，Display 设为 Dynamic
Button	btnLoad	“注册”	BackColor 设为#C0FFC0
Button	btnClear	“清除”	BackColor 设为#C0FFC0

表 12-30　注册界面的类的方法和事件

名　　称	功能描述
Page_Load	方法，判断是否为第一次登录，如果是载入数据中的省份和市到 Drop Down List 控件当中
btnAgree_Click	事件，隐藏面板 1 显示面板 2
CustomValidator1_ServerValidate	事件，判断用户名在数据库中是否存在
btnLoad_Click	事件，插入用户信息

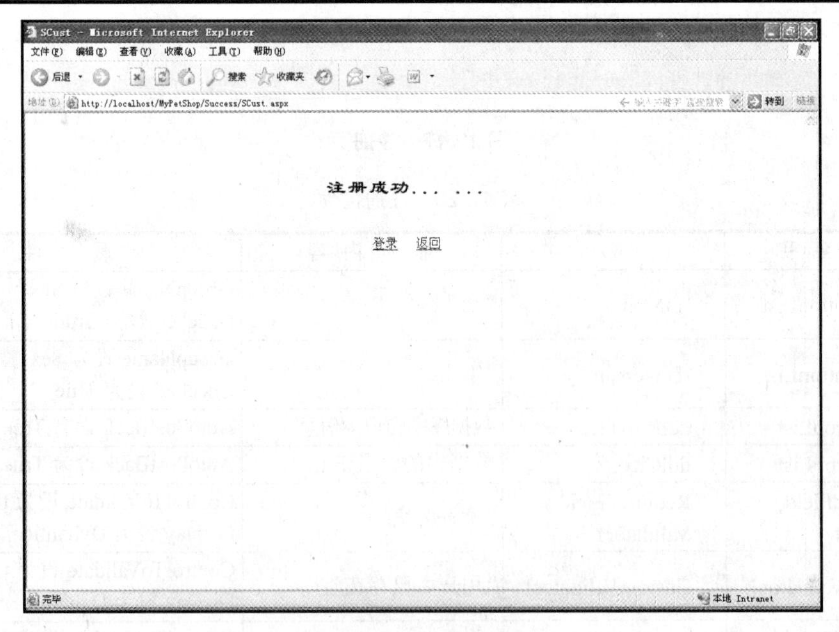

图 12.18　注册成功页

它的主要技术特点是，注册成功页当中的“注册成功”设计的是一个自定义控件，当添加数据成功时，调用此页面，注册成功类如表 12-31 所示。

表 12-31　注册成功类的事件

名　　称	功 能 描 述
lbLoad_Click	直接登录调用主界面
lbReturn_Click	返回注册界面

2. 友情链接

友情链接控件如表 12-32 所示。

表 12-32　友情链接控件

控 件 名 称	ID	显 示 内 容	属　　性
DropDownList	ddlFriend	“友情链接”“中华宠物网”“上海宠物网”“北京宠物网”	AutoPostBack 设为 true

其主要技术特点是，首先利用 SelectedIndex 和 if 语句来判断用户选择的是哪一个网站，然后利用 Response.Redirect 语句来调用网页。

3. 滚动文本

滚动文本利用 HTML 脚本语言制作，主要技术如下。

(1) aligh=left|center|right|top|bottom：设定活动字幕的位置，除居左、居中、居右 3 种位置外，又增加靠上(top)和靠下(bottom)两种位置。

(2) bgcolor=#n：用于设定活动字幕的背景颜色，可以使用英文单词，也可以使用十六进制数。

(3) direction=left|right|up|down：用于设定活动字幕的滚动方向，即向左(left)、向右(right)、向上(up)、向下(down)。

(4) behavior=type：用于设定滚动的方式，主要有 3 种方式。

① behavior="scroll"：表示由一端滚动到另一端，本设计采用此种方式。

② behavior="slide"：表示由一端快速滑动到另一端，且不再重复。

③ behavior="alternate"：表示在两端之间来回滚动。

(5) height=n：用于设定滚动字幕的高度。

(6) hspace=n VSpace=n：分别用于设定滚动字幕的左右边框和上下边框的宽度。

(7) scrollamount=n：用于设定活动字幕的滚动距离。数值越小，滚动的速度越快。

(8) Scrolldelay=n：用于设定滚动两次之间的延迟时间，数值越小，间隔越小。

(9) width=n：用于设定滚动字幕的宽度。

(10) loop=n：用于设定滚动的次数。当 loop=−1 时，表示一直滚动下去，直到页面更新。其中，默认情况是向左滚动无限次，字幕高度是文本高度。滚动范围为水平滚动的宽度是当前位置的宽度；垂直滚动的高度是当前位置的高度。

12.6.3　个人用户界面及其代码分析

用户名和密码输入正确，登录类别选择“个人”，登录成功以后就是本网站个人用户

的主界面，如图 12.19 所示。

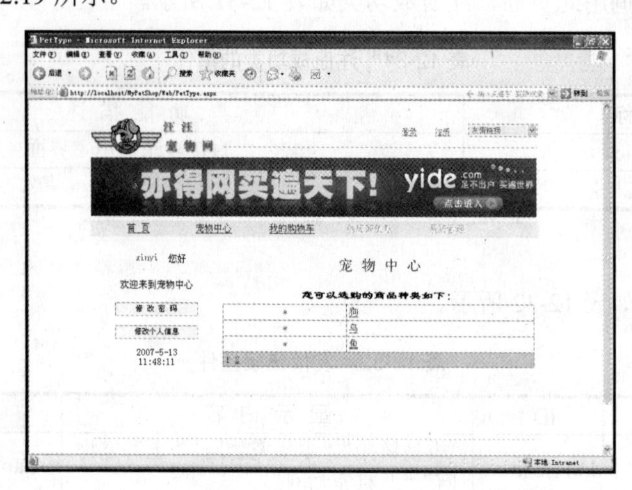

图 12.19 个人用户主界面

宠物中心类的方法为 Page_Load，用于判断是否为正常登录，若是，可查询宠物类别；事件为 dgType_PageIndexChanged，用于翻页、重新绑定功能。在本类调用了“类.DBPet.selectAllPet”方法，进行宠物类别的查询。

由图 12.19 可以看出个人用户所具有的功能。当以个人的类别进行登录时，供应商信息和系统管理变成灰色，为不可用状态，个人用户主要实现的功能是宠物查看、权限的访问设置、宠物购买、查看购物车、结账、修改个人信息及密码。下面分别对其进行介绍。

1. 宠物查看功能

进入界面以后，首先看到的是宠物类别。本功能实现连接数据库进行查询操作，显示记录采用 DataGrid 控件，DataGrid 控件实现了分页浏览的功能，分页功能操作步骤如下。

(1) 选中“DataGrid”控件，右击，执行“属性生成器”命令，弹出“dg Type 属性”对话框。

(2) 勾选“允许分页”复选框，设置如图 12.20 所示。单击“确定”按钮，完成操作。

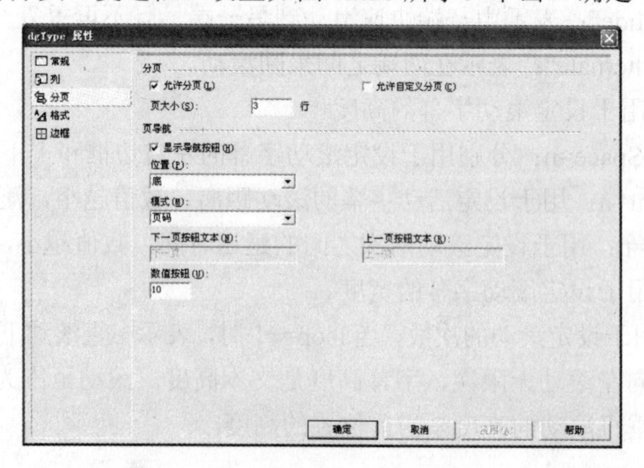

图 12.20 “dgType 属性”对话框

(3) 设置 DataGrid 控件的事件，在属性窗口中单击 ⚡ 按钮，双击 PageIndexChanged，

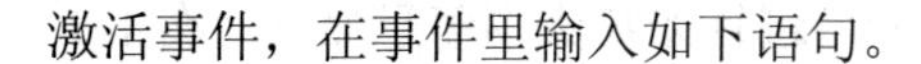

激活事件，在事件里输入如下语句。

```
dgType.CurrentPageIndex=e.NewPageIndex ; this.dgType.DataSource=类.DBPet.
selectAllPet();this.dgType.DataBind();用以调用新一页和重新绑定数据
```

至此，分页的制作已完成，个人用户主页的查看宠物类型是连接宠物类别表，这里需要注意的是，采用了 ASP.NET 提供的分页功能，在连接数据库时必须采用 DataSet 数据集。

2. 权限的访问设置

从个人用户主页可以看出，如果是个人用户，则无法对供应商和管理员这两个标题进行操作。对于这一功能，本网站主要采用的技术特点为，在登录时利用 Session["Type"]记录用户类型，判断 Session["Type"]，如果是“个人用户”，利用控件的 Enabled 属性设置为不可操作状态。

3. 宠物购买功能

单击所要购买的宠物类别，进入宠物购买界面，如图 12.21 所示，宠物列表如表 12-33 所示。

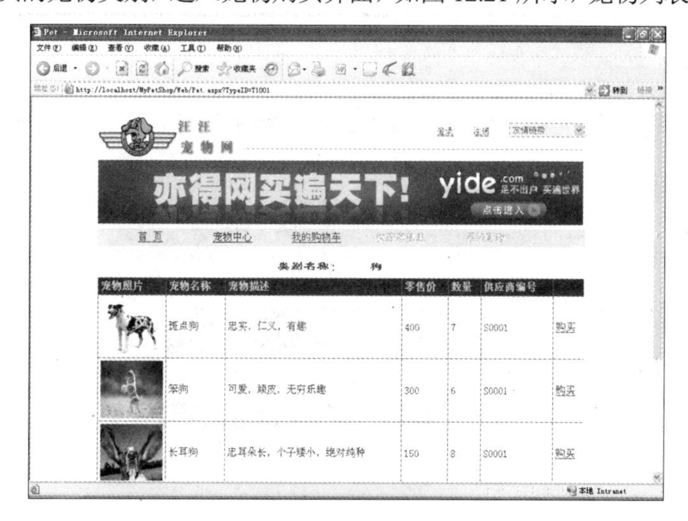

图 12.21　宠物购买界面

表 12-33　宠物列表

控件名称	ID	显 示 内 容	属　性
Button	btnBus	“查看购物车”	BackColor 设为#C0FFC0
Button	btnReturn	“返回”	BackColor 设为#C0FFC0
DataGrid	DataGrid1	“宠物编号”、“宠物照片”、“宠物名称”、“宠物描述”、“零售价”、“数量”、“供应商编号”、“购买”	将宠物编号、宠物照片、宠物名称、宠物描述、零售价、数量、供应商编号设为绑定列；将“购买”设为按钮列

宠物购买界面显示了要销售的宠物，单击“购买”按钮可以将宠物添加到购物车当中，这时会弹出一个对话框，提示购买成功，但是这并不是真实地购买到宠物，这就像一个超级市场一样，将宠物放在了自己的购物车当中，待到付款时才是真实地购买到了宠物。其主要技术特点如下。

当用户进入购物界面时，系统首先调用宠物类别表，进行宠物类别信息显示。在本类中创建了 MyPetShop.类.Order 类的对象，用来给变量赋值，然后将对象作为参数传递给“类.DBOrder.insertOrderDetails()”和“类.DBOrder.insertCustomerID()”中，进行插入数据。当用户把宠物添加到购物车当中时，Pet 中的 Num 字段就会减 1，这一功能应用到 update 语句。宠物详细信息类如表 12-34 所示。

表 12-34　宠物详细信息类的方法和事件

名　　称	功 能 描 述
Page_Load	方法，查询宠物类别，调用自定义方法
BindToGrid	方法，查询宠物信息
DataGrid1_ItemCommand	事件，添加购物车
DataGrid1_ItemDataBound	事件，使鼠标指针指向的一行变色
btnBus_Click	事件，调用 ShowBus 界面
btnReturn_Click	事件，调用 PetType 界面
DataGrid1_PageIndexChanged	事件，翻页，重新绑定功能

4. 查看购物车功能

当对自己喜欢的宠物选择之后，单击“查看购物车”按钮，可以对所购买的宠物进行查看，如图 12.22 所示。

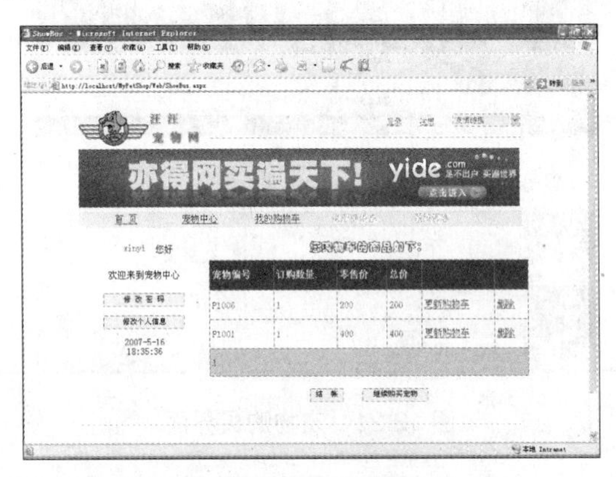

图 12.22　查看购物车界面

可以看出，查看购物的功能主要是查看数据和更新数据，主要技术特点是，利用 select、update 和 delete 语句查找、更新和删除购物车中的记录。在本页中也实现了分页显示记录的功能，在本类中同样也创建了 MyPetShop.类.Order 类的对象，在给引用的变量赋值之后，将对象作为参数传递给“类.DBOrder.selectDetails()”方法。查看购物车类如表 12-35 所示。

表 12-35　查看购物车类的方法和事件

名　　称	功 能 描 述
Page_Load	方法，在正常登录的情况下，如果是第一次进入本页面则调用 BindToGrid 方法
BindToGrid	方法，调用公共类，查询 OrderDetails 中的宠物信息

续表

名　　称	功 能 描 述
btnContinue_Click	事件，调用 PetType 界面
DataGrid1_EditCommand	事件，设置 DataGrid 为可编辑状态
DataGrid1_UpdateCommand	事件，更新购物车
btnPay_Click	事件，调用 Order 界面
DataGrid1_DeleteCommand	事件，删除所选记录
DataGrid1_PageIndexChanged	事件，翻页并显示新记录功能

5. 结账

当核对自己所购买的宠物时，单击“结账”按钮，便可以进行结账界面，如图 12.23 所示，宠物订单如表 12-36 所示。

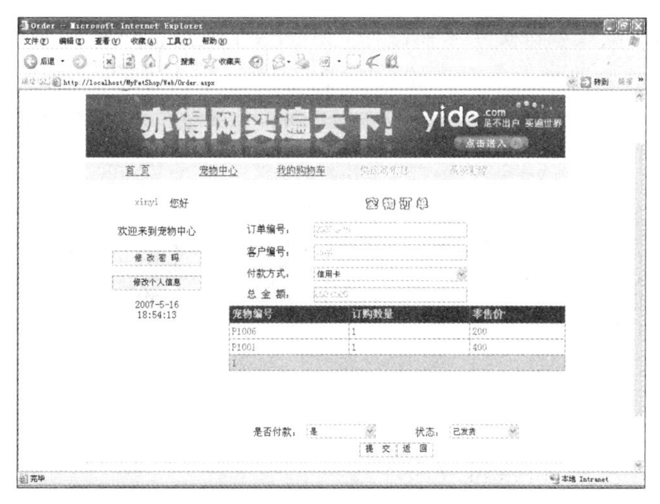

图 12.23　结账界面

表 12-36　宠物订单

控 件 名 称	ID	显 示 内 容	属　　性
TextBox	txtOrderID	Session["OrderID"]的值	Enabled 为 False
TextBox	txtCustomerID	Session["CustID"]的值	Enabled 为 False
DropDownList	ddlMethod	“信用卡”、“现金”、“网上储蓄”	AutoPostBack 为 True
TextBox	txtTotal	数据库中的 RetailSum 字段	Enabled 为 False
DataGrid	DataGrid1	“宠物编号”、“订购数量”、“零售价”	将宠物编号、订购数量、零售价设为绑定列
DropDownList	ddlPay	“是”、“否”	AutoPostBack 为 True
DropDownList	ddlFlag	“已发货”、“未发货”	AutoPostBack 为 True
Button	btnLoad	“提交”	BackColor 设为#C0FFC0
Button	Button1	“返回”	BackColor 设为#C0FFC0

进入结账界面，订单编号、客户编号和总金额都是系统自动生成的，用户可自行选择付款的其他状态，单击“提交”按钮，系统调用 OrderDetails 表来添加数据。

本类创建了两个 MyPetShop.类.Order 类的对象，并进行赋值，然后将对象作为参数

传递给“类.DBOrder.selectDetails()”方法和“类.DBOrder.updateMain()”方法，结账类如表12-37所示。

表12-37 结账类的方法和事件

名　称	功能描述
Page_Load	方法，查询已购买的宠物
BindtoGrid	方法，调用公共类的方法，显示购买信息
btnLoad_Click	事件，调用公共类的方法，实现订购功能
DataGrid1_PageIndexChanged	事件，翻页功能
Button1_Click	事件，调用PetType界面

6. 修改个人信息及密码

本网站对所有用户权限都提供了修改密码和修改个人信息的功能，如图12.24和图12.25所示，修改密码类和修改个人信息类如表12-38和表12-39所示。

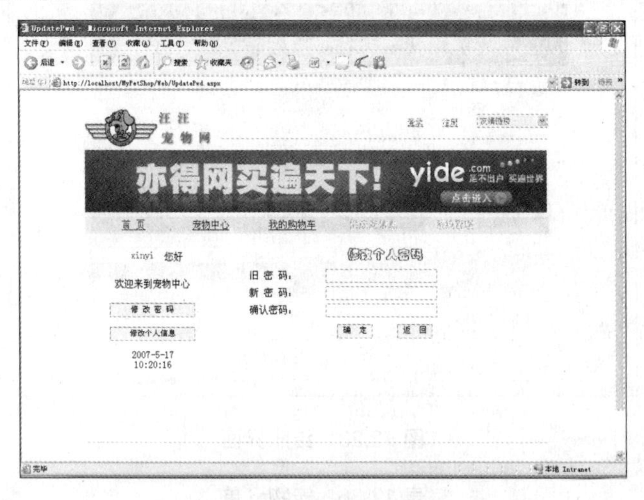

图12.24 修改密码界面

表12-38 修改密码类的方法和事件

名　称	功能描述
Page_Load	方法，判断是否为正常登录
btnOk_Click	事件，根据登录类型，在不同的库中修改密码
btnCancel_Click	事件，调用PetType界面

在用户拥有权限之后，即可对自己的账户信息进行修改，其主要技术特点如下。

利用select和updata语句在数据库进行查询和修改操作，操作数据库中的消费者信息表或操作员信息表。

从个人用户权限的介绍可以看出，公共类的设计对整个网站的设计起举足轻重的作用，多次创建一个类的对象，多次调用一个方法，减少了很多代码的重写。所以在制作一个项目之前，首先从宏观上考虑网站的设计是十分必要的。

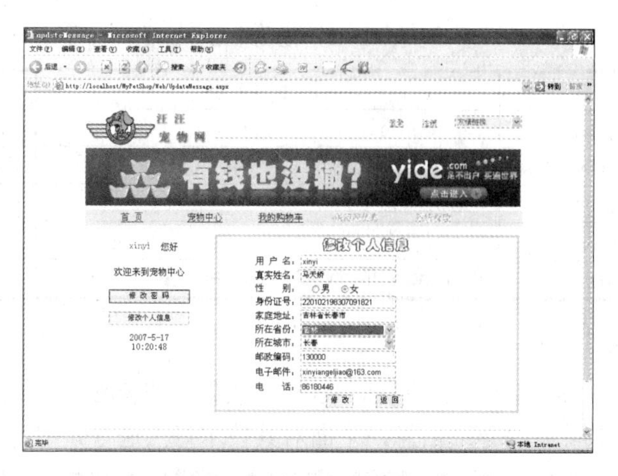

图 12.25　修改个人信息界面

表 12-39　修改个人信息类的方法和事件

名　　称	功 能 描 述
Page_Load	方法，读取个人信息
btnUpdate_Click	事件，修改个人信息
btnReturn_Click	事件，调用 PetType 界面

12.6.4　供应商界面及其代码分析

供应商是本网站的主要角色之一，它的主要功能是针对宠物信息的维护，如图 12.26 所示。

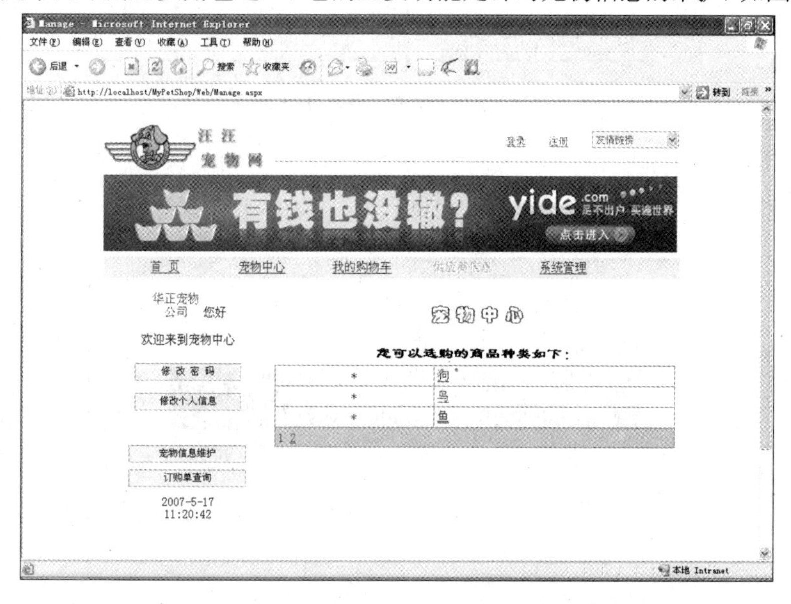

图 12.26　供应商界面

可以看出，供应商的权限是可以修改密码、修改个人信息、宠物信息维护、和订购单查询，其中修改密码和修改个人信息已经在前面进行了介绍，在此不再赘述，下面分别介绍宠物信息维护和订购单查询。宠物中心如表 12-40 所示。

表 12-40　宠物中心

控件名称	ID	显示内容	属性
Button	btnUpdatePwd	“修改密码”	BackColor 为#C0FFC0
Button	btnUpdateMess	“修改个人信息”	BackColor 为#C0FFC0
Button	btnPet	“宠物信息维护”	BackColor 为#C0FFC0
Button	btnSelect	“订购单查询”	BackColor 为#C0FFC0
DataGrid	dgType	PetType 中的 TypeName 列段内容	设置模板列、超链接列

1. 宠物信息维护

如图 12.27 所示，宠物信息维护包括添加宠物类别、修改&&删除宠物类别、添加宠物详细信息、修改&&删除宠物详细信息，下面对其技术特点进行介绍。

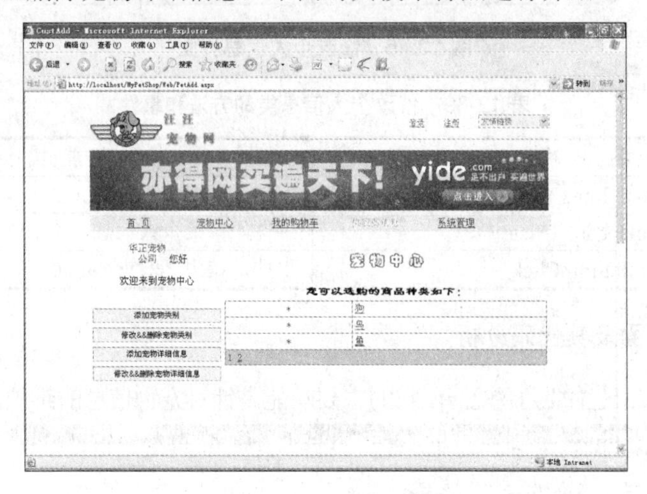

图 12.27　宠物信息维护界面

1) 添加宠物类别

添加宠物类别界面如图 12.28 所示。

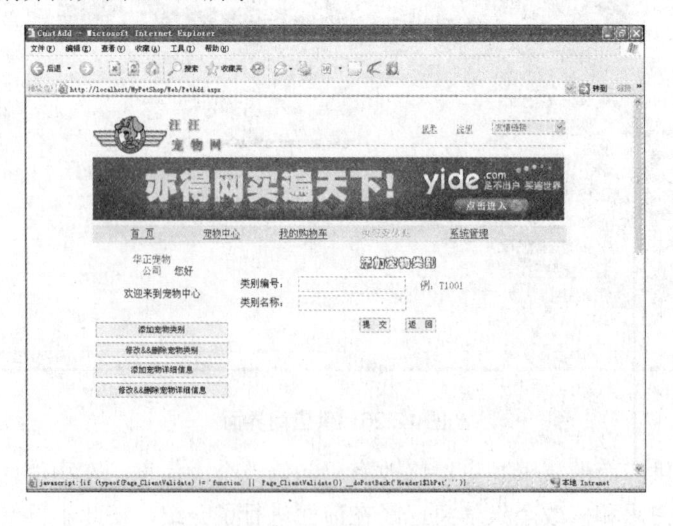

图 12.28　添加宠物类别界面

宠物类别的添加操纵的是宠物类别表，利用 insert 语句进行添加，如表 12-41 所示。

表 12-41　添加宠物类别

控件名称	ID	显示内容	属　性
TextBox	txtTypeID	—	
TextBox	txtTypeName	—	
Button	btnLoad	“提交”	BackColor 为#C0FFC0
Button	btnReturn	“返回”	BackColor 为#C0FFC0
RequiredFieldValidator	RequiredFieldValidator1	“不许为空”	ControlToValidate 设为 txtTypeID Display 设为 Dynamic
RequiredFieldValidator	RequiredFieldValidator2	“不许为空”	ControlToValidate 设为 txtTypeName Display 设为 Dynamic
CustomValidator	CustomValidator1	“编号已存在”	ControlToValidate 设为 txtTypeID Display 设为 Dynamic

2) 修改&&删除宠物类别

修改&&删除宠物类别界面如图 12.29 所示。

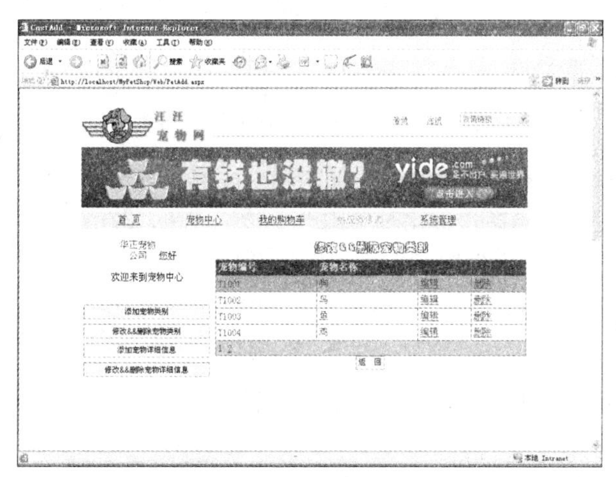

图 12.29　修改&&删除宠物类别界面

单击“编辑”按钮，可以激活当前记录，进行信息的修改，修改之后，单击“更新”按钮。单击“删除”按钮，可以删除当前记录。修改&&删除宠物类别如表 12-42 所示。

表 12-42　修改&&删除宠物类别

控件名称	ID	显示内容	属　性
Button	btnAddType	“添加宠物类别”	BackColor 为#C0FFC0
Button	btnUpdateType	“修改&&删除宠物类别”	BackColor 为#C0FFC0
Button	btnAddPet	“添加宠物详细信息”	BackColor 为#C0FFC0
Button	btnUpdatePet	“修改&&删除宠物详细信息”	BackColor 为#C0FFC0
Button	btnType	“返回”	BackColor 为#C0FFC0
DataGrid	dgTypeDel	“宠物编号”、“宠物名称”、“编辑、更新、取消”、“删除”	将宠物编号、宠物名称设为绑定列；将编辑、更新、取消、删除设为按钮列

其主要技术为分页功能和DataGrid的属性生成器的设置(右击“DataGrid”控件，执行“属性生成器”命令，在属性生成器中设置)。

3) 添加宠物详细信息

添加宠物详细信息界面如图12.30所示。

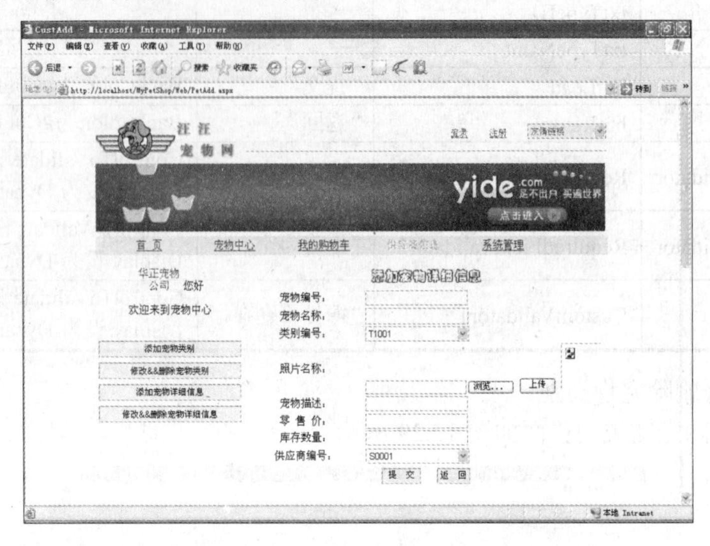

图 12.30　添加宠物详细信息界面

宠物详细信息的添加是对数据库进行插入操作，其技术特点是图片的上传操作，单击“浏览”按钮，可以选择一幅图片，此时单击“上传”按钮，即可显示图片，当单击“提交”按钮时，将图片名称存放于数据库。下面对关键代码进行介绍。

(1) 语句：images.imagePath= this.File1.PostedFile.FileName;

解释：取File Field中的文本信息，即图片的路径。

(2) 语句：imageFileName=images.imagePath.Substring(images.imagePath.Last IndexOf("\\")+1);。

解释：取路径中的图片名称。

(3) 语句：if("jpg" != images.imageType.ToLower() && "gif" != images.imageType.ToLower() && "bmp"!=images.imageType.ToLower())。

解释：判断所选图片是否为gif或jpg格式。

添加宠物详细信息如表12-43所示。

表 12-43　添加宠物详细信息

控件名称	ID	显示名称	属　性
TextBox	txtPetID	—	
TextBox	txtPetName	—	
RequiredFieldValidator	RequiredFieldValidator4	“不为空”	ControlToValidate 设为 txtPetID Display 设为 Dynamic FroeColor 设为 Red

续表

控件名称	ID	显示名称	属　　性
RequiredFieldValidator	RequiredFieldValidator4	“不为空”	ControlToValidate 设为 txtPetName Display 设为 Dynamic FroeColor 设为 Red
CustomValidator	CustomValidator2	“该编号已经存在”	ControlToValidate 设为 txtPetID Display 设为 Dynamic FroeColor 设为 Red
DropDownList	ddlType	数据库中记录信息	AutoPostBack 设为 false
File Field	File1	“浏览”	Disabled 设为 false
TextBox	txtDescriptions	—	
TextBox	txtRetailPrice	—	
TextBox	txtNum	—	
DropDownList	ddlSupID	数据库中记录信息	AutoPostBack 设为 false
Image	Image1	—	
Button	btnPet	“提　交”	BackColor 为#C0FFC0
Button	btnPetAdd	“返　回”	BackColor 为#C0FFC0
Button	btnUpload	“上　传”	BackColor 为#C0FFC0

4) 修改&&删除宠物详细信息

修改&&删除宠物详细信息界面如图 12.31 所示。

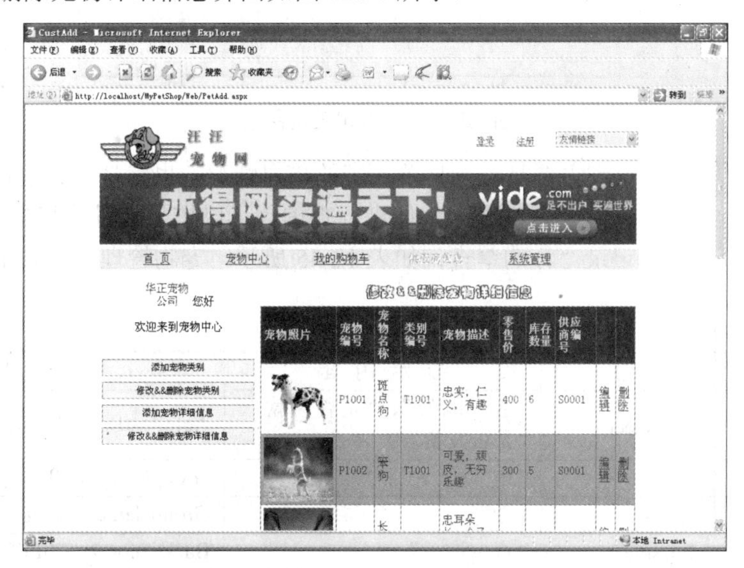

图 12.31　修改&&删除宠物详细信息界面

对宠物信息的维护是必备的功能，本网站提供了对宠物信息的修改和删除功能，利用 DataGrid 控件的属性生成器设置两个按钮，一个编辑按钮和一个删除按钮，然后分别对编辑按钮的修改事件和删除按钮的删除事件进行编写代码，对宠物表进行 update 和 delete 操作。修改&&删除宠物详细信息如表 12-44 所示。

表 12-44　修改&&删除宠物详细信息

控件名称	ID	显示内容	属　性
DataGrid	dgPetModify	"宠物照片"、"宠物编号"、"宠物名称"、"类别编号"、"宠物描述"、"零售价"、"库存数量"、"供应商编号"、"编辑、更新、取消"、"删除"	将"宠物照片、宠物编号、宠物名称、类别编号、宠物描述、零售价、库存数量、供应商编号"设为绑定列；将"编辑、更新、取消、删除"设为按钮列
Button	btnPetDel	返　回	BackColor 为#C0FFC0

2. 订购单查询

订购单是在用户选购宠物以后，供应商对订购信息的查询，如图 12.32 所示。

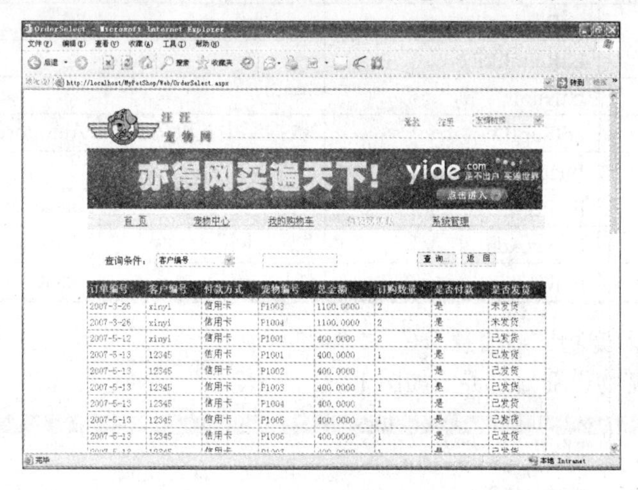

图 12.32　订购单查询界面

可以看出，订购单查询主要是查询订单主表的信息情况，也就是对其进行 select 操作。它可以查询出全部的记录，也可以根据条件进行查询，可以按是否付款和是否发货进行查询，查询出符合条件的记录。订购单查询如表 12-45 所示，宠物管理类如表 12-46 所示。

表 12-45　订购单查询

控件名称	ID	显示内容	属　性
DropDownList	ddlSelect	"客户编号"、"是否付款"、"是否发货"	AutoPostBack 为 true
RadioList	rbYes	"是"	GroupName 为 flag，Aligh 为 right
RadioList	rbNo	"否"	GroupName 为 flag，Aligh 为 right
Button	btnSelect	"查　询…"	BackColor 为#C0FFC0
Button	Button1	"返　回"	BackColor 为#C0FFC0
DataGrid	DataGrid1	"订单编号"、"客户编号"、"付款方式"、"宠物编号"、"总金额"、"订购数量"、"是否付款"、"是否发货"	将订单编号、客户编号、付款方式、宠物编号、总金额、订购数量、是否付款、是否发货设为绑定列

表 12-46　宠物管理类的方法和事件

名　　称	功 能 描 述
Page_Load	方法，初始化宠物管理主界面
Type	方法，设置 dgType 的数据源并绑定数据
fillDg	方法，设置 dgTypeDel 的数据源并绑定数据
fillDgPetInfo	方法，设置 dgPetModify 的数据源并绑定数据
btnAddType_Click	事件，显示 PType 面板，隐藏其他面板
btnUpdateType_Click	事件，显示 PTypeDel 面板，隐藏其他面板
btnAddPet_Click	事件，显示 PPetAdd 面板，隐藏其他面板
btnUpdatePet_Click	事件，显示 PPetDel 面板，隐藏其他面板
btnLoad_Click	事件，添加宠物类别
CustomValidator1_ServerValidate	事件，判断 TypeID 是否存在
dgTypeDel_EditCommand_1	事件，使 dgTypeDel 处于编辑状态
dgTypeDel_UpdateCommand_1	事件，更新宠物类别名称
dgTypeDel_DeleteCommand_1	事件，删除符合条件的记录
dgTypeDel_PageIndexChanged_1	事件，实现分页功能
btnPet_Click	事件，添加数据详细信息
btnUpload_Click	事件，上传图片
CustomValidator2_ServerValidate	事件，查询符合条件的宠物信息
dgPetModify_DeleteCommand	事件，删除符合条件的宠物信息
dgPetModify_UpdateCommand	事件，更新宠物详细信息

12.6.5　管理员界面及其代码分析

管理员拥有系统最大的权限，它可以在系统中任意操作来维护数据，但其主要功能是对供应商数据的维护，管理员界面如图 12.33 所示。

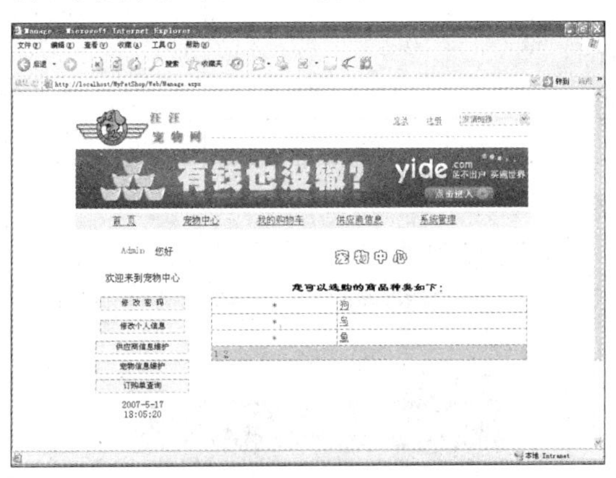

图 12.33　管理员界面

可以看出，管理员的权限是最大的，它可以在本系统中做任何操作，在这里只对供应商信息维护和供应商信息这两个功能进行介绍，其他功能请参见 12.6.4 节相关内容。

管理员界面控件有 DataGrid，其 ID 为 dgType，显示内容为“PetType 中的 TypeName 列段内容”属性为“设置模板列、超链接列”。

1. 供应商信息维护

供应商信息的维护主要分为两个部分，一是添加供应商信息，二是修改&&删除信息。下面对这两部分进行分别介绍。

1) 添加供应商信息

添加供应商信息界面如图 12-34 所示。

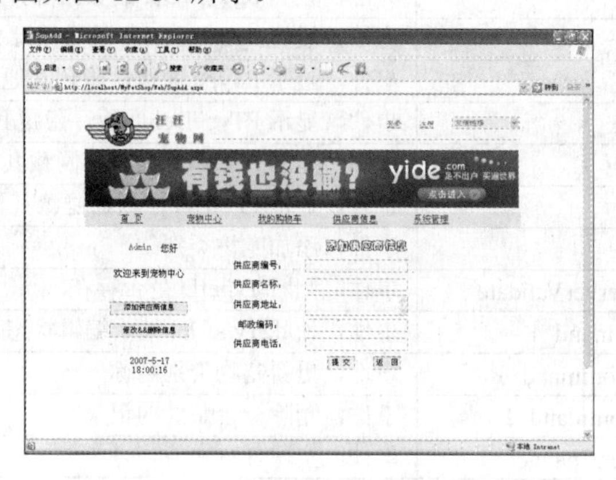

图 12.34　添加供应商信息界面

添加供应商信息是管理员的行为，它主要由 TextBox、Button 组成，Buttton 的 text 为提交，它的功能主要就是 insert(插入数据)。添加供应商信息如表 12-47 所示。

表 12-47　添加供应商信息

控件名称	ID	显示内容	属　性
TextBox	txtSupID	—	TextMode 为 SingleLine
TextBox	txtSupName	—	TextMode 为 SingleLine
TextBox	txtAddress	—	TextMode 为 MultiLine
TextBox	txtZipCode	—	TextMode 为 SingleLine
TextBox	txtTel	—	TextMode 为 SingleLine
Button	btnOk	“提　交”	BackColor 为#C0FFC0
Button	btnReturn	“返　回”	BackColor 为#C0FFC0

2) 修改&&删除信息

修改&&删除信息界面如图 12.35 所示。

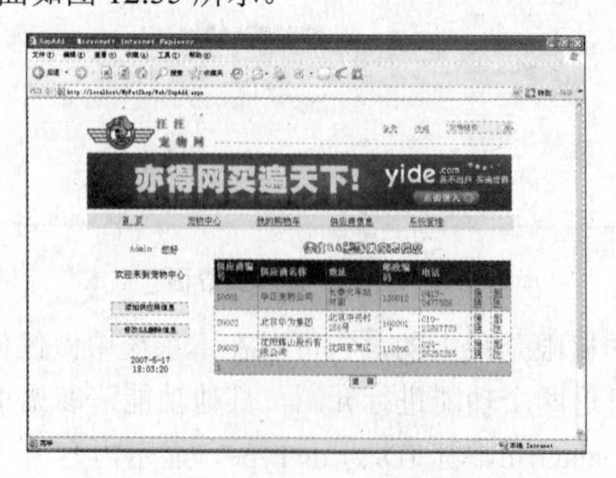

图 12.35　修改&&删除信息界面

在这里它是对供应商信息表进行操作。修改&&删除信息如表 12-48 所示。

表 12-48　修改&&删除信息

控 件 名 称	ID	显 示 内 容	属　　性
DataGrid	dgSupply	“供应商编号”、“供应商名称”、“地址”、“邮政编码”、“电话”、“编辑、更新、取消”、“删除”	将供应商编号、供应商名称、地址、邮政编码、电话字段设为绑定列；将编辑、更新、取消、删除设为按钮列
Button	btnSupDel	“返　回”	BackColor 为#C0FFC0

2. 供应商信息

“供应商信息”这一功能主要实现的是供应商信息的查询，如图 12.36 所示。

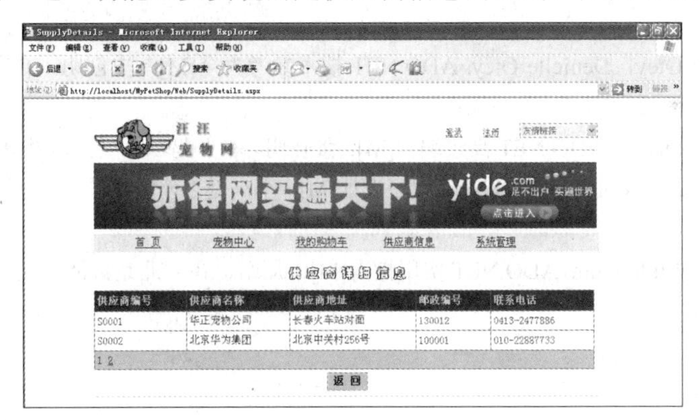

图 12.36　供应商信息界面

供应商信息的查询是管理员对供应商的一种管理方式，单击供应商信息，就会在 DataGrid 里列出供应商的全部信息。供应商信息如表 12-49 所示。

表 12-49　供应商信息

控 件 名 称	ID	显 示 内 容	属　　性
DataGrid	DataGrid1	“供应商编号”、“供应商名称”、“供应商地址”、“邮政编号”、“联系电话”	将供应商编号、供应商名称、供应商地址、邮政编号、联系电话设置成绑定列
Button	btnReturn	“返回”	BackColor 为# Gray

参 考 文 献

[1] 文必龙，邵庆．开放数据库互联(ODBC)技术与应用[M]．北京：科学出版社，1997.

[2] 岳红宇，金以慧，郭宇春．全面了解 ODBC 技术[J]．计算机世界，1995，12.

[3] 闵娅萍．从 ODBC 到 ADO.NET[J]．福建电脑，2004，(10)：46-48.

[4] 王昊亮．Visual C#程序设计教程[M]．北京：清华大学出版社，2003.

[5] [美] Bob Beauchemin. ADO.NET 本质论[M]．周靖，译．北京：清华大学出版社；2003.

[6] [美] David Sceppa. ADO.NET 技术内幕[M]．梁超，张莉，贺堃，译．北京：清华大学出版社，2003.

[7] [美]Karli Watson Christian Nagel．C#入门经典[M]．3 版．齐立波，译．北京：清华大学出版社，2006.

[8] [美] Michael Otey，Denielle Otey. ADO.NET 技术参考大全[M]．史创明，崔金铃，译．北京：清华大学出版社，2003.

[9] [英] Paul Dickinson．ADO.NET 高级编程[M]．张晓明，邓少鹍，译．北京：中国电力出版社，2003.

[10] [美] Rebecca M. Riordan. ADO.NET 程序设计[M]．李高健，孙瑛霖，译．北京：清华大学出版社，2002.

[11] [美] Shawn Wildermuth. ADO.NET 实用指南[M]．周靖，译．北京：清华大学出版社，2003.

北京大学出版社本科计算机系列实用规划教材

序号	标准书号	书　名	主　编	定价	序号	标准书号	书　名	主　编	定价
1	7-301-10511-5	离散数学	段禅伦	28	38	7-301-13684-3	单片机原理及应用	王新颖	25
2	7-301-10457-X	线性代数	陈付贵	20	39	7-301-14505-0	Visual C++程序设计案例教程	张荣梅	30
3	7-301-10510-X	概率论与数理统计	陈荣江	26	40	7-301-14259-2	多媒体技术应用案例教程	李　建	30
4	7-301-10503-0	Visual Basic 程序设计	闵联营	22	41	7-301-14503-6	ASP .NET 动态网页设计案例教程(Visual Basic .NET 版)	江　红	35
5	7-301-10456-9	多媒体技术及其应用	张正兰	30	42	7-301-14504-3	C++面向对象与 Visual C++程序设计案例教程	黄贤英	35
6	7-301-10466-8	C++程序设计	刘天印	33	43	7-301-14506-7	Photoshop CS3 案例教程	李建芳	34
7	7-301-10467-5	C++程序设计实验指导与习题解答	李　兰	20	44	7-301-14510-4	C++程序设计基础案例教程	于永彦	33
8	7-301-10505-4	Visual C++程序设计教程与上机指导	高志伟	25	45	7-301-14942-3	ASP .NET 网络应用案例教程(C# .NET 版)	张登辉	33
9	7-301-10462-0	XML 实用教程	丁跃潮	26	46	7-301-12377-5	计算机硬件技术基础	石　磊	26
10	7-301-10463-7	计算机网络系统集成	斯桃枝	22	47	7-301-15208-9	计算机组成原理	娄国焕	24
11	7-301-10465-1	单片机原理及应用教程	范立南	30	48	7-301-15463-2	网页设计与制作案例教程	房爱莲	36
12	7-5038-4421-3	ASP .NET 网络编程实用教程(C#版)	崔良海	31	49	7-301-04852-8	线性代数	姚喜妍	22
13	7-5038-4427-2	C 语言程序设计	赵建锋	25	50	7-301-15461-8	计算机网络技术	陈代武	33
14	7-5038-4420-5	Delphi 程序设计基础教程	张世明	37	51	7-301-15697-1	计算机辅助设计二次开发案例教程	谢安俊	26
15	7-5038-4417-5	SQL Server 数据库设计与管理	姜　力	31	52	7-301-15740-4	Visual C# 程序开发案例教程	韩朝阳	30
16	7-5038-4424-9	大学计算机基础	贾丽娟	34	53	7-301-16597-3	Visual C++程序设计实用案例教程	于永彦	32
17	7-5038-4430-0	计算机科学与技术导论	王昆仑	30	54	7-301-16850-9	Java 程序设计案例教程	胡巧多	32
18	7-5038-4418-3	计算机网络应用实例教程	魏　峥	25	55	7-301-16842-4	数据库原理与应用(SQL Server 版)	毛一梅	36
19	7-5038-4415-9	面向对象程序设计	冷英男	28	56	7-301-16910-0	计算机网络技术基础与应用	马秀峰	33
20	7-5038-4429-4	软件工程	赵春刚	22	57	7-301-15063-4	计算机网络基础与应用	刘远生	32
21	7-5038-4431-0	数据结构(C++版)	秦　锋	28	58	7-301-15250-8	汇编语言程序设计	张光长	28
22	7-5038-4423-2	微机应用基础	吕晓燕	33	59	7-301-15064-1	网络安全技术	骆耀祖	30
23	7-5038-4426-4	微型计算机原理与接口技术	刘彦文	26	60	7-301-15584-4	数据结构与算法	佟伟光	32
24	7-5038-4425-6	办公自动化教程	钱　俊	30	61	7-301-17087-8	操作系统实用教程	范立南	36
25	7-5038-4419-1	Java 语言程序设计实用教程	董迎红	33	62	7-301-16631-4	Visual Basic 2008 程序设计教程	隋晓红	34
26	7-5038-4428-0	计算机图形技术	龚声蓉	28	63	7-301-17537-8	C 语言基础案例教程	汪新民	31
27	7-301-11501-5	计算机软件技术基础	高　巍	25	64	7-301-17397-8	C++程序设计基础教程	郗亚辉	30
28	7-301-11500-8	计算机组装与维护实用教程	崔明远	33	65	7-301-17578-1	图论算法理论、实现及应用	王桂平	54
29	7-301-12174-0	Visual FoxPro 实用教程	马秀峰	29	66	7-301-17964-2	PHP 动态网页设计与制作案例教程	房爱莲	42
30	7-301-11500-8	管理信息系统实用教程	杨月江	27	67	7-301-18514-8	多媒体开发与编程	于永彦	35
31	7-301-11445-2	Photoshop CS 实用教程	张　瑾	28	68	7-301-18538-4	实用计算方法	徐亚平	24
32	7-301-12378-2	ASP .NET 课程设计指导	潘志红	35	69	7-301-18539-1	Visual FoxPro 数据库设计案例教程	谭红杨	35
33	7-301-12394-2	C# .NET 课程设计指导	龚自霞	32	70	7-301-19313-6	Java 程序设计案例教程与实训	董迎红	45
34	7-301-13259-3	VisualBasic .NET 课程设计指导	潘志红	30	71	7-301-19389-1	Visual FoxPro 实用教程与上机指导（第 2 版）	马秀峰	40
35	7-301-12371-3	网络工程实用教程	汪新民	34	72	7-301-19435-5	计算方法	尹景本	28
36	7-301-14132-8	J2EE 课程设计指导	王立丰	32	73	7-301-19388-4	Java 程序设计教程	张剑飞	35
37	7-301-21088-8	计算机专业英语(第 2 版)	张　勇	42	74	7-301-19386-0	计算机图形技术(第 2 版)	许承东	44

75	7-301-15689-6	Photoshop CS5 案例教程(第 2 版)	李建芳	39	81	7-301-20630-0	C#程序开发案例教程	李挥剑	39
76	7-301-18395-3	概率论与数理统计	姚喜妍	29	82	7-301-20898-4	SQL Server 2008 数据库应用案例教程	钱哨	38
77	7-301-19980-0	3ds Max 2011 案例教程	李建芳	44	83	7-301-21052-9	ASP.NET 程序设计与开发	张绍兵	39
78	7-301-20052-0	数据结构与算法应用实践教程	李文书	36	84	7-301-16824-0	软件测试案例教程	丁宋涛	28
79	7-301-12375-1	汇编语言程序设计	张宝剑	36	85	7-301-20328-6	ASP. NET 动态网页案例教程(C#.NET 版)	江　红	45
80	7-301-20523-5	Visual C++程序设计教程与上机指导(第 2 版)	牛江川	40	86	7-301-16528-7	C#程序设计	胡艳菊	40

北京大学出版社电气信息类教材书目(已出版)

欢迎选订

序号	标准书号	书 名	主 编	定价	序号	标准书号	书 名	主 编	定价
1	7-301-10759-1	DSP 技术及应用	吴冬梅	26	38	7-5038-4400-3	工厂供配电	王玉华	34
2	7-301-10760-7	单片机原理与应用技术	魏立峰	25	39	7-5038-4410-2	控制系统仿真	郑恩让	26
3	7-301-10765-2	电工学	蒋 中	29	40	7-5038-4398-3	数字电子技术	李 元	27
4	7-301-19183-5	电工与电子技术(上册)(第2版)	吴舒辞	30	41	7-5038-4412-6	现代控制理论	刘永信	22
5	7-301-19229-0	电工与电子技术(下册)(第2版)	徐卓农	32	42	7-5038-4401-0	自动化仪表	齐志才	27
6	7-301-10699-0	电子工艺实习	周春阳	19	43	7-5038-4408-9	自动化专业英语	李国厚	32
7	7-301-10744-7	电子工艺学教程	张立毅	32	44	7-5038-4406-5	集散控制系统	刘翠玲	25
8	7-301-10915-6	电子线路 CAD	吕建平	34	45	7-301-19174-3	传感器基础(第 2 版)	赵玉刚	30
9	7-301-10764-1	数据通信技术教程	吴延海	29	46	7-5038-4396-9	自动控制原理	潘 丰	32
10	7-301-18784-5	数字信号处理(第 2 版)	阎 毅	32	47	7-301-10512-2	现代控制理论基础(国家级十一五规划教材)	侯媛彬	20
11	7-301-18889-7	现代交换技术(第 2 版)	姚 军	36	48	7-301-11151-2	电路基础学习指导与典型题解	公茂法	32
12	7-301-10761-4	信号与系统	华 容	33	49	7-301-12326-3	过程控制与自动化仪表	张井岗	36
13	7-301-19318-1	信息与通信工程专业英语（第 2 版）	韩定定	32	50	7-301-12327-0	计算机控制系统	徐文尚	28
14	7-301-10757-7	自动控制原理	袁德成	29	51	7-5038-4414-0	微机原理及接口技术	赵志诚	38
15	7-301-16520-1	高频电子线路(第 2 版)	宋树祥	35	52	7-301-10465-1	单片机原理及应用教程	范立南	30
16	7-301-11507-7	微机原理与接口技术	陈光军	34	53	7-5038-4426-4	微型计算机原理与接口技术	刘彦文	26
17	7-301-11442-1	MATLAB 基础及其应用教程	周开利	24	54	7-301-12562-5	嵌入式基础实践教程	杨 刚	30
18	7-301-11508-4	计算机网络	郭银景	31	55	7-301-12530-4	嵌入式 ARM 系统原理与实例开发	杨宗德	25
19	7-301-12178-8	通信原理	隋晓红	32	56	7-301-13676-8	单片机原理与应用及 C51 程序设计	唐 颖	30
20	7-301-12175-7	电子系统综合设计	郭 勇	25	57	7-301-13577-8	电力电子技术及应用	张润和	38
21	7-301-11503-9	EDA 技术基础	赵明富	22	58	7-301-20508-2	电磁场与电磁波（第 2 版）	邬春明	30
22	7-301-12176-4	数字图像处理	曹茂永	23	59	7-301-12179-5	电路分析	王艳红	38
23	7-301-12177-1	现代通信系统	李白萍	27	60	7-301-12380-5	电子测量与传感技术	杨 雷	35
24	7-301-12340-9	模拟电子技术	陆秀令	28	61	7-301-14461-9	高电压技术	马永翔	28
25	7-301-13121-3	模拟电子技术实验教程	谭海曙	24	62	7-301-14472-5	生物医学数据分析及其MATLAB实现	尚志刚	25
26	7-301-11502-2	移动通信	郭俊强	22	63	7-301-14460-2	电力系统分析	曹 娜	35
27	7-301-11504-6	数字电子技术	梅开乡	30	64	7-301-14459-6	DSP 技术与应用基础	俞一彪	34
28	7-301-18860-6	运筹学(第 2 版)	吴亚丽	28	65	7-301-14994-2	综合布线系统基础教程	吴达金	24
29	7-5038-4407-2	传感器与检测技术	祝诗平	30	66	7-301-15168-6	信号处理 MATLAB 实验教程	李 杰	20
30	7-5038-4413-3	单片机原理及应用	刘 刚	24	67	7-301-15440-3	电工电子实验教程	魏 伟	26
31	7-5038-4409-6	电机与拖动	杨天明	27	68	7-301-15445-8	检测与控制实验教程	魏 伟	24
32	7-5038-4411-9	电力电子技术	樊立萍	25	69	7-301-04595-4	电路与模拟电子技术	张绪光	35
33	7-5038-4399-0	电力市场原理与实践	邹 斌	24	70	7-301-15458-8	信号、系统与控制理论(上、下册)	邱德润	70
34	7-5038-4405-8	电力系统继电保护	马永翔	27	71	7-301-15786-2	通信网的信令系统	张云麟	24
35	7-5038-4397-6	电力系统自动化	孟祥忠	25	72	7-301-16493-8	发电厂变电所电气部分	马永翔	35
36	7-5038-4404-1	电气控制技术	韩顺杰	22	73	7-301-16076-3	数字信号处理	王震宇	32
37	7-5038-4403-4	电器与 PLC 控制技术	陈志新	38	74	7-301-16931-5	微机原理及接口技术	肖洪兵	32

序号	标准书号	书　名	主　编	定价	序号	标准书号	书　名	主　编	定价
75	7-301-16932-2	数字电子技术	刘金华	30	96	7-301-19175-0	单片机原理与接口技术	李　升	46
76	7-301-16933-9	自动控制原理	丁　红	32	97	7-301-19320-4	移动通信	刘维超	39
77	7-301-17540-8	单片机原理及应用教程	周广兴	40	98	7-301-19447-8	电气信息类专业英语	缪志农	40
78	7-301-17614-6	微机原理及接口技术实验指导书	李干林	22	99	7-301-19451-5	嵌入式系统设计及应用	邢吉生	44
79	7-301-12379-9	光纤通信	卢志茂	28	100	7-301-19452-2	电子信息类专业 MATLAB 实验教程	李明明	42
80	7-301-17382-4	离散信息论基础	范九伦	25	101	7-301-16914-8	物理光学理论与应用	宋贵才	32
81	7-301-17677-1	新能源与分布式发电技术	朱永强	32	102	7-301-16598-0	综合布线系统管理教程	吴达金	39
82	7-301-17683-2	光纤通信	李丽君	26	103	7-301-20394-1	物联网基础与应用	李蔚田	44
83	7-301-17700-6	模拟电子技术	张绪光	36	104	7-301-20339-2	数字图像处理	李云红	36
84	7-301-17318-3	ARM 嵌入式系统基础与开发教程	丁文龙	36	105	7-301-20340-8	信号与系统	李云红	29
85	7-301-17797-6	PLC 原理及应用	缪志农	26	106	7-301-20505-1	电路分析基础	吴舒辞	38
86	7-301-17986-4	数字信号处理	王玉德	32	107	7-301-20506-8	编码调制技术	黄　平	26
87	7-301-18131-7	集散控制系统	周荣富	36	108	7-301-20644-7	网络系统分析与设计	严承华	39
88	7-301-18285-7	电子线路 CAD	周荣富	41	109	7-301-20763-5	网络工程与管理	谢　慧	39
89	7-301-16739-7	MATLAB 基础及应用	李国朝	39	110	7-301-20845-8	单片机原理与接口技术实验与课程设计	徐懂理	26
90	7-301-18352-6	信息论与编码	隋晓红	24	111	301-20725-3	模拟电子线路	宋树祥	38
91	7-301-18260-4	控制电机与特种电机及其控制系统	孙冠群	42	112	7-301-21058-1	单片机原理与应用及其实验指导书	邵发森	44
92	7-301-18493-6	电工技术	张　莉	26	113	7-301-20918-9	Mathcad 在信号与系统中的应用	郭仁春	30
93	7-301-18496-7	现代电子系统设计教程	宋晓梅	36	114	7-301-20327-9	电工学实验教程	王士军	34
94	7-301-18672-5	太阳能电池原理与应用	靳瑞敏	25	115	7-301-16367-2	供配电技术	王玉华	49
95	7-301-18314-4	通信电子线路及仿真设计	王鲜芳	29	116	7-301-20351-4	电路与模拟电子技术实验指导书	唐　颖	26